高 等 职 业 教 育
人工智能专业群系列教材

Python
程序设计项目化教程

主　编 ◎卢凤伟
副主编 ◎张　烁
主　审 ◎金忠伟

· 北京 ·

内 容 提 要

本书采用“成果为导向，学生为中心”的教学理念，适合于“任务驱动、案例引导”的教学方式，内容设计符合学习者认知习惯。

全书通过10个项目、30个任务，将Python程序设计中的环境搭建、基础语法、变量、运算符、流程控制语句、函数、模块、包、异常处理、序列、文件操作、字符串、正则表达式、面向对象编程等相关知识，由浅入深、直观形象地进行详细介绍。

本书可作为高职高专院校Python程序设计课程的教材使用，也可供Python程序设计的初学者自学使用。

图书在版编目（CIP）数据

Python程序设计项目化教程 / 卢凤伟主编. -- 北京：中国水利水电出版社，2022.2（2023.7重印）
高等职业教育人工智能专业群系列教材
ISBN 978-7-5226-0383-4

Ⅰ. ①P… Ⅱ. ①卢… Ⅲ. ①软件工具－程序设计－高等职业教育－教材 Ⅳ. ①TP311.561

中国版本图书馆CIP数据核字(2021)第271609号

策划编辑：石永峰　责任编辑：魏渊源　加工编辑：刘　瑜　封面设计：梁　燕

书　名	高等职业教育人工智能专业群系列教材 Python 程序设计项目化教程 Python CHENGXU SHEJI XIANGMUHUA JIAOCHENG
作　者	主　编　卢凤伟 副主编　张　烁 主　审　金忠伟
出版发行	中国水利水电出版社 （北京市海淀区玉渊潭南路 1 号 D 座　100038） 网址：www.waterpub.com.cn E-mail：mchannel@263.net（答疑） sales@mwr.gov.cn 电话：（010）68545888（营销中心）、82562819（组稿）
经　售	北京科水图书销售有限公司 电话：（010）68545874、63202643 全国各地新华书店和相关出版物销售网点
排　版	北京万水电子信息有限公司
印　刷	三河市德贤弘印务有限公司
规　格	184mm×260mm　16 开本　16.25 印张　366 千字
版　次	2022 年 2 月第 1 版　2023 年 7 月第 2 次印刷
印　数	2001—4000 册
定　价	56.00 元

前　言

本教材编写以成果导向教学理念为引领，深入推进课程思政，落实立德树人根本任务，从教材内容到组织形式进行改革创新。

教材内容以学生为中心，聚焦学习成果，通过10个项目30个任务，以“案例引导，任务驱动”的方式，对Python程序设计中的环境搭建、基本语法、变量、运算符、流程控制语句、函数、模块、包、异常处理、序列、文件操作、字符串、正则表达式、面向对象编程等相关知识进行由浅入深、直观形象的介绍。教材内容设计符合学习者的认知习惯，体现了“成果为导向，学生为中心”的教学理念。

教材形式新颖，整体采用活页式编写风格，每个任务由任务单、信息单、评量单三部分组成，每个部分均可独立使用。学习者通过任务单明确本任务的学习目标和学习成果，激发学习动力；通过信息单学习本任务的理论知识和操作技能，积累完成任务的知识和技能；通过评量单反馈学习中的不足，明确改进方向。在每个项目的最后，通过课后训练再检验，再学习，再提高。

本书由卢凤伟任主编，张烁任副主编，侯玉莹、袁春明参与编写，金忠伟任主审。项目1至项目3、项目6的6.2由卢凤伟编写；项目4、项目5、项目6的6.1、6.3、6.4由张烁编写；项目7、项目8由袁春明编写；项目9、项目10由侯玉莹编写。

由于编者水平有限，书中不足甚至错误之处在所难免，恳请读者批评指正，我们将在再版时改进。

编　者

2021年10月

目　录

项目 1

开发第一个 Python 程序

思政目标

★ 激发使命担当、科技报国的爱国情怀。

学习目标

★ 熟知 Python 的发展史、发展趋势和特点。
★ 熟知 Python 程序开发的基本步骤。
★ 熟练搭建 Python 开发环境。
★ 熟练使用 Python 开发工具 PyCharm。

学习路径

★ 通过信息单掌握基本理论知识。
★ 通过任务单在实践中巩固和升华理论知识。
★ 通过评量单反馈学习中的不足和改进方向。
★ 通过课后训练再学习，再提高。

学习资源

★ 校内一体化教室。
★ 视频、PPT、习题答案等。
★ 网络资源。

学习任务

★ 搭建 Python 开发环境：下载和安装 Python 3.9.1，配置环境变量。
★ 小试牛刀：开发第一个 Python 程序。
★ Python IDLE 的使用：PyCharm 的下载、安装和使用。

思维导图

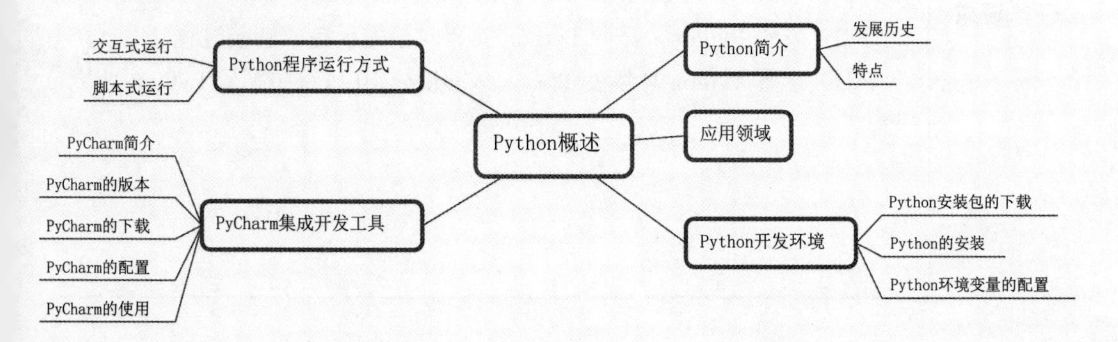

搭建 Python 开发环境

1.1 搭建 Python 开发环境

1.1.1 实施任务单

任务编号	1-1	任务名称	搭建 Python 开发环境
任务简介	"工欲善其事，必先利其器"，要进行 Python 编程首先要具备 Python 编程的环境，现在让我们一起来完成 Python 开发环境的搭建。		
设备环境	台式机或笔记本，建议 Windows 7 版本以上的 Windows 操作系统。		
实施专业		实施班级	
实施地点		小组成员	
指导教师		联系方式	
任务难度	初级	实施日期	年　　月　　日
任务要求	完成 Python 的下载、安装和环境变量的配置： （1）下载 Python 安装包：进入 Python 官网 https://www.python.org/，完成 python-3.9.1-amd64.exe 安装包的下载。 （2）安装 Python：按照 Python 安装向导提示完成安装过程。 （3）配置 Python 环境变量：在 Windows 10 系统中配置 Python 环境变量。		

1.1.2 信息单

任务编号	1-1	任务名称	搭建 Python 开发环境

一、Python 简介

（一）Python 语言的诞生及发展历史

1. 初步认识 Python 语言

Python 语言是一种解释型、面向对象、动态数据类型的高级程序设计语言。Python 曾在 2007 年、2010 年和 2018 年三度被 TIOBE 排行榜评为“年度编程语言”，现已成为第三大流行编程语言（截至 2019 年 11 月）。

2. Python 语言的诞生

1989 年，为了度过圣诞假期，荷兰计算机程序员吉多•范罗苏姆（Guido van Rossum）开始编写 Python 语言编译器。Python 这个名字来自 Guido 喜爱的电视连续剧《蒙蒂蟒蛇的飞行马戏团》，他希望新的语言——Python 能够满足他在 C 和 Shell 之间创建全功能、易学、可扩展的语言的愿景。

3. Python 语言的发展历史

（1）1994 年 1 月，Python 1.0 版本发布，这个版本的主要新功能是 lambda、map、filter 和 reduce。

（2）2000 年 10 月，Python 2.0 版本发布。

（3）2008 年 12 月，Python 3.0 版本发布，此版本没有完全兼容之前的 Python 2.0。

（二）Python 语言的特点

1. Python 的优点

（1）使用灵活。Python 既支持面向过程，又支持面向对象，这样编程就更加灵活。

（2）语法简单。Python 的语法非常简洁，甚至没有像其他语言有大括号、分号等特殊符号，代表了一种极简主义的设计思想。阅读 Python 程序就像是在读英语，让数据分析师们摆脱了程序本身语法规则的泥潭，更快地进行数据分析。

（3）强大的第三方库。Python 标准库提供了系统管理、网络通信、文本处理、文件处理、数据库接口、图形系统、XML 处理等额外的功能。

（4）良好的可扩展性。Python 的第一个编译器是用 C 语言编写的大量第三方模块，覆盖了科学计算、Web 开发、数据接口、图形系统等众多领域，开发的代码通过很好的封装也可以作为第三方模块供别人使用，如 Pandas、Numpy、Seaborn、Scikit-learn 等。Python 常被称为“胶水”语言。

（5）可移植性。由于 Python 是开源的，它已经被移植到了大多数平台上，如 Windows、MacOS、Linux、Android、iOS 等。

任务编号	1-1	任务名称	搭建 Python 开发环境

（6）免费开源。Python 的所有内容都是免费开源的，用户不需要花一分钱就可以使用 Python，并且可以自由地发布这个软件的拷贝、阅读它的源代码、对它做改动、把它的一部分用于新的软件中。

（7）可嵌入。Python 可以嵌入到 C/C++ 程序中，让程序的用户获得“脚本化”的能力。

2. Python 的缺点

（1）速度慢。对比 C 程序，Python 程序运行非常慢，原因在于 Python 是解释型语言，Python 代码在执行时要一行一行地翻译成 CPU 能够理解的机器码，这个翻译过程非常耗时，所以很慢。

（2）加密难。由于 C 语言是编译型语言，如果要发布 C 程序，不用发布源代码，只需要把编译后的机器码发布出去，在 Windows 中常见的是 .exe 文件。与 C 语言不同，Python 语言是解释型语言，如果要发布 Python 程序，就必须把源代码发布出去。

（3）强制缩进。使用其他编程语言编写代码的过程中，缩进并不是必须的，如 C 语言或 Java 语言，但是在用 Python 语言编写代码的过程中，要求必须缩进，这就要求用户要养成严谨的编程习惯。

（4）单行语句。Python 编写代码时，可以在语句末尾不写分号。因此，一行只能有一条语句。

（三）Python 语言的应用领域

Python 有很多应用领域，主要包括下述 5 个方面。

1. Web 前端开发

由于 Python 早于 Web 诞生，且 Python 是一种解释型的脚本语言，开发效率高，所以非常适合用来做 Web 开发。Python 有上百种 Web 开发框架，且有很多成熟的模板技术，选择 Python 开发 Web 应用，不但开发效率高，而且运行速度快。互联网上，很多知名企业的网站都以 Python 语言为主，如豆瓣、知乎、果壳网等。

2. 网络爬虫

网络爬虫是 Python 常用的场景之一。早期，Google 已经大量使用 Python 语言作为网络爬虫的基础，并带动了 Python 语言的应用发展。因为采用 Python 收集网上的信息更容易，所以现在国内 Python 的应用也很多。例如，从各大电商网站爬取商品折扣信息，比较获取最优选择；对社交网站上的发言进行分类收集，生成情绪地图，分析语言习惯；按特定条件筛选并获得豆瓣的电影、电视剧、书籍等信息并生成表格。

3. 人工智能应用

目前基于大数据分析和深度学习而发展出来的人工智能本质上已经无法离开 Python 的支持，且很多优秀的人工智能学习框架如 Google 的 TransorFlow、FaceBook 的 PyTorch、开源社区的神经网络库 Karas 等都是用 Python 实现的，甚至微软的 CNTK

任务编号	1-1	任务名称	搭建 Python 开发环境

（认知工具包）也完全支持 Python，而且微软的 Vscode 已经把 Python 作为第一级语言进行支持。

4. 大数据分析

Python 中有很成熟的模块可以实现大数据分析中涉及的分布式计算、数据可视化、数据库操作等功能。对于 Hadoop-MapReduce 和 Spark，都可以直接使用 Python 完成计算逻辑，这为数据科学家和数据工程师提供了很大便利。

5. 自动化运维

Python 在服务器的运维与管理中广泛应用。由于几乎所有 Linux 发行版中都自带了 Python 解释器，所以使用 Python 脚本进行批量化的文件部署和运行调整成为 Linux 服务器很好的选择，并且 Python 对于 Linux 中相关的管理功能都有大量的模块可以使用。

二、Python 编程环境

（一）Python 安装包简介

目前 Python 主要有两个版本：Python 3.x 和 Python 2.x。Python 3.x 是在 Python 2.x 基础上的一次重大升级。由于 Python 3.x 与 Python 2.x 不兼容，因此很多已有的项目无法升级为 Python 3.x，只能继续使用 Python 2.x，建议初学者直接使用 Python 3.x。截至目前，Python 的最新版本是 3.9.x。下面介绍如何在 Windows 操作系统下进行 Python 的下载与安装。

（二）下载 Python 安装包

（1）在浏览器的地址栏中输入 https://www.python.org/，打开 Python 官方网站。

（2）在图 1-1 所示的页面中，选择 Downloads，在下拉列表中选择 Windows。

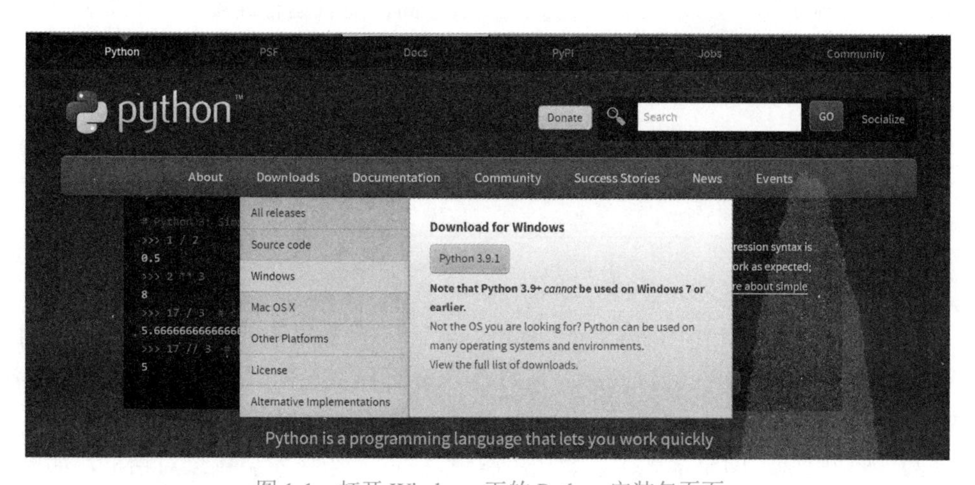

图 1-1 打开 Windows 下的 Python 安装包页面

任务编号	1-1	任务名称	搭建 Python 开发环境

（3）进入 Python Release for Windows 页面（如图 1-2 所示），单击 Latest Python 3 Release - Python 3.9.1 进入下载页面。

（4）在 Files 下拉列表框中选择 Windows installer (64-bit)，在弹出的下载对话框中选择安装包的保存位置，完成 python-3.9.1-amd64.exe 安装包的下载。

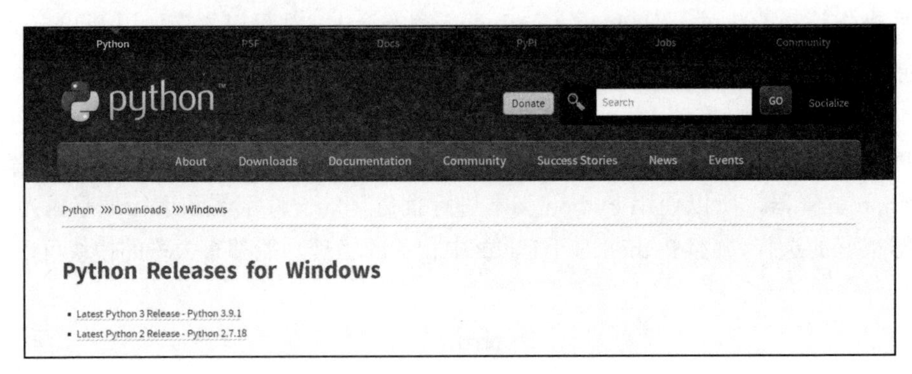

图 1-2　Python Release for Windows 页面

（三）安装 Python 3.9.1

（1）双击 Python-3.9.1-amd64.exe，弹出 Python 安装向导对话框，如图 1-3 所示。Python 支持两种安装方式，即默认安装 Install Now 和自定义安装 Customize installation。默认安装是勾选所有组件并安装在 C: 盘，自定义安装可以手动选择要安装的组件并安装到其他盘。

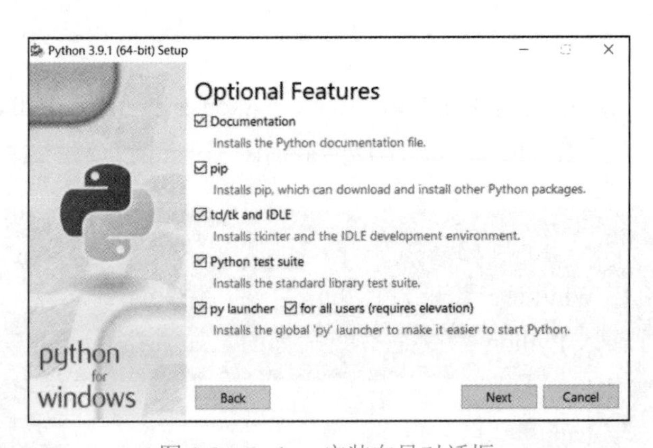

图 1-3　Python 安装向导对话框

（2）选择自定义安装 Customize installation 并勾选 Add Python 3.9.1 to Path，目的是将 Python 命令工具所在的目录添加到系统 Path 环境变量中，使以后开发程序或者运行 Python 命令都很方便。进入到选择要安装的 Python 组件对话框。

（3）保持默认，即全部选中，单击 Next 按钮进入选择安装目录对话框，如图 1-4 所示。

任务编号	1-1	任务名称	搭建 Python 开发环境

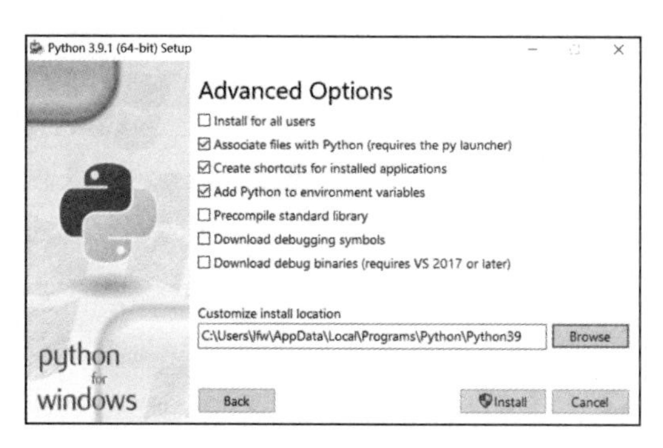

图 1-4　选择安装目录对话框

（4）单击 Browse 按钮，选定要安装的目录，单击 Install 按钮，开始进行安装。

（5）完成安装后进入安装成功对话框。

（6）安装完成以后，打开 Windows 的命令行程序，在窗口中输入 Python 命令，如果出现 Python 的版本信息并看到命令提示符“>>>”，则说明 Python 安装成功，如图 1-5 所示。

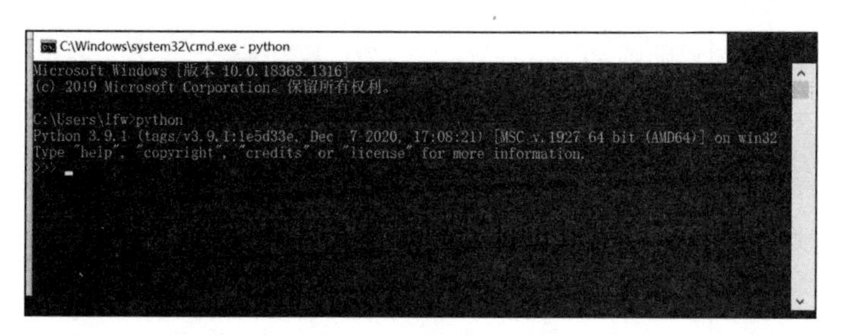

图 1-5　Python 命令行窗口

注意：如果返回 Windows 命令行程序，可以按 Ctrl+Z 组合键后再按回车键或者输入 exit() 命令。

（四）配置 Python 环境变量

默认情况下，在 Windows 下安装 Python 之后，系统不会自动添加相应的环境变量，此时在命令行输入 Python 命令是不能执行的。如果在 Python 安装向导中选择了 Add Python 3.9.1 to Path，则会自动把 Python 加入环境变量；如果在安装向导中没有选择 Add Python 3.9.1 to Path，则需要用户配置环境变量。

在 Windows 10 中，Python 环境变量的配置方法如下：

（1）右击“此电脑”，选择“属性”选项，弹出“系统”对话框，如图 1-6 所示。

（2）在其中选择“高级系统设置”，弹出“系统属性”对话框。

（3）在其中选择“环境变量”，弹出“环境变量”对话框，如图 1-7 所示。

（4）在其中选择“系统变量”中的 Path，然后单击“编辑”按钮打开“编辑环境变量”对话框。

任务编号	1-1	任务名称	搭建 Python 开发环境

图 1-6 “系统”对话框

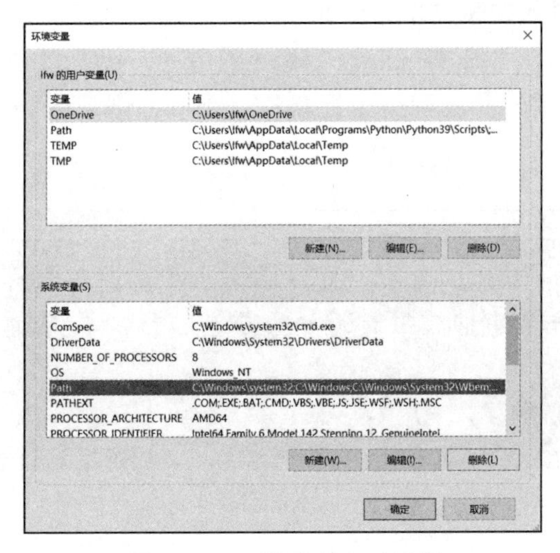

图 1-7 “环境变量”对话框

（5）在其中单击“编辑文本”按钮，弹出“编辑系统变量”对话框，如图 1-8 所示，在“变量值”文本框的文本末尾写入“;+Python 安装路径”，例如 %SystemRoot%\system32;%SystemRoot%;%SystemRoot%\System32\Wbem; %SYSTEMROOT%\System32\WindowsPowerShell\v1.0\;%SYSTEMROOT%\System32\OpenSSH\;C:\Users\lfw\AppData\Local\Programs\Python\Python39，单击“确定”按钮，完成环境变量的配置。

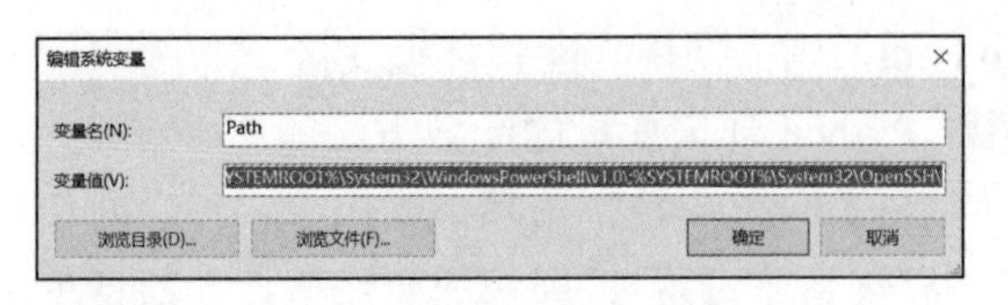

图 1-8 “编辑系统变量”对话框

注意：必须在原来变量值的末尾加分号，且必须是英文半角状态下的分号，再加 Python 的安装路径。

1.1.3 实施评量单

<table>
<tr><td>任务编号</td><td>1-1</td><td>任务名称</td><td colspan="2">搭建 Python 开发环境</td></tr>
<tr><td colspan="2">评量项目</td><td>自评</td><td>组长评价</td><td>教师评价</td></tr>
<tr><td rowspan="3">课堂表现</td><td>学习态度（15 分）</td><td></td><td></td><td></td></tr>
<tr><td>沟通合作（10 分）</td><td></td><td></td><td></td></tr>
<tr><td>回答问题（15 分）</td><td></td><td></td><td></td></tr>
<tr><td rowspan="3">技能操作</td><td>下载 Python 安装包（15 分）</td><td></td><td></td><td></td></tr>
<tr><td>安装 Python（15 分）</td><td></td><td></td><td></td></tr>
<tr><td>配置环境变量（30 分）</td><td></td><td></td><td></td></tr>
<tr><td>学生签字</td><td>年 月 日</td><td>教师签字</td><td colspan="2">年 月 日</td></tr>
</table>

<table>
<tr><td colspan="7">评量规准</td></tr>
<tr><td colspan="2">项目</td><td>A</td><td>B</td><td>C</td><td>D</td><td>E</td></tr>
<tr><td rowspan="3">课堂表现</td><td>学习态度</td><td>在积极主动、虚心求教、自主学习、细致严谨上表现优秀，令师生称赞。</td><td>在积极主动、虚心求教、自主学习、细致严谨上表现良好。</td><td>在积极主动、虚心求教、自主学习、细致严谨上表现较好。</td><td>在积极主动、虚心求教、自主学习、细致严谨上表现尚可。</td><td>在积极主动、虚心求教、自主学习、细致严谨上表现均有待加强。</td></tr>
<tr><td>沟通合作</td><td>在师生和同学之间具有很好的沟通能力，在小组学习中具有很强的团队合作能力。</td><td>在师生和同学之间具有良好的沟通能力，在小组学习中具有良好的团队合作能力。</td><td>在师生和同学之间具有较好的沟通能力，在小组学习中具有较好的团队合作能力。</td><td>在师生和同学之间能够正常沟通，在小组学习中能够参与团队合作。</td><td>在师生和同学之间不能够正常沟通，在小组学习中不能够参与团队合作。</td></tr>
<tr><td>回答问题</td><td>积极踊跃地回答问题，且全部正确。</td><td>比较积极踊跃地回答问题，且基本正确。</td><td>能够回答问题，且基本正确。</td><td>回答问题，但存在错误。</td><td>不能回答课堂提问。</td></tr>
<tr><td rowspan="3">技能操作</td><td>下载 Python 安装包</td><td>能独立、熟练地完成下载。</td><td>能独自较为熟练地完成下载。</td><td>能在他人提示下顺利完成下载。</td><td>能在他人多次提示、帮助下完成下载。</td><td>未能完成下载。</td></tr>
<tr><td>安装 Python</td><td>能独立、熟练地完成安装。</td><td>能独自较为熟练地完成安装。</td><td>能在他人提示下顺利完成安装。</td><td>能在他人多次提示、帮助下完成安装。</td><td>未能完成安装。</td></tr>
<tr><td>配置环境变量</td><td>能独立、熟练、正确地完成环境变量的配置。</td><td>能独自较为熟练地完成环境变量的配置。</td><td>能在他人提示下顺利完成环境变量的配置。</td><td>能在他人多次提示、帮助下完成环境变量的配置。</td><td>未能完成环境变量的配置。</td></tr>
</table>

创建第一个 Python 程序

1.2 创建第一个 Python 程序

1.2.1 实施任务单

任务编号	1-2	任务名称	创建第一个 Python 程序
任务简介	通过前面的努力，已经搭建了 Python 程序开发环境，现在就让我们来“小试牛刀”，编写并运行第一个 Python 程序。		
设备环境	台式机或笔记本，建议 Windows 7 版本以上的 Windows 操作系统、Python 3.9.1 等。		
实施专业		实施班级	
实施地点		小组成员	
指导教师		联系方式	
任务难度	初级	实施日期	年　　月　　日
任务要求	创建一个 Python 源文件，命名为 hello.py，在屏幕上输出“欢迎来到 Python 世界！” （1）编写 Python 源文件：使用 Python 自带的 IDLE 集成开发工具创建 Python 源文件 hello.py。 （2）运行 Python 脚本文件：使用 IDLE 集成开发工具运行脚本文件。		

1.2.2 信息单

任务编号	1-1	任务名称	创建第一个 Python 程序

Python 运行方式有两种，即交互式运行和脚本式运行。由于交互式主要用于简单 Python 程序的运行和测试，所以脚本式运行是运行 Python 程序的主要方法。

一、交互式运行

交互式运行可以在命令行窗口或者 IDLE（集成开发和学习环境）中进行，在命令行窗口中直接输入代码，按回车键即可运行代码并立即看到输出结果；执行完一行代码，可以继续输入下一行代码，再次回车并查看结果，如此反复，运行过程就如同与计算机对话的过程，所以称为“交互式”。

（一）在命令行窗口中进行交互式运行

在命令行窗口中进行交互式运行 Python 程序的步骤如下：

（1）按 Windows+R 组合键打开“运行”对话框，如图 1-9 所示。

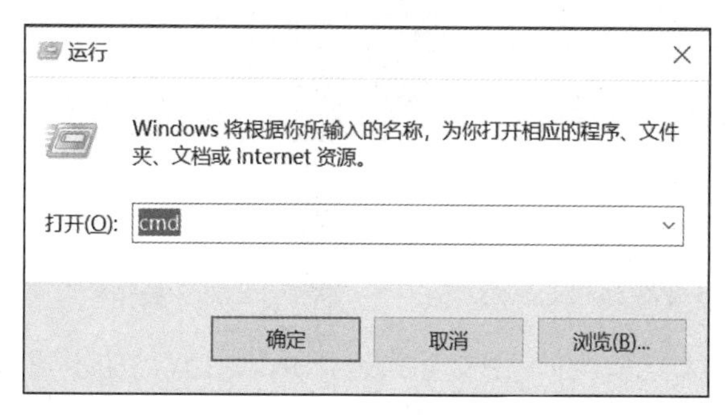

图 1-9 “运行”对话框

（2）在其中输入 cmd，单击“确定”按钮打开命令行窗口。

（3）在命令行窗口中输入 python（大小写等效，一般用小写），若命令行窗口显示 Python 的版本信息并出现“>>>”提示符，则表示进入了 Python 运行窗口，如图 1-10 所示。

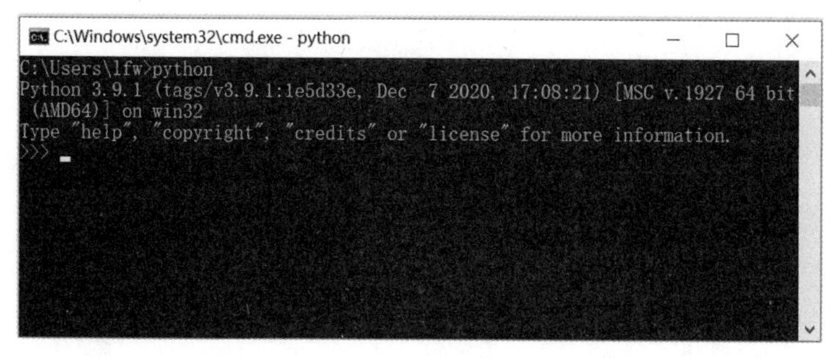

图 1-10 Python 运行窗口

任务编号	1-2	任务名称	创建第一个 Python 程序

（4）在“>>>”提示符下输入 Python 代码，例如 print(" 你好，Python!")。标点符号都是英文半角的，print() 函数的功能是进行屏幕输出。按回车键，在窗口中输出运行结果“你好，Python!”，如图 1-11 所示。

（5）退出 Python 运行窗口，有以下 3 种方式：

- 函数 exit()。
- 函数 quit()。
- Ctrl+Z 组合键 + 回车。

例如在“>>>”提示符后输入 exit()，则退出 Python 运行窗口。

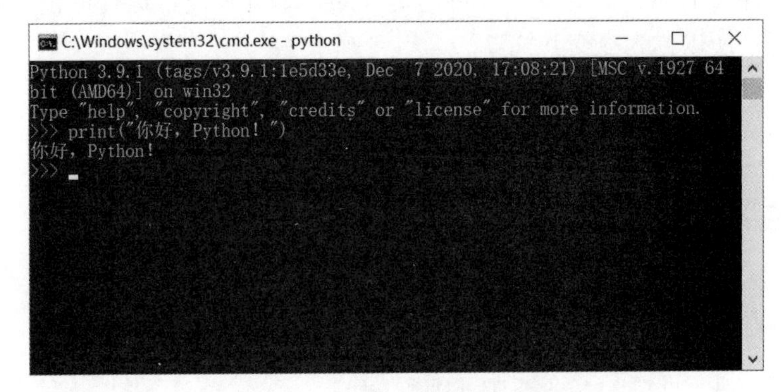

图 1-11　Python 运行结果窗口

（二）在 IDLE 中进行交互式运行

Python 中自带了 IDLE，在其中交互式运行 Python 程序的步骤如下：

（1）在 Windows“开始”菜单的程序中找到 Python 3.9.1，选择 IDLE(Python 3.9.1 64-bit) 打开 IDLE Shell 3.9.1 集成开发工具窗口。

（2）在 IDLE 中 Python 代码可以高亮显示，在“>>>”提示符后输入 Python 代码，例如 print(" 你好，Python!")，注意双引号是英文半角的。按回车键，在窗口中输出运行结果“你好，Python!”，如图 1-12 所示。

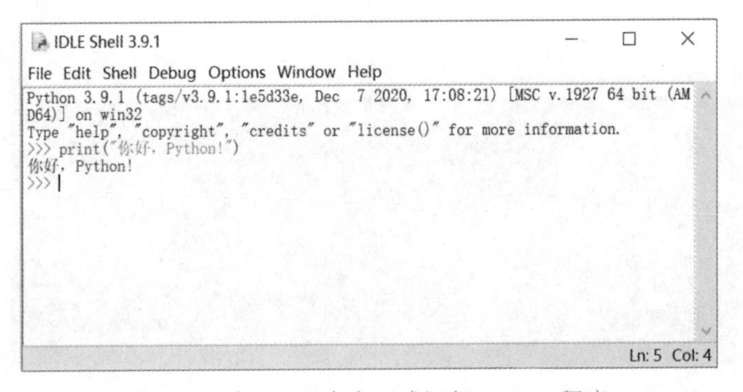

图 1-12　在 IDLE 中交互式运行 Python 程序

任务编号	1-2	任务名称	创建第一个 Python 程序

二、脚本式运行

脚本式运行 Python 程序，首先要创建一个 Python 源文件，将所有代码放在源文件中，让解释器逐行读取并执行源文件中的代码，直到文件末尾，也就是批量执行代码。这是最常见的编程方式，主要分为两个步骤：一是创建 Python 源文件，二是运行 Python 脚本文件。

（一）创建 Python 源文件

Python 源文件（扩展名为 .py）是纯文本文件，内部没有任何特殊格式，因此可以使用任意文本编辑器进行编辑，例如 Windows 中的记事本、Notepad++、EditPlus、UltraEdit 等，也可以使用 Python 自带的 IDLE 集成开发工具创建，方法是打开 Python 自带的 IDLE 集成开发工具，然后选择 File → New File。

在弹出的未命名（untitled）脚本窗口中输入 Python 代码，进行 Python 源文件的编写，如图 1-13 所示。

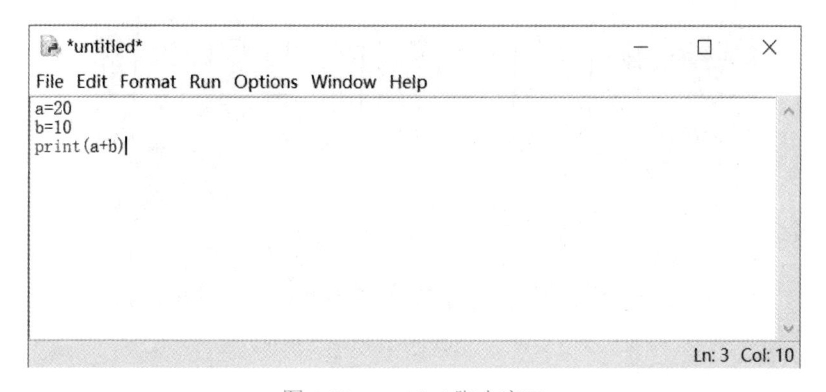

图 1-13 untitled 脚本窗口

按 Ctrl+S 组合键或者选择 File → Save，弹出“另存为”对话框，确定文件保存路径及文件名，单击“保存”按钮，Python 源文件创建完成。

（二）运行 Python 脚本文件

1. 使用 IDLE 集成开发工具运行脚本文件

（1）在 IDLE 集成开发工具中打开要运行的 Python 脚本文件，例如 ex1.py。

（2）选择 Run → Run Module 或按 F5 键运行 Python 脚本文件，弹出 IDLE Shell 3.9.1 集成开发工具窗口，看到 ex1.py 脚本文件的运行结果，如图 1-14 所示。

任务编号	1-2	任务名称	创建第一个 Python 程序

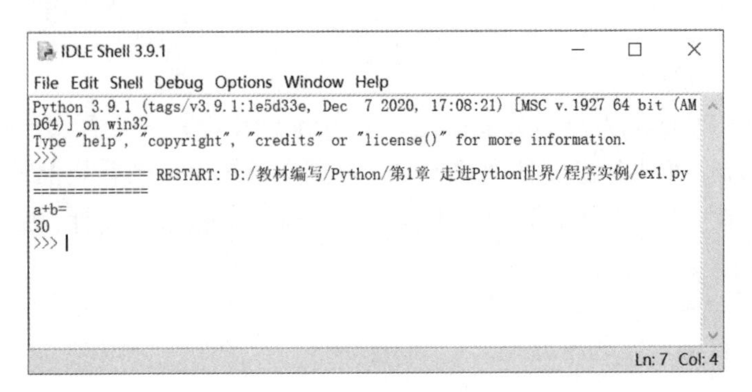

图 1-14　ex1.py 脚本文件的运行结果

2. 在命令行窗口中运行脚本文件

（1）打开命令行窗口，切换到 Python 源文件所在的目录。

（2）输入 python 源文件名，如 pythonex1.py，按回车键，即可看到脚本文件 ex1.py 的运行结果，如图 1-15 所示。

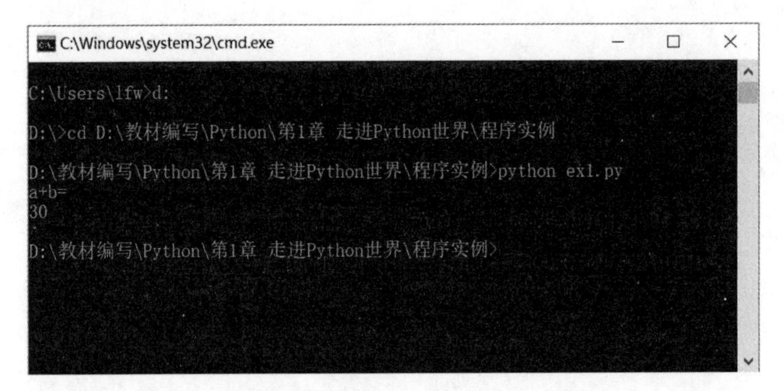

图 1-15　在命令行窗口中运行 ex1.py 脚本文件

1.2.3 实施评量单

任务编号	1-2	任务名称	创建第一个 Python 程序	
评量项目		自评	组长评价	教师评价
课堂表现	学习态度（15 分）			
	沟通合作（10 分）			
	回答问题（15 分）			
技能操作	编写 Python 源程序（40 分）			
	运行 Python 程序（20 分）			
学生签字	年 月 日	教师签字	年 月 日	

评量规准						
项目		A	B	C	D	E
课堂表现	学习态度	在积极主动、虚心求教、自主学习、细致严谨上表现优秀，令师生称赞。	在积极主动、虚心求教、自主学习、细致严谨上表现良好。	在积极主动、虚心求教、自主学习、细致严谨上表现较好。	在积极主动、虚心求教、自主学习、细致严谨上表现尚可。	在积极主动、虚心求教、自主学习、细致严谨上表现均有待加强。
	沟通合作	在师生和同学之间具有很好的沟通能力，在小组学习中具有很强的团队合作能力。	在师生和同学之间具有良好的沟通能力，在小组学习中具有良好的团队合作能力。	在师生和同学之间具有较好的沟通能力，在小组学习中具有较好的团队合作能力。	在师生和同学之间能够正常沟通，在小组学习中能够参与团队合作。	在师生和同学之间不能够正常沟通，在小组学习中不能够参与团队合作。
	回答问题	积极踊跃地回答问题，且全部正确。	比较积极踊跃地回答问题，且基本正确。	能够回答问题，且基本正确。	回答问题，但存在错误。	不能回答课堂提问。
技能操作	编写 Python 源程序	能独立、熟练地完成 Python 源程序的编写。	能独自较为熟练地完成 Python 源程序的编写。	能在他人提示下顺利完成 Python 源程序的编写。	能在他人多次提示、帮助下完成 Python 源程序的编写。	未能完成 Python 源程序的编写。
	运行 Python 程序	能独立、熟练地运行 Python 程序。	能独自较为熟练地运行 Python 程序。	能在他人提示下顺利运行 Python 程序。	能在他人多次提示、帮助下运行 Python 程序。	未能运行 Python 程序。

1.3 使用集成开发工具 PyCharm

1.3.1 实施任务单

任务编号	1-3	任务名称	使用集成开发工具 PyCharm
任务简介	PyCharm是Python程序开发过程中常用的一种集成开发环境(IDE)，它会让我们在用Python语言进行开发时大大提高工作效率。本任务中，我们要完成PyCharm的下载、安装、配置和使用。		
设备环境	台式机或笔记本，建议Windows 7版本以上的Windows操作系统、Python 3.9.1等。		
实施专业		实施班级	
实施地点		小组成员	
指导教师		联系方式	
任务难度	初级	实施日期	年　月　日
任务要求	（1）PyCharm的下载：进入PyCharm官网进行Windows系统下PyCharm的下载。 （2）PyCharm的安装：按照PyCharm安装向导完成安装。 （3）PyCharm的配置：熟练正确地设置Python解释器。 （4）PyCharm的使用：①使用PyCharm创建一个Python源程序，实现屏幕输出个人基本信息；②使用PyCharm运行Python程序，看到程序运行结果。		

1.3.2 信息单

任务编号	1-3	任务名称	使用集成开发工具 PyCharm

一、常用的 Python 集成开发环境（IDE）

（一）集成开发环境（IDE）简介

IDE 是 Integrated Development Environment（集成开发环境）的缩写。IDE 以代码编辑器为核心，包括一系列周边组件和附属功能。一种优秀的 IDE，除了普通文本编辑的基本功能外，更要提供针对特定语言的各种快捷编辑功能，能够让开发者快捷、舒适、清晰地浏览、输入、修改代码，加快开发速度、提高工作效率。

（二）常用的集成开发环境

除了在上一节中我们使用过的 Python 中自带的 IDLE 以外，目前较为流行的 Python 集成开发环境有 PyCharm、Vim、Eclipse、Sublime Text、GNU Emacs、Komodo Edit 等，每一个 IDE 都各具特色、各有所长。对于开发者而言，只要满足基本功能需要，符合自己使用习惯的就是最好的 IDE。这里介绍 PyCharm 集成开发工具的使用方法。

二、PyCharm 集成开发工具

（一）PyCharm 简介

PyCharm 是由 JetBrains 公司开发的一种 Python IDE。PyCharm 内带有一整套可以帮助用户在 Python 语言开发时提高开发效率的工具，如调试、语法高亮、Project 管理、代码跳转、智能提示、自动完成、单元测试、版本控制等，此外还提供了一些高级功能，如支持 Google App Engine、支持 IronPython 等。

（二）PyCharm 的下载

PyCharm 有两个版本：Professional（专业版）和 Community（社区版）。专业版是收费的，社区版是完全免费的。在浏览器地址栏中输入网址 https://www.jetbrains.com/pycharm/download/，进入到 PyCharm 官网进行 Windows 系统下 Community（社区版）的下载。

（三）PyCharm 的安装

（1）双击下载好的 PyCharm 安装程序进入 PyCharm 安装向导，如图 1-16 所示。

任务编号	1-3	任务名称	使用集成开发工具 PyCharm

图 1-16　PyCharm 安装向导

（2）单击 Next 按钮进入选择安装目录对话框。

（3）单击 Browse 按钮，选择要安装的目录后单击 Next 按钮进入安装设置对话框，设置创建桌面快捷方式以及默认使用 PyCharm 打开 Python 源文件，如图 1-17 所示。

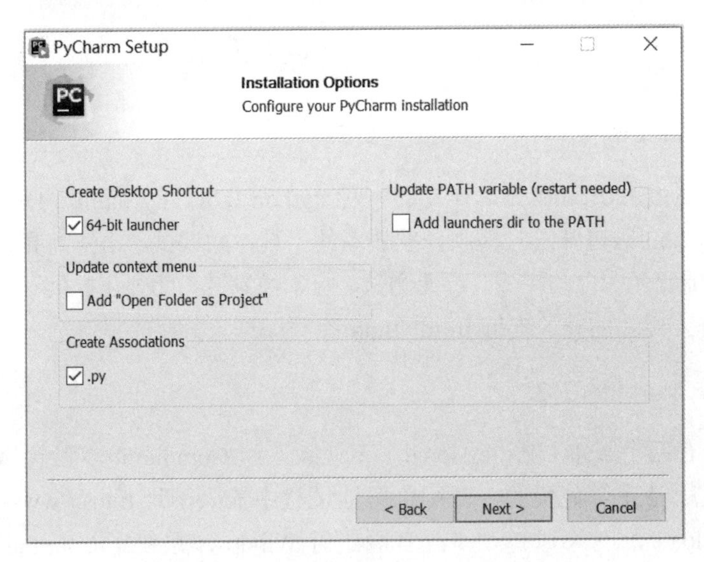

图 1-17　安装设置对话框

（4）单击 Next 按钮进入选择开始菜单文件对话框，在这里默认保存在 JetBrains 文件夹中，保持默认即可。

（5）单击 Install 按钮开始进行 PyCharm 的安装，显示安装进度，等待一会儿即可完成安装。

任务编号	1-3	任务名称	使用集成开发工具 PyCharm

（四）PyCharm 的配置

首次启动 PyCharm，将自动进入配置 PyCharm 的过程，用户可以根据自己的喜好设置界面显示风格，也可以使用默认风格。但是，首次使用 PyCharm 一定要进行 Python 解释器的配置，否则无法完成 Python 源文件的解析。PyCharm 配置 Python 解释器的基本过程如下：

（1）在桌面上双击 PyCharm 图标进入 PyCharm 欢迎界面。

（2）单击 Configure 选项，选择 Settings，如图 1-18 所示。

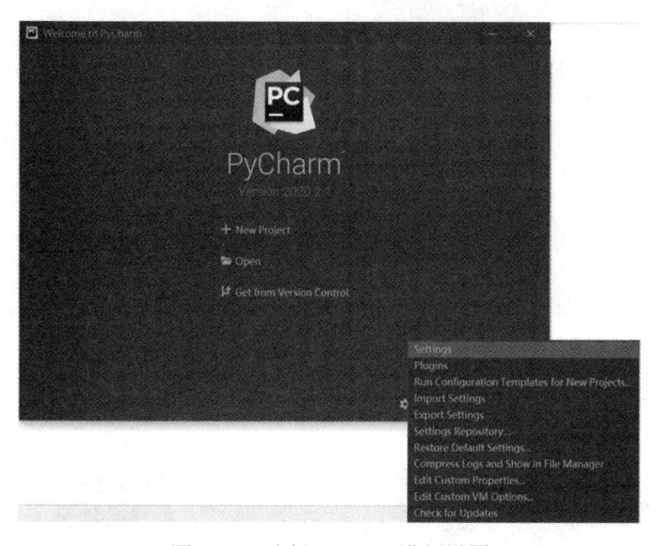

图 1-18　选择 Settings 进行设置

（3）进入设置 Python 解释器界面，单击设置按钮，选择 Add，进行 Python 解释器的添加，如图 1-19 所示。

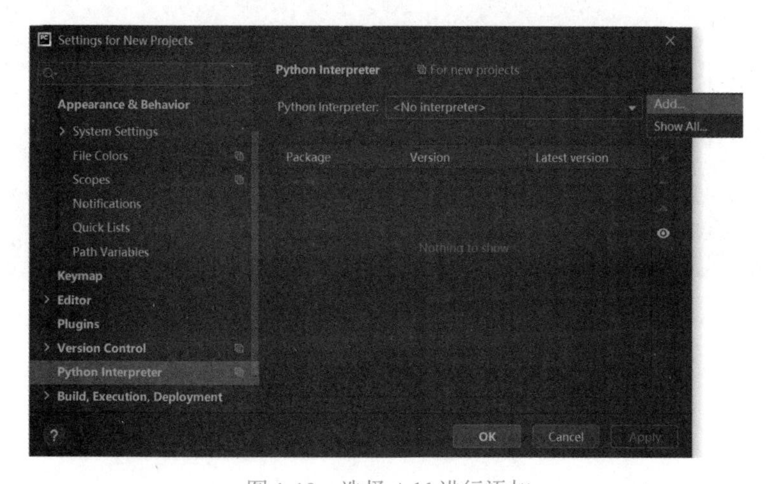

图 1-19　选择 Add 进行添加

任务编号	1-3	任务名称	使用集成开发工具 PyCharm

（4）弹出添加 Python 解释器界面，选择 System Interpreter（使用当前系统中的 Python 解释器），在右侧选择已经在本机上安装的 Python 目录并找到 python.exe，如图 1-20 所示。

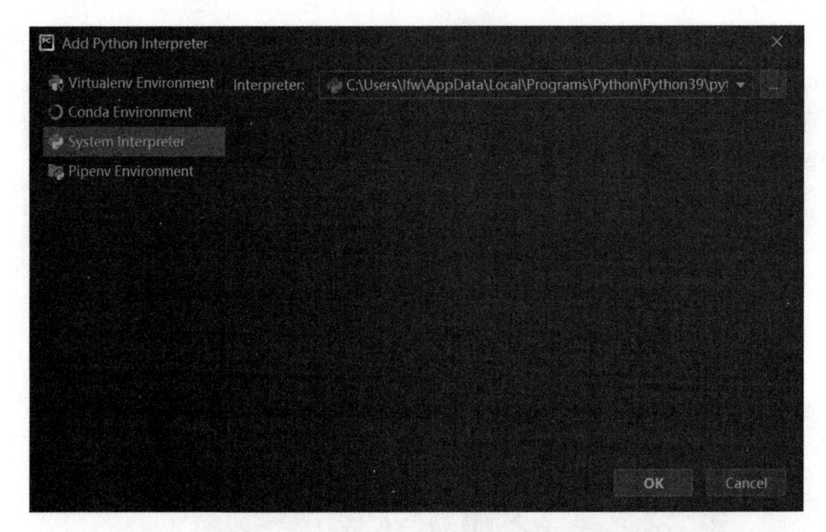

图 1-20　添加 Python 解释器界面

（5）单击 OK 按钮，界面返回并显示出可用的 Python 解释器，如图 1-21 所示。

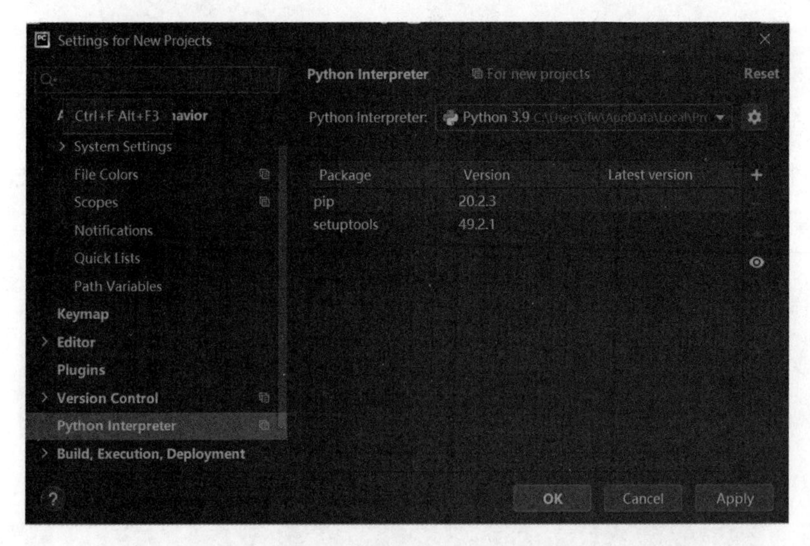

图 1-21　显示可用的 Python 解释器界面

PyCharm
开发工具的使用

（6）再次单击 OK 按钮，完成 PyCharm Python 解释器的配置。

（三）PyCharm 的使用

配置好 PyCharm 的解析器后即可在 PyCharm 中创建 Python 文件，步

骤如下：

（1）在桌面上双击 PyCharm 图标打开 PyCharm 集成开发工具。

（2）选择 File → New Project，如图 1-22 所示。

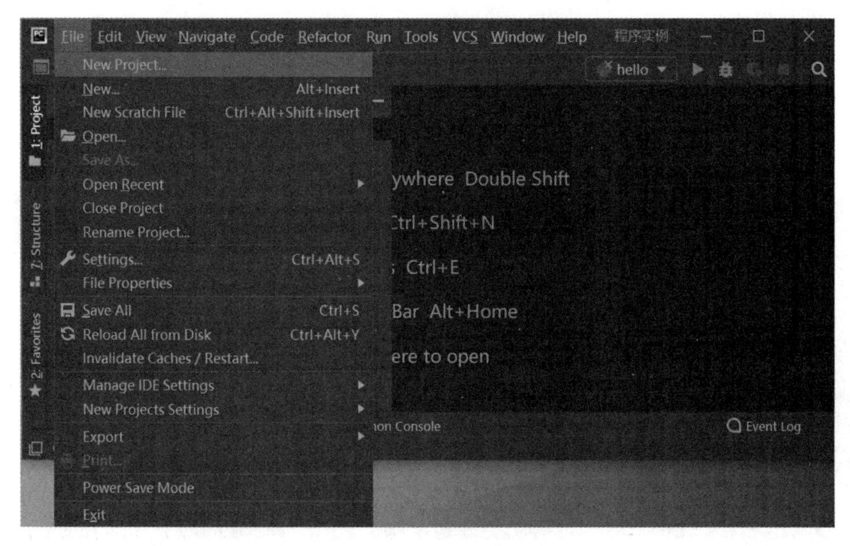

图 1-22 选择新创建项目

（3）弹出创建项目对话框，选择创建的目录并确定名称。

（4）单击 Create 按钮，弹出打开项目对话框，选择 This Window，在当前窗口打开。

（5）返回 PyCharm 集成开发工具窗口，在窗口左侧 Project 列表下显示新创建的项目，项目中默认存在一个 main.py Python 文件。

（6）右击项目 pr1，在弹出的快捷菜单中选择 New → Python File，如图 1-23 所示。

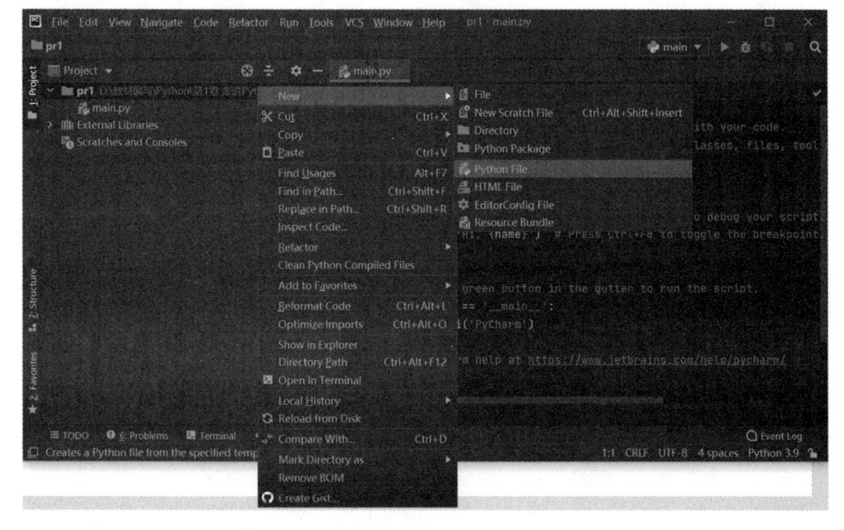

图 1-23 打开 Python 源文件编辑窗口

任务编号	1-3	任务名称	使用集成开发工具 PyCharm

（7）弹出新建 Python 文件窗口，输入 Python 文件名，例如 Hello。

（8）按回车键返回 PyCharm 集成开发工具窗口，看到 pr1 项目下出现 Hello.py 文件，窗口右侧是 Hello.py 文件编辑区，在编辑区中输入 Python 代码。

（9）编辑完毕后开始运行 Python 程序，选择 Run → Run 命令。

（10）弹出运行窗口，在列表中选择要运行的 Python 文件。

（11）按回车键返回 PyCharm 集成开发工具窗口，在窗口下方可看到 Python 文件的运行结果，如图 1-24 所示。

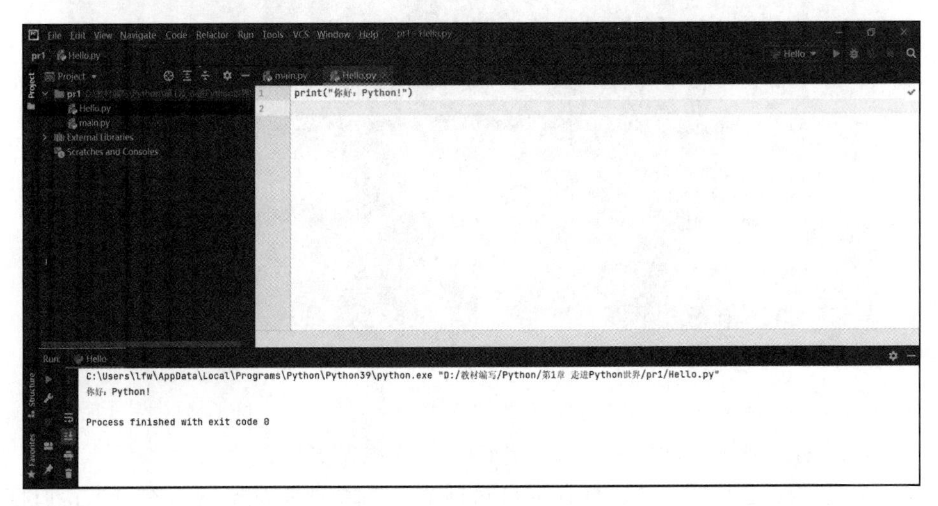

图 1-24　Python 文件运行结果

1.3.3 实施评量单

任务编号	1-3	任务名称	使用集成开发工具 PyCharm	
评量项目		自评	组长评价	教师评价
课堂表现	学习态度（15 分）			
	沟通合作（10 分）			
	回答问题（15 分）			
技能操作	PyCharm 的安装（20 分）			
	PyCharm 的配置（20 分）			
	PyCharm 的使用（20 分）			
学生签字	年 月 日	教师签字	年 月 日	

评量规准

项目		A	B	C	D	E
课堂表现	学习态度	在积极主动、虚心求教、自主学习、细致严谨上表现优秀，令师生称赞。	在积极主动、虚心求教、自主学习、细致严谨上表现良好。	在积极主动、虚心求教、自主学习、细致严谨上表现较好。	在积极主动、虚心求教、自主学习、细致严谨上表现尚可。	在积极主动、虚心求教、自主学习、细致严谨上表现均有待加强。
	沟通合作	在师生和同学之间具有很好的沟通能力，在小组学习中具有很强的团队合作能力。	在师生和同学之间具有良好的沟通能力，在小组学习中具有良好的团队合作能力。	在师生和同学之间具有较好的沟通能力，在小组学习中具有较好的团队合作能力。	在师生和同学之间能够正常沟通，在小组学习中能够参与团队合作。	在师生和同学之间不能够正常沟通，在小组学习中不能够参与团队合作。
	回答问题	积极踊跃地回答问题，且全部正确。	比较积极踊跃地回答问题，且基本正确。	能够回答问题，且基本正确。	回答问题，但存在错误。	不能回答课堂提问。
技能操作	PyCharm 的安装	能独立、熟练地完成 PyCharm 的安装。	能独自较为熟练地完成 PyCharm 的安装。	能在他人提示下完成 PyCharm 的安装。	能在他人多次提示、帮助下完成 PyCharm 的安装。	未能完成 PyCharm 的安装。
	PyCharm 的配置	能独立、熟练、正确地完成 PyCharm 的配置。	能独自较为熟练、正确地完成 PyCharm 的配置。	能在他人提示下正确地完成 PyCharm 的配置。	能在他人多次提示、帮助下完成 PyCharm 的配置。	未能完成 PyCharm 的配置。
	PyCharm 的使用	能独立、熟练地使用 PyCharm 完成程序的创建、编写、运行及调试。	能独自较为熟练地使用 PyCharm 完成程序的创建、编写、运行及调试。	能在他人提示下顺利地使用 PyCharm 完成程序的创建、编写、运行及调试。	能在他人多次提示、帮助下使用 PyCharm 完成程序的创建、编写、运行及调试。	未能使用 PyCharm 完成程序的创建、编写和运行调试。

1.4 课后训练

一、填空题

1．IDLE 是 Python 语言的 __________。

2．Python 程序运行的方式分为 __________ 和脚本式。

3．Python 是一种面向 ________ 的高级语言。

4．Python 可以在多种平台上运行，这体现了 Python 语言的 __________ 特性。

二、判断题

1．Python 语言是编译型语言。（　　）

2．Python 程序只能批量运行。（　　）

3．Python 是一种跨平台、开源、免费的高级动态编程语言。（　　）

4．Python 3.x 完全兼容 Python 2.x。（　　）

三、选择题

1．下面不属于 Python 特性的是（　　）。

A．简单易学　　B．开源免费　　C．属于低级语言　　D．高可移植性

2．Python 脚本文件的扩展名是（　　）。

A．.python　　B．.py　　C．.pt　　D．.pg

3．关于 Python 说法正确的是（　　）。

A．Python 是一种操作系统

B．Python 是一种数据库管理系统

C．Python 是一种解释型高级程序设计语言

D．Python 是一种结构化查询语言

4．关于 Python 语言的描述不正确的是（　　）。

A．2000 年 10 月 Python 2.0 正式发布，2008 年 12 月 Python 3.0 正式发布

B．Python 3.0 系列可以向下兼容 Python 2.0 系列的既有语法

C．Python 是一种开源软件，它支持交互式和批量式两种编程方式

D．其余 3 个选项有不正确的

四、简答题

1．简述 Python 语言的优点。

2．简述解释型语言和编译型语言的区别。

五、操作题

分别使用 Python 自带的 IDLE 和 PyCharm 两种集成开发环境创建一个简单的 Python 源文件（功能为在屏幕上输出你的名字）并运行。

项目 2 编写简单的 Python 程序

思政目标

★ 养成严谨认真、精益求精的软件工匠精神。

学习目标

★ 熟知 Python 编程的语法规范。
★ 熟知标识符的命名规范，以及关键字和注释的用法。
★ 熟知运算符的类型及运算规则。
★ 熟知变量的类型及定义、赋值方法。
★ 熟练运用 input() 和 print() 函数进行输入和输出。
★ 熟练编写、调试简单的 Python 程序。

学习路径

★ 通过信息单掌握基本理论知识。
★ 通过任务单在实践中巩固和升华理论知识。
★ 通过评量单反馈学习中的不足和改进方向。
★ 通过课后训练再学习，再提高。

学习资源

★ 校内一体化教室。
★ 视频、PPT、习题答案等。
★ 网络资源。

学习任务

★ 初级任务：输出个人基本信息。
★ 中级任务：打印输出学生成绩信息。
★ 高级任务：按指定格式制作个人名片。

思维导图

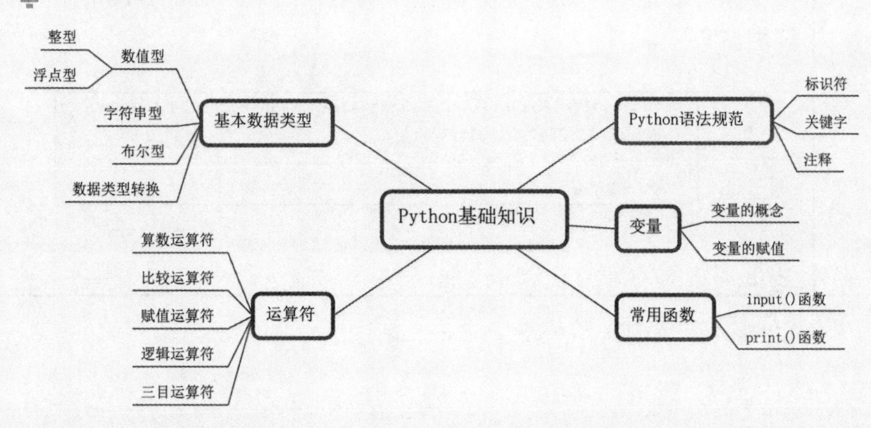

2.1 输出个人基本信息

2.1.1 实施任务单

任务编号	2-1	任务名称	输出个人基本信息
任务简介	运用 Python 中的标识符命名规范创建带有注释信息的 Python 文件，定义表示个人信息的变量，并运用 print() 函数输出个人基本信息。		
设备环境	台式机或笔记本，建议 Windows 7 版本以上的 Windows 操作系统。		
实施专业		实施班级	
实施地点		小组成员	
指导教师		联系方式	
任务难度	初级	实施日期	年　　月　　日
任务要求	创建 Python 文件，完成以下内容： （1）在程序开头加入注释信息，说明程序功能，例如“这是输出个人基本信息的 Python 文件”。 （2）定义表示个人身份证号、姓名、年龄、体重等基本信息的变量。 （3）为个人基本信息变量适当赋值。 （4）输出以上个人基本信息。 （5）运行 Python 程序，看到正确运行结果，如图 2-1 所示（本结果仅供参考）。 C:\Users\lfw\AppData\Local\Programs\Python\Python39\python.exe 身份证号：23020320011218043X 姓名：李美好 年龄：20,体重：50.01 图 2-1　任务 1 运行结果		

2.1.2 信息单

任务编号	2-1	任务名称	输出个人基本信息

Python 编程语法规范

一、Python 编程语法规范

（一）标识符

1. 标识符简介

标识符就是给对象引用起的一个名字，如变量名、类名、对象名、函数名等。

2. 标识符的命名规则

（1）标识符以字母或下划线开头，不能以数字开头。例如 3age 是不合法的标识符。

（2）标识符可以由字母、数字、下划线组成。例如 stu_name 是合法的标识符。

（3）标识符不能是关键字。例如 and、class、if 等关键字在系统中有特定的含义和作用，因此不能作为标识符使用。

（4）标识符严格区分大小写。例如 Student 和 student 是不同的。

3. 下划线在 Python 中的特殊含义

在 Python 中下划线开头具有特殊的含义，所以在标识符命名时慎用，例如：

（1）以单下划线开头的变量表示 protected 类型的变量，只允许当前类及其子类访问，不能用 from ××× import * 导入，例如 _age。

（2）以双下划线开头的标识符表示类的私有成员，例如 __name。

（3）以双下划线开头和结尾的标识符表示 Python 中特殊方法专用的标识，例如 __per__() 表示类的构造函数。

（二）关键字

Python 中具有特殊功能和作用的标识符称为关键字，关键字也称为保留字。注意，除了 None、True、False 以外，关键字全部是小写。

如果要查看 Python 中的关键字，可以在 Python 命令提示符“>>>”后输入 help() 进入帮助系统，输入 keywords 可以查看所有关键字，输入任意一个关键字可以查看该关键字的作用。也可以在集成开发工具 PyCharm 中输入 import keyword print(keyword.kwlist) 来查看，如图 2-2 所示。

任务编号	2-1	任务名称	输出个人基本信息

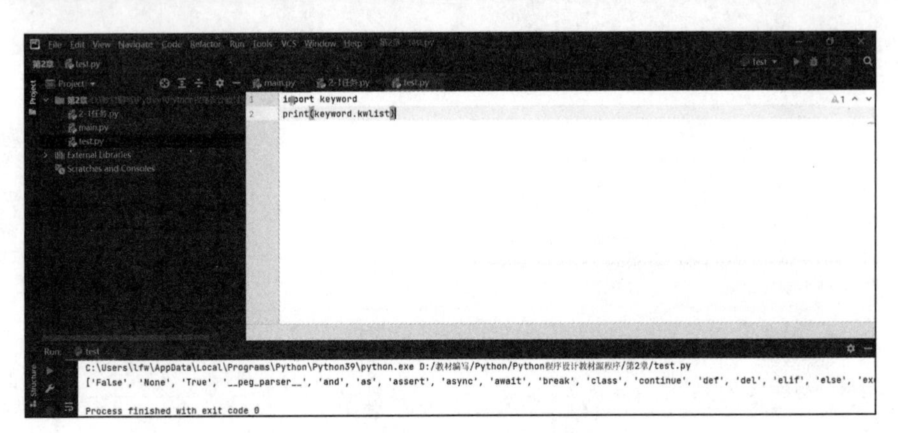

图 2-2　在 PyCharm 中查看关键字列表

Python 中的关键字如表 2-1 所示。

表 2-1　Python 中的关键字

False	break	for	not
None	class	from	or
True	continue	global	pass
__peg_parser__	def	if	raise
and	del	import	return
as	elif	in	try
assert	else	is	while
async	except	lambda	with
await	finally	nonlocal	yield

（三）注释

1. 注释的作用

在 Java、C++ 等编程语言中都有注释语句，注释可以提高代码的可读性，让程序阅读者能够更容易理解程序，便于程序日后的维护。

2. 注释的类型

Python 语言通过注释符号识别注释的内容部分，将注释内容当作纯文本，并在执行代码时跳过这些纯文本，注释语句并不参与程序的执行。

（1）单行注释。单行注释以 # 开头，注释内容仅限在当前行，如图 2-3 所示。

（2）多行注释。多行注释用 3 个单引号 ''' 或者 3 个双引号 """ 将注释内容括起来，注意引号一定要闭合，即有开始有结束，如图 2-4 所示。

任务编号	2-1	任务名称	输出个人基本信息

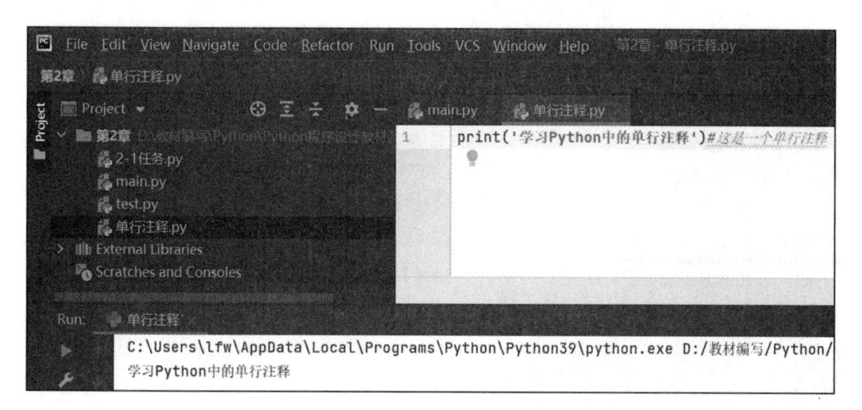

图 2-3 单行注释

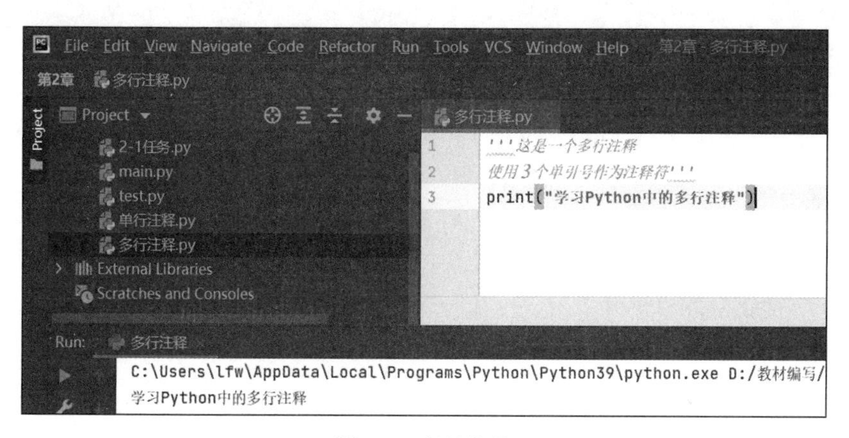

图 2-4 多行注释

3. 注释的注意事项

（1）多行注释不支持嵌套，否则会出现错误提示，如图 2-5 所示。

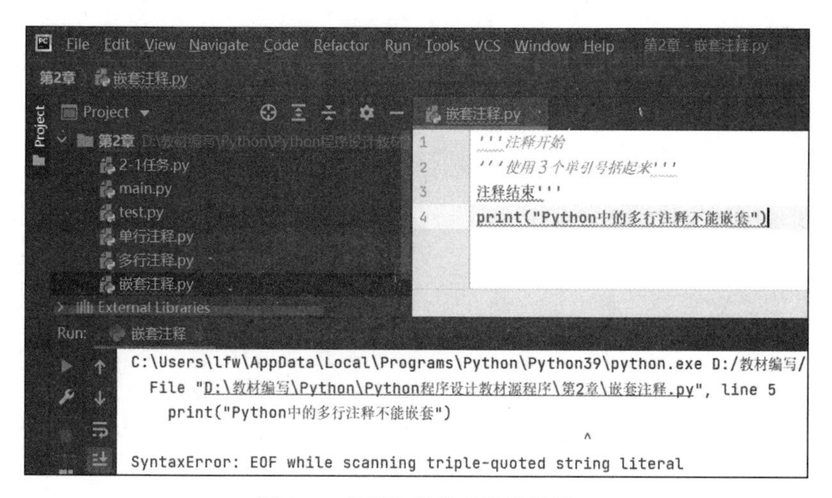

图 2-5 多行注释嵌套错误提示

（2）当注释符单引号或双引号出现在字符串中时将不能作为注释标记，如图 2-6 所示。

图 2-6　字符串中的单引号不是注释符

变量的定义和使用

二、变量

（一）变量简介

变量就是一个存储单元，用来存放程序中可以发生变化的数据。每个变量都有一个唯一的变量名，通过变量名访问变量对应的存储单元中的数据。变量命名规则遵循标识符的命名规则。

（二）变量的类型和赋值

1. 变量的类型

在 Python 中，变量没有固定的类型，我们所说的数据“类型”是变量所存储的数据的类型。

2. 变量的赋值

（1）变量赋值的基本格式。

```
VarName = value
```

等号左边是变量名，右边是存储在变量中的值。例如 x=3，x 是变量名，3 是存储在变量中的值。

（2）变量的反复赋值。在 Python 中，同一变量可以反复赋值，而且可以是不同类型的值，这也是 Python 语言被称为动态语言的原因。例如 x=3 x='Python 中的变量 '，变量 x 第一次赋值整数，第二次赋值字符串。

任务编号	2-1	任务名称	输出个人基本信息

（3）同时为多个变量赋同一个值。

```
VarName1 = VarName2= VarName3...=value
```

例如 a=b=c=1，表示同时为变量 a、b、c 赋值整数 1。

（4）同时为多个变量赋不同的值。

```
VarName1,VarName2, VarName3,...,VarNameN=value1, value2, value3,..., valueN
```

等号左边变量之间和等号右边值之间用逗号间隔，等号前、后的对象数量要相同。例如 a,b,c=1,2,' 张三 '，表示 a 赋值为 1，b 赋值为 2，c 赋值为张三。

3. 变量的引用

变量的引用要遵循先赋值后引用的原则。即在引用变量前要先对变量进行赋值，否则将出现错误。例如变量 q 没有赋值就进行输出，运行程序将提示 NameError: name 'q' is not defined。

2.1.3 实施评量单

任务编号	2-1	任务名称	输出个人基本信息	
评量项目		自评	组长评价	教师评价
课堂表现	学习态度（15 分）			
	沟通合作（10 分）			
	回答问题（15 分）			
技能操作	创建 Python 文件（10 分）			
	编写 Python 代码（40 分）			
	运行及调试（10 分）			
学生签字	年 月 日	教师签字	年 月 日	

评量规准						
项目		A	B	C	D	E
课堂表现	学习态度	在积极主动、虚心求教、自主学习、细致严谨上表现优秀，令师生称赞。	在积极主动、虚心求教、自主学习、细致严谨上表现良好。	在积极主动、虚心求教、自主学习、细致严谨上表现较好。	在积极主动、虚心求教、自主学习、细致严谨上表现尚可。	在积极主动、虚心求教、自主学习、细致严谨上表现均有待加强。
	沟通合作	在师生和同学之间具有很好的沟通能力，在小组学习中具有很强的团队合作能力。	在师生和同学之间具有良好的沟通能力，在小组学习中具有良好的团队合作能力。	在师生和同学之间具有较好的沟通能力，在小组学习中具有较好的团队合作能力。	在师生和同学之间能够正常沟通，在小组学习中能够参与团队合作。	在师生和同学之间不能够正常沟通，在小组学习中不能够参与团队合作。
	回答问题	积极踊跃地回答问题，且全部正确。	比较积极踊跃地回答问题，且基本正确。	能够回答问题，且基本正确。	回答问题，但存在错误。	不能回答课堂提问。
技能操作	创建 Python 文件	能独立、熟练地创建python文件。	能独自较为熟练地创建python文件。	能在他人提示下顺利创建python文件。	能在他人多次提示、帮助下创建Python文件。	未能创建Python文件。
	编写 Python 代码	能独立、熟练、规范地编写实现任务要求的Python代码。	能独立、规范、较为熟练地编写实现任务要求的Python代码。	能在他人提示下编写完成任务基本要求的Python代码。	能在他人多次提示、帮助下编写完成任务基本要求的Python代码。	未能编写完成任务基本要求的Python代码。
	运行及调试	能独立、熟练地完成Python程序的运行及调试。	能独自较为熟练地完成Python程序的运行及调试。	能在他人提示下完成Python程序的运行及调试。	能在他人多次提示、帮助下完成Python程序的运行及调试。	未能完成Python程序的运行及调试。

2.2 打印输出学生成绩信息

2.2.1 实施任务单

任务编号	2-2	任务名称	打印输出学生成绩信息
任务简介	运用 Python 中的数据类型以及转义字符创建 Python 文件，定义表示学生成绩的变量，并运用 print() 函数输出学生成绩信息。		
设备环境	台式机或笔记本，建议 Windows 7 版本以上的 Windows 操作系统。		
实施专业		实施班级	
实施地点		小组成员	
指导教师		联系方式	
任务难度	中级	实施日期	年 月 日
任务要求	创建 Python 文件，完成以下要求： （1）定义表示学生姓名、学号、数学成绩、历史成绩的变量。 （2）求学生的总成绩和平均成绩。 （3）输出以上学生基本信息和成绩信息。 （5）运行 Python 程序，看到正确运行结果，如图 2-6 所示（本结果仅供参考）。 C:\Users\lfw\AppData\Local\Programs\Python\ 姓名：李美好\学号：20210201 数学成绩： 98 历史成绩： 92 总分： 190 平均分：95.00 图 2-7 任务 2 运行结果		

2.2.2 信息单

任务编号	2-2	任务名称	打印输出学生成绩信息

Python 的数据类型

一、Python 中的基本数据类型

Python 语言的数据类型包括整型、浮点型、字符串、布尔型和空值。

（一）整型（int）

整型的取值为整数，有正整数和负整数，如 26、-26 等。整型数据支持不同进制表示，默认是十进制，还可以用二进制、八进制、十六进制等，需要在数据前加上限定符号加以区分，各进制的限定符号如表 2-2 所示。

表 2-2　各进制的限定符号

进制	限定符号	示例
十进制	默认是十进制	print(10)，输出 10
二进制	0b 或 0B	print(0b10)，输出 2
八进制	0o 或 0O	print(0o10)，输出 8
十六进制	0x 或 0X	print(0x10)，输出 16

通过格式化符号 % 加小写的 d、o、x 可以将某个整数按照指定的进制形式进行输出。整数输出的格式化符号如表 2-3 所示。

表 2-3　整数输出的格式化符号

进制	格式化符号	示例
十进制	%d	print('%d' % 10)，输出 10
八进制	%o	print('%o' % 10)，输出 12
十六进制	%x	print('%x' % 10)，输出 a

（二）浮点型 (float)

浮点型的数据为小数，当计算有精度要求时被使用，表示形式可以是小数或者科学记数法，如 3.14、-3.14e10 等。浮点数默认保留 6 位小数。浮点数的输出格式如表 2-4 所示。

表 2-4　浮点数的输出格式

输出格式	含义	示例
%f	保留小数点后面六位有效数字	print('%f' % 2.6)，输出 2.600000
%.nf	保留 n 位小数	print('%.2f' % 2.6)，输出 2.60

输出格式	含义	示例
%e	保留小数点后面六位有效数字，指数形式输出	print('%e' % 2.6)，输出 2.600000e+00
%ne	保留 n 位小数，用科学记数法	print('%.2e' % 2.6)，输出 2.60e+00
%g	在保证六位有效数字的前提下使用小数方式，否则使用科学记数法	print('%g' % 211.6789)，输出 211.679
%.ng	在保留 n 位有效数字的前提下使用小数方式或使用科学记数法	print('%.5g' % 211.6789)，输出 211.68 print('%.2g' % 211.6789)，输出 2.1e+02

（三）字符串（str）

字符串是用两个单引号或两个双引号括起来的一个或多个字符。空格是一个字符，例如字符串 You are Great 包括 Y, o, u, 空格 , a, r, e, 空格 , G, r, e, a, t，共 13 个字符。

可以用 len() 函数计算字符串的长度，例如 print(len('You are great'))，结果为 13。

转义字符：字符串里常常存在一些如换行、制表符等有特殊含义的字符，这些字符称为转义字符。转义字符以“\”开头，常用的转义字符如表 2-5 所示。

表 2-5 转义字符及其含义

转义字符	含义	示例
\n	换行	print(' 姓名：\n 张三 ')，输出结果：姓名： 张三
\t	制表符	print(' 姓名：\t 张三 ')，输出结果：姓名：　　张三
\\	字符 \ 本身的含义	print(' 姓名：\\ 张三 ')，输出结果：姓名：\张三

（四）布尔型（bool）

布尔型只有 True 和 False（注意 T 和 F 是大写）两种值。关系表达式和条件表达式的结果只能是 True 或 False。

（五）空值（None Type）

空值是 Python 中的一个特殊值，用 None（注意 N 是大写）表示，一般用 None 填充表格中的缺失值。

二、数据类型的转换

type() 函数可以返回数据的类型，如图 2-8 所示。

任务编号	2-2	任务名称	打印输出学生成绩信息

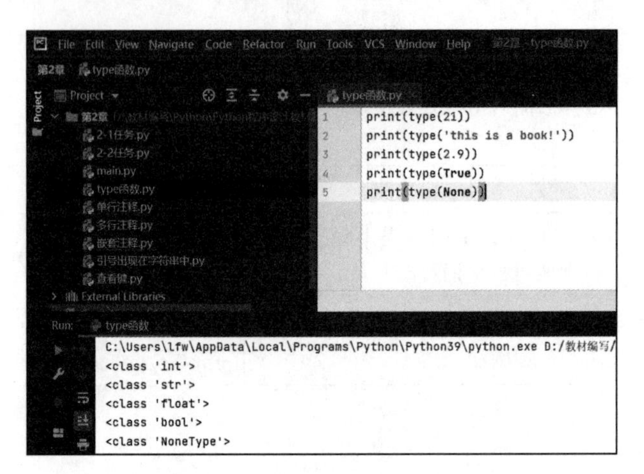

图 2-8　type() 函数的作用

要进行数据类型转换，可以使用数据类型转换函数。数据类型转换函数如表 2-6 所示。

表 2-6　数据类型转换函数

函数	作用
int()	用于将变量转换成整型
float()	用于将变量转换成浮点型
str()	用于将变量转换成字符串
bool()	用于将变量转换成布尔型

例如在 Python 程序中输入下述代码，运行结果如图 2-9 所示。

```
x=21
y=2.6
print(' 转换前类型为 ',type(x),' 转换后类型为 ',type(float(x)),' 值为 ',float(x))
print(' 转换前类型为 ',type(x),' 转换后类型为 ',type(str(x)),' 值为 ',str(x))
print(' 转换前类型为 ',type(x),' 转换后类型为 ',type(bool(x)),' 值为 ',bool(x))
print(' 转换前类型为 ',type(y),' 转换后类型为 ',type(int(y)),' 值为 ',int(y))
```

```
C:\Users\lfw\AppData\Local\Programs\Python\Python39\python.exe D:/教材编写
转换前类型为： <class 'int'> 转换后类型为： <class 'float'> 值为： 21.0
转换前类型为： <class 'int'> 转换后类型为： <class 'str'> 值为： 21
转换前类型为： <class 'int'> 转换后类型为： <class 'bool'> 值为： True
转换前类型为： <class 'float'> 转换后类型为： <class 'int'> 值为： 2
```

图 2-9　数据类型转换后运行结果

数据类型转换说明：

（1）不是完全由数字字符组成的字符串数据无法转换为数值型，包括 int 型和 float

任务编号	2-2	任务名称	打印输出学生成绩信息

型。例如 21 可以转换为数值型，但是下面的代码运行后将出现错误提示，如图 2-10 所示。

```
x='this is a good idea'
print(' 转换前类型为 ',type(x),' 转换后类型为 ',type(float(x)),' 值为 ',int(x))
```

```
Traceback (most recent call last):
  File "D:\教材编写\Python\Python程序设计教材源程序\第2章\错误数据类型转换.py", line 2, in <module>
    print('转换前类型为',type(x),'转换后类型为',type(float(x)),'值为',int(x))
ValueError: could not convert string to float: 'this is a good idea'
```

图 2-10　字符串转换为数值型错误提示

（2）只有在变量值为 0 时 bool() 转换的结果才为 False，其他数据均转换为 True。

三、运算符

Python 的运算符

（一）算术运算符

1. 算术运算符的作用

算术运算符也称数学运算符，用来对数值进行数学运算，如加、减、乘、除。

2. Python 中的算术运算符

Python 中的算术运算符及运算规则如表 2-7 所示。

表 2-7　Python 中的算术运算符及运算规则

算术运算符	运算规则	表达式	运算结果
+	加法运算	2+3	5
-	减法运算	8.6-2	6.6
*	乘法运算	5 * 3	15
/	除法运算	5 / 2	2.5
//	整除，即只保留商的整数部分	5 // 2	2
%	取余，即返回除法的余数	5 % 2	1
**	幂运算，x**y 即返回 x 的 y 次方	5 ** 2	25

（二）赋值运算符

1. 赋值运算符的作用

赋值运算符用来给变量赋值，可以直接将右侧的值赋值给左侧的变量，也可以将表达式运算后再赋值给左侧的变量。例如 x=2+3。

2. Python 中的赋值运算符

Python 中的赋值运算符及运算规则如表 2-8 所示。

表 2-8 Python 中的赋值运算符及运算规则

赋值运算符	运算规则	表达式	运算结果
=	直接赋值	x = 6+7	x = 13
+=	加赋值	x=2,y=3,x += y	x = 5
-=	减赋值	x=2,y=3,x -= y	x =-1
*=	乘赋值	x=2,y=3,x *= y	x =6
/=	除赋值	x=2,y=3,x /= y	x = 0.6666666666666666
%=	取余数赋值	x=2,y=3,x %= y	x = 2
**=	幂赋值	x=2,y=3,x **= y	x =8
//=	取整数赋值	x=2,y=3,x //= y	x =0
&=	按位与赋值	x=2,y=3,x &= y	x =2
|=	按位或赋值	x=2,y=3,x |= y	x =3
^=	按位异或赋值	x=2,y=3,x ^= y	x =1
<<=	左移赋值	x=2,y=3,x <<= y	x =16
>>=	右移赋值	x=2,y=3,x >>= y	x = 0

（三）比较运算符

1. 比较运算符的作用

比较运算符也称关系运算符，用于对常量、变量或表达式的结果进行大小比较。如果比较的关系成立，则返回 True（真），否则返回 False（假）。例如 2>3，结果为 False（假）。

2. Python 中的比较运算符

Python 中的比较运算符及运算规则如表 2-9 所示。

表 2-9 Python 中的比较运算符及运算规则

比较运算符	运算规则	表达式	运算结果
>	大于，如果 > 前面的值大于后面的值，则返回 True；否则返回 False	5>2	True
<	小于，如果 < 前面的值小于后面的值，则返回 True；否则返回 False	5<2	False
==	等于，如果 == 两边的值相等，则返回 True；否则返回 False	5==2	False
>=	大于等于（等价于数学中的≥），如果 >= 前面的值大于或者等于后面的值，则返回 True；否则返回 False	5>=2	True
<=	小于等于（等价于数学中的≤），如果 <= 前面的值小于或者等于后面的值，则返回 True；否则返回 False	5<=2	False
!=	不等于（等价于数学中的≠），如果 != 两边的值不相等，则返回 True；否则返回 False	5!=2	True

（四）逻辑运算符

1. 逻辑运算符的作用

逻辑运算符用来表示日常交流中的“并且”“或者”“否定”等逻辑关系。如果逻辑成立，则返回 True（真）；否则返回 False（假）。例如如果下特大暴雨或者生病，则可以请假休息。

2. Python 中的逻辑运算符

Python 中的逻辑运算符及运算规则如表 2-10 所示。

表 2-10 Python 中的逻辑运算符及运算规则

逻辑运算符	表达式	运算结果
and	True and True True and False False and False	True False False
or	True or True True or False False or False	True True False
not	not True not False	False True

（五）三目运算符

在 Python 中三目运算符不同于 Java 中的 ? :，而是使用 if else 来实现三目运算。

Python 中三目运算表达式的语法格式如下：

```
Value1 if expression else Value2
```

expression 是逻辑表达式，表示判断条件；Value1 和 Value2 是两个值或者表达式；如果逻辑表达式 expression 成立（结果为真），则执行 Value1 表达式，并把 Value1 的结果作为整个表达式的结果；反之，执行 Value2，并把 Value2 的结果作为整个表达式的结果。

例如执行下面的代码，运行结果为 a<b。

```
a = 4
b = 5
print('a>b' if a>b else 'a<b')
```

2.2.3 实施评量单

<table>
<tr><td>任务编号</td><td>2-2</td><td>任务名称</td><td colspan="2">打印输出学生成绩信息</td></tr>
<tr><td colspan="2">评量项目</td><td>自评</td><td>组长评价</td><td>教师评价</td></tr>
<tr><td rowspan="3">课堂表现</td><td>学习态度（15 分）</td><td></td><td></td><td></td></tr>
<tr><td>沟通合作（10 分）</td><td></td><td></td><td></td></tr>
<tr><td>回答问题（15 分）</td><td></td><td></td><td></td></tr>
<tr><td rowspan="3">技能操作</td><td>创建 Python 文件（10 分）</td><td></td><td></td><td></td></tr>
<tr><td>编写 Python 代码（40 分）</td><td></td><td></td><td></td></tr>
<tr><td>运行及调试（10 分）</td><td></td><td></td><td></td></tr>
<tr><td>学生签字</td><td>年 月 日</td><td>教师签字</td><td colspan="2">年 月 日</td></tr>
</table>

<table>
<tr><td colspan="7">评量规准</td></tr>
<tr><td colspan="2">项目</td><td>A</td><td>B</td><td>C</td><td>D</td><td>E</td></tr>
<tr><td rowspan="3">课堂表现</td><td>学习态度</td><td>在积极主动、虚心求教、自主学习、细致严谨上表现优秀，令师生称赞。</td><td>在积极主动、虚心求教、自主学习、细致严谨上表现良好。</td><td>在积极主动、虚心求教、自主学习、细致严谨上表现较好。</td><td>在积极主动、虚心求教、自主学习、细致严谨上表现尚可。</td><td>在积极主动、虚心求教、自主学习、细致严谨上表现均有待加强。</td></tr>
<tr><td>沟通合作</td><td>在师生和同学之间具有很好的沟通能力，在小组学习中具有很强的团队合作能力。</td><td>在师生和同学之间具有良好的沟通能力，在小组学习中具有良好的团队合作能力。</td><td>在师生和同学之间具有较好的沟通能力，在小组学习中具有较好的团队合作能力。</td><td>在师生和同学之间能够正常沟通，在小组学习中能够参与团队合作。</td><td>在师生和同学之间不能够正常沟通，在小组学习中不能够参与团队合作。</td></tr>
<tr><td>回答问题</td><td>积极踊跃地回答问题，且全部正确。</td><td>比较积极踊跃地回答问题，且基本正确。</td><td>能够回答问题，且基本正确。</td><td>回答问题，但存在错误。</td><td>不能回答课堂提问。</td></tr>
<tr><td rowspan="3">技能操作</td><td>创建 Python 文件</td><td>能独立、熟练地创建python文件。</td><td>能独自较为熟练地创建python文件。</td><td>能在他人提示下顺利创建python文件。</td><td>能在他人多次提示、帮助下创建Python文件。</td><td>未能创建Python文件。</td></tr>
<tr><td>编写 Python 代码</td><td>能独立、熟练、规范地编写实现任务要求的Python代码。</td><td>能独立、规范、较为熟练地编写实现任务要求的Python代码。</td><td>能在他人提示下编写完成任务基本要求的Python代码。</td><td>能在他人多次提示、帮助下编写完成任务基本要求的Python代码。</td><td>未能编写完成任务基本要求的Python代码。</td></tr>
<tr><td>运行及调试</td><td>能独立、熟练地完成Python程序的运行及调试。</td><td>能独自较为熟练地完成Python程序的运行及调试。</td><td>能在他人提示下完成Python程序的运行及调试。</td><td>能在他人多次提示、帮助下完成Python程序的运行及调试。</td><td>未能完成Python程序的运行及调试。</td></tr>
</table>

2.3 按指定格式制作个人名片

input() 函数和 print() 函数的使用

2.3.1 实施任务单

<table>
<tr><td>任务编号</td><td>2-3</td><td>任务名称</td><td>按指定格式制作个人名片</td></tr>
<tr><td>任务简介</td><td colspan="3">运用 Python 中的 input() 和 print() 函数，结合字符串输出的格式化，创建 Python 文件，实现根据输入的个人信息制作指定格式的个人名片。</td></tr>
<tr><td>设备环境</td><td colspan="3">台式机或笔记本，建议 Windows 7 版本以上的 Windows 操作系统。</td></tr>
<tr><td>实施专业</td><td></td><td>实施班级</td><td></td></tr>
<tr><td>实施地点</td><td></td><td>小组成员</td><td></td></tr>
<tr><td>指导教师</td><td></td><td>联系方式</td><td></td></tr>
<tr><td>任务难度</td><td>高级</td><td>实施日期</td><td>年　　月　　日</td></tr>
<tr><td>任务要求</td><td colspan="3">创建 Python 文件，完成以下要求：
（1）定义表示个人信息的变量，如姓名、职务、电话、公司名称、公司地址等。
（2）通过 input() 函数接收键盘输入的个人信息数据，并给相应的变量赋值。
（3）通过 input() 函数，按照给定的格式输出个人名片信息。
（4）运行 Python 程序，看到正确运行结果，如图 2-11 所示（本结果仅供参考）。

请输入姓名：张美丽
请输入职务：大区经理
请输入电话：13988889999
请输入公司名称：海达科技有限公司
请输入公司地址：哈尔滨市衡水路162 号
========================
姓名：张美丽
职务：大区经理
联系电话：张美丽
公司：海达科技有限公司
公司地址：哈尔滨市衡水路162号
========================

图 2-11　任务 3 运行结果</td></tr>
</table>

2.3.2 信息单

任务编号	2-3	任务名称	按指定格式制作个人名片

一、input() 函数

（一）input() 函数的作用

input() 是 Python 的内置函数，用于从控制台读取用户输入的内容，并以字符串的形式处理接收到的数据。

（二）input() 函数的语法格式

```
strvar= input([prompt])
```

strvar 表示用于存储字符串数据的变量，input() 将接收到的字符串存入 strvar 变量中；prompt 表示提示信息，是一个字符串，当程序运行时可以在控制台上显示，提示用户输入数据内容，如果不写 prompt 则不会有任何提示信息。为了具有良好的交互性，建议程序设计者在使用 input() 接收键盘输入数据时一定要进行信息提示。例如如果把需要接收键盘输入的数据赋值给 name 变量，则 Python 语句为 name=input(' 请输入你的姓名：')，运行后可以在控制台看到信息提示，如图 2-12 所示。

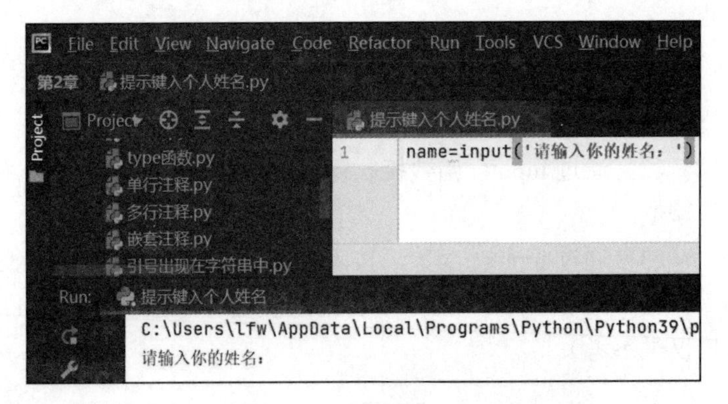

图 2-12 提示输入姓名信息

（三）input() 函数接收数据的转换

input() 函数接收到的数据都作为字符串处理，如果我们想要对接收到的数据进行算术运算，那么该如何实现呢？例如我们要接收键盘输入的两个数并实现加法运算，如下：

```
x=input(' 请输入第一个数 ')
y=input(' 请输入第二个数 ')
sum=x+y
print('x+y=',sum)
```

运行结果如图 2-13 所示。

任务编号	2-3	任务名称	按指定格式制作个人名片

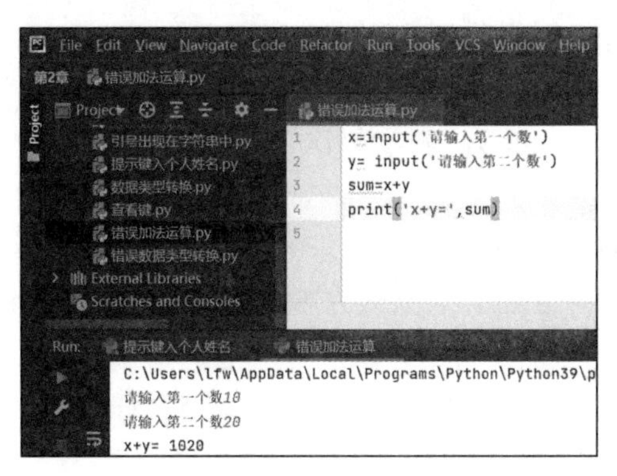

图 2-13　错误的加法运行结果

出现上述错误结果的原因是，当 input() 函数接收到 10 和 20 以后，并没有当作数值处理，而是当作字符串处理，其中的“+”就不是加法运算符了，而是字符串的连接运算符，所以看到结果为两个字符串的连接结果 1020，而不是我们预期要进行加法运算的结果 30。

因此，当需要把 input() 接收到的数据参与到数学运算时，我们可以通过数据类型转换函数将接收到的字符串进行转换。例如：

int(string) 将字符串转换成 int 型。

float(string) 将字符串转换成 float 型。

bool(string) 将字符串转换成 bool 型。

在上面的程序中，将接收到的字符串通过 int() 函数进行转换后再相加，就可以完成加法运算，如图 2-14 所示。

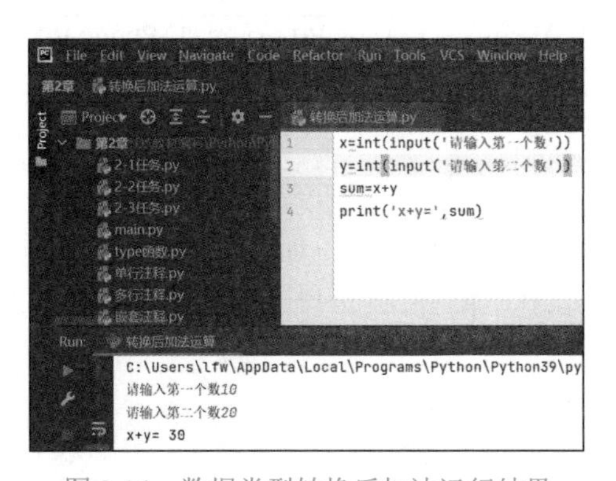

图 2-14　数据类型转换后加法运行结果

二、print() 函数

（一）print() 函数的作用

print() 是 Python 的内置函数，用于将数据内容进行显示输出。

任务编号	2-3	任务名称	按指定格式制作个人名片

（二）print() 函数的语法格式

```
print(value1,...,valueN, sep='', end='\n', file=sys.stdout, flush=False)
```

（1）value：value1,...,valueN，表示每次打印输出多个数据内容，之间用英文半角逗号隔开。

（2）可选参数，有以下 4 种：

- file：类文件对象（stream），默认为当前的 sys.stdout，即标准输出，输出到屏幕。
- sep：在值之间插入的字符串，默认为空格。
- end：在最后一个值后附加的字符串，默认为换行符。
- flush：是否强制刷新流。

value 参数的作用：例如希望直接输出字符 a、b、c、d，则语句为 print('a','b','c','d')，运行结果如图 2-15 所示，数据之间默认用空格间隔。

sep 参数的作用：例如希望在输出字符 a、b、c、d 之间用字符串“字母”间隔，则语句为 print('a','b','c','d',sep=' 字母 ')，运行结果如图 2-16 所示，数据之间插入了字符串“字母”。

```
C:\Users\lfw\AppData\Local\Programs
a b c d

Process finished with exit code 0
```

图 2-15　直接输出多个值运行结果

```
C:\Users\lfw\AppData\Local\Programs\
a字母b字母c字母d

Process finished with exit code 0
```

图 2-16　sep 参数的作用

end 参数的作用：例如希望在 print() 函数输出之后输出字符串 theend，则语句为 print('a','b', 'c','d',end="the end")，运行结果如图 2-17 所示，输出数据以 the end 结束。

```
C:\Users\lfw\AppData\Local\Programs\
a b c dthe end
Process finished with exit code 0
```

图 2-17　end 参数的作用（1）

print() 函数输出数据后默认是换行的，如果不希望换行，可以将 end 参数赋值为空串，即 ''。例如要输出 1234 且不换行，则可以用下述语句实现，运行结果如图 2-18 所示。

```
print(1,end='')
print(2,end='')
print(3,end='')
print(4,end='')
```

```
C:\Users\lfw\AppData\Local\Programs\
1234
Process finished with exit code 0
```

图 2-18　end 参数的作用（2）

任务编号	2-3	任务名称	按指定格式制作个人名片

（三）print() 函数格式化输出

格式化输出的好处是，制定一种格式，只需要按照格式填充内容即可。例如制定一个简短的自我介绍格式“您好！我是 ***，我今年 ** 岁，我的爱好是 ****，很高兴认识你！”，那么每个人的自我介绍只需按照格式，将 * 部分填入相应内容即可。

我们可以通过 print () 函数的格式化输出实现特定格式内容的输出。

1. Python 中格式化输出的实现

在 Python 中通过 %? 实现格式化，%? 就是占位符。在字符串内部，占位符用相应的数据内容进行替换，有 N 个 %? 占位符，后面用 %() 跟 N 个变量或者值，顺序要一一对应。如果只有一个 %? 占位符，则括号可以省略。

2. 常见的占位符

Python 中常用的占位符如表 2-11 所示。

表 2-11　Python 中常用的占位符

占位符	对应数据类型
%d	十进制整数
%f	浮点数
%x	十六进制数
%s	字符串

例如要实现上面例子中的自我介绍“您好！我是 ***，我今年 ** 岁，我的爱好是 ****，很高兴认识你！”，格式化的输出，则在 print() 函数中把 * 出现的地方用相应类型的占位符 %? 代替，在其后面依次给出数据值即可，Python 程序如下：

```
print(" 您好！我是 %s，我今年 %d 岁，我的爱好是 %s，很高兴认识你！ "
    % (' 张美丽 ',26,' 唱歌、跳舞 '))
```

这里用到占位符 %s 和 %d，对应的数据内容分别为字符串和十进制整数，本例中一共是 3 个占位符，所以 %() 括号里面要有 3 个与占位符类型对应的数据内容，中间用逗号间隔，运行结果如图 2-19 所示。

```
您好！我是张美丽，我今年26岁，我的爱好是唱歌、跳舞，很高兴认识你！
```

图 2-19　prin() 函数格式化输出运行结果

2.3.3 实施评量单

<table>
<tr><td>任务编号</td><td>2-3</td><td>任务名称</td><td colspan="2">按指定格式制作个人名片</td></tr>
<tr><td colspan="2">评量项目</td><td>自评</td><td>组长评价</td><td>教师评价</td></tr>
<tr><td rowspan="3">课堂表现</td><td>学习态度（15 分）</td><td></td><td></td><td></td></tr>
<tr><td>沟通合作（10 分）</td><td></td><td></td><td></td></tr>
<tr><td>回答问题（15 分）</td><td></td><td></td><td></td></tr>
<tr><td rowspan="2">技能操作</td><td>数据输入、赋值（30 分）</td><td></td><td></td><td></td></tr>
<tr><td>按格式输出信息（30 分）</td><td></td><td></td><td></td></tr>
<tr><td>学生签字</td><td>年　月　日</td><td>教师签字</td><td colspan="2">年　月　日</td></tr>
</table>

<table>
<tr><td colspan="7">评量规准</td></tr>
<tr><td colspan="2">项目</td><td>A</td><td>B</td><td>C</td><td>D</td><td>E</td></tr>
<tr><td rowspan="3">课堂表现</td><td>学习态度</td><td>在积极主动、虚心求教、自主学习、细致严谨上表现优秀，令师生称赞。</td><td>在积极主动、虚心求教、自主学习、细致严谨上表现良好。</td><td>在积极主动、虚心求教、自主学习、细致严谨上表现较好。</td><td>在积极主动、虚心求教、自主学习、细致严谨上表现尚可。</td><td>在积极主动、虚心求教、自主学习、细致严谨上表现均有待加强。</td></tr>
<tr><td>沟通合作</td><td>在师生和同学之间具有很好的沟通能力，在小组学习中具有很强的团队合作能力。</td><td>在师生和同学之间具有良好的沟通能力，在小组学习中具有良好的团队合作能力。</td><td>在师生和同学之间具有较好的沟通能力，在小组学习中具有较好的团队合作能力。</td><td>在师生和同学之间能够正常沟通，在小组学习中能够参与团队合作。</td><td>在师生和同学之间不能够正常沟通，在小组学习中不能够参与团队合作。</td></tr>
<tr><td>回答问题</td><td>积极踊跃地回答问题，且全部正确。</td><td>比较积极踊跃地回答问题，且基本正确。</td><td>能够回答问题，且基本正确。</td><td>回答问题，但存在错误。</td><td>不能回答课堂提问。</td></tr>
<tr><td rowspan="2">技能操作</td><td>数据输入、赋值</td><td>能独立、熟练地完成数据输入和赋值。</td><td>能独自较为熟练地完成数据输入和赋值。</td><td>能在他人提示下顺利完成数据输入和赋值。</td><td>能在他人多次提示、帮助下完成数据输入和赋值。</td><td>未能完成数据输入和赋值。</td></tr>
<tr><td>按格式输出信息</td><td>能独立、规范、熟练地按格式输出信息。</td><td>能独立、规范、较为熟练地按格式输出信息。</td><td>能在他人提示下按格式输出信息。</td><td>能在他人多次提示、帮助下按格式输出信息。</td><td>未能按格式输出信息。</td></tr>
</table>

2.4 课后训练

一、填空题

1．在 Python 中，int 表示的数据类型是 __________。

2．布尔型的值包括 __________ 和 __________。

3．x = 3，那么执行语句 x += 6 之后，x 的值为 __________。

4．转义字符 '\n' 的含义是 __________。

二、判断题

1．已知 x = 3，那么赋值语句 x = 'abcedfg' 是错误的，无法正常执行。（　）

2．Python 变量使用前必须先声明，并且一旦声明就不能在当前作用域内改变其类型。（　）

3．在 Python 中可以使用 if 作为变量名。（　）

4．在 Python 3.x 中可以使用中文作为变量名。（　）

5．Python 变量名必须以字母或下划线开头，并且区分字母大小写。（　）

6．Python 3.x 中 input() 函数的返回值是字符串。（　）

三、选择题

1．下列变量名正确的是（　　）。

A．3name　　B．stu id　　C．$age　　D．weight

2．关于 Python 语言的注释，以下选项中描述不正确的是（　　）。

A．Python 语言的单行注释以 # 开头

B．Python 语言的单行注释以单引号 ' 开头

C．Python 语言的多行注释以 '''（3 个单引号）开头和结尾

D．Python 语言有两种注释方式：单行注释和多行注释

3．以下选项中不是 Python 语言关键字的是（　　）。

A．else　　B．do　　C．true　　D．True

4．1 if 8>9 else 0 表达式的返回结果为（　　）。

A．8　　B．9　　C．1　　D．0

四、简答题

1．简述 Python 标识符的命名规则。

2．简述 Python 注释的注意事项。

五、操作题

使用 input() 函数和 print() 函数完成自我介绍数据内容的输入和格式化输出。自我介绍内容为“您好！我是 ***，我今年 ** 岁，我的爱好是 ****，很高兴认识你！”。

项目3 应用 Python 流程控制结构解决实际问题

思政目标

★ 培养遵纪守法、诚实守信的优良品质。

学习目标

★ 熟知 Python 选择结构的类型及语法格式。
★ 熟知 Python 循环结构的类型及语法格式。
★ 熟练地运用选择结构、循环结构及流程控制结构的结合解决生活中的实际问题。

学习路径

★ 通过信息单掌握基本理论知识。
★ 通过任务单在实践中巩固和升华理论知识。
★ 通过评量单反馈学习中的不足和改进方向。
★ 通过课后训练再学习，再提高。

学习资源

★ 校内一体化教室。
★ 视频、PPT、习题答案等。
★ 网络资源。

学习任务

★ 选择结构的应用：设计个人所得税计算器。
★ 循环结构的应用：求 N 个连续整数阶乘的和。
★ 流程控制结构综合应用：设计猜数游戏。

思维导图

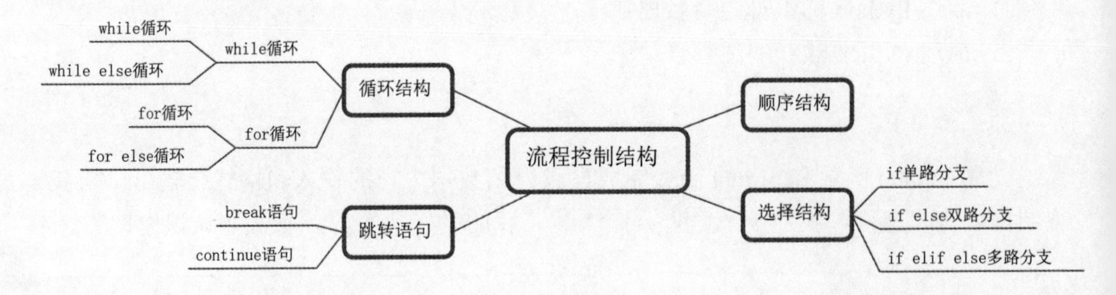

3.1 设计个人所得税计算器

3.1.1 实施任务单

任务编号	3-1	任务名称	设计个人所得税计算器
任务简介	张美丽女士，想知道自己今年收入应缴纳的税额是多少，请你运用 Python 中的选择控制结构设计一个个人年所得税计算器，帮助张美丽女士解决她的问题。		
设备环境	台式机或笔记本，建议 Windows 7 版本以上的 Windows 操作系统。		
实施专业		实施班级	
实施地点		小组成员	
指导教师		联系方式	
任务难度	中级	实施日期	年 月 日

任务要求

（1）程序设计前的知识储备。

①年纳税额公式：

应纳税额 =(年收入总额 -60000- 专项扣除 – 专项附加扣除 – 其他扣除)× 适用税率 – 速算扣除数

②个税税率（见表 3-1）。

表 3-1 个税税率

级数	累计预扣预缴应纳税所得额	预扣率 /%	速算扣除数 / 元
1	不超过 36000 元的部分	3	0
2	超过 36000 ～ 144000 元的部分	10	2520
3	超过 144000 ～ 300000 元的部分	20	16920
4	超过 300000 ～ 420000 元的部分	25	31920
5	超过 420000 ～ 660000 元的部分	30	52920
6	超过 660000 ～ 960000 元的部分	35	85920
7	超过 960000 元的部分	45	181920

（2）个人所得税计算器所需数据。

①年收入总额：由键盘输入。

②专项扣除：年度“三险一金”扣除总额，由键盘输入。

③专项附加扣除：国家规定的子女教育、继续教育、大病医疗、住房贷款利息、住房租金和赡养老人 6 项，由键盘输入。

④其他扣除：国家规定减免扣税的项目，如军人的转业费、复员费，按照国家统一规定发给的补贴、津贴，职业年金、企业年金，保险赔款等，由键盘输入。

（3）程序设计提示。

相关数据由键盘输入，计算得到的应纳税额，判断所需预扣率，按照应纳税额公式设计格式化输出，将各项数据填充到公式中，输出年度超额累计纳税额。

程序运行结果如图 3-1 所示。

```
C:\Users\lfw\AppData\Local\Programs\Python\Python39\python.exe
请输入年度总收入：162600
请输入专项扣除费用：20000
请输入专项附加扣除费用：20000
请输入其他扣除费用：0
您本年度纳税额度为:62600.00*0.10-2520.00 = 3740.0
```

图 3-1 任务 1 运行结果

3.1.2 信息单

任务编号	3-1	任务名称	设计个人所得税计算器

三种流程控制结构分别是顺序结构、选择结构、循环结构。

一、顺序结构

顺序结构，是指从上到下依次执行每条语句，直到最后一条语句执行完毕，则程序结束。

选择结构的应用

二、选择结构

选择结构也称为分支结构，是根据条件表达式判断的结果执行不同的语句代码。选择结构分为单路分支、双路分支和多路分支 3 种类型。

（一）单路分支

1. 语法格式

```
if 条件表达式 :
语句或者语句块
```

说明：

（1）条件表达式一般是关系表达式、逻辑表达式，也可以是算术表达式，需要注意的是表达式后面要有冒号。

（2）语句指单个语句，语句块指多个语句。

（3）语句或者语句块必须要缩进，可以是空格或 Tab 制表符缩进，且缩进数量必须一致。

2. 单路分支流程图

单路分支是指当条件表达式成立时执行语句或语句块，否则直接跳到语句块后面的语句。单路分支流程图如图 3-2 所示。

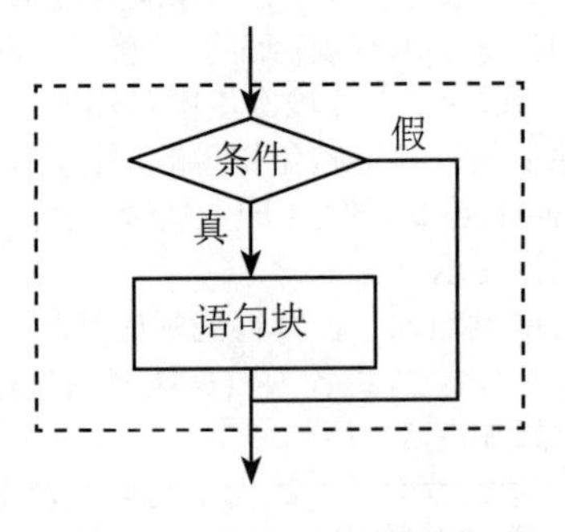

图 3-2　单路分支流程图

3. 程序举例

如果年龄小于 18 岁，则输出“少儿不宜”，程序如下：

任务编号	3-1	任务名称	设计个人所得税计算器

```
age=16
if age<18:
  print(' 少儿不宜 ')
```

程序运行结果为：少儿不宜。

（二）双路分支

1. 语法格式

```
if 条件表达式 :
    语句或者语句块 1
else:
    语句或者语句块 2
```

说明：

（1）条件表达式一般是关系表达式、逻辑表达式，也可以是算术表达式，需要注意的是表达式和 else 后面的冒号不可缺少。

（2）语句指单个语句，语句块指多个语句。

（3）语句或者语句块必须要缩进，可以是空格或 Tab 制表符缩进，且缩进数量必须一致。

2. 双路分支流程图

双路分支是指当条件表达式成立时执行 if 下面的语句或语句块，否则执行 else 后面的语句或语句块。双路分支流程图如图 3-3 所示。

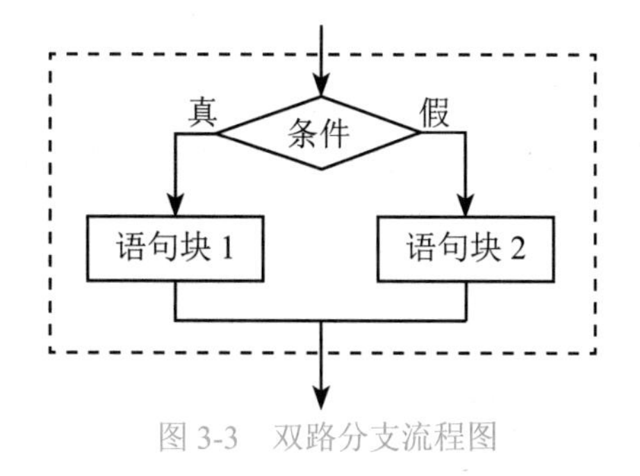

图 3-3　双路分支流程图

3. 程序举例

计算表达式 $y=\begin{cases} x+20 & (x \geqslant 0) \\ x-x+60 & (x<0) \end{cases}$，程序如下：

```
x=10
if x>=0:
  y=x+20
else:
  y=x-x+60
print('y=',y)
```

程序运行结果为 y=30。

任务编号	3-1	任务名称	设计个人所得税计算器

（三）多路分支

1. 语法格式

```
if 条件表达式 1:
    语句或者语句块 1
elif 条件表达式 2:
    语句或者语句块 2
elif 条件表达式 3:
    语句或者语句块 3
⋮
elif 条件表达式 n:
    语句或者语句块 n
else:
    语句或者语句块 n+1
```

说明：

（1）条件表达式一般是关系表达式、逻辑表达式，也可以是算术表达式，需要注意的是表达式和 else 后面的冒号不可缺少。

（2）语句指单个语句，语句块指多个语句。

（3）语句或者语句块必须要缩进，可以是空格或 Tab 制表符缩进，且缩进数量必须一致。

（4）elif 不可以写成 elseif。

（5）else 是可选项，可以有也可以没有。

2. 多路分支流程图

多路分支是指从上到下依次判断条件表达式是否成立，如果条件表达式 n 成立则执行语句或语句块 n，否则执行 else 后面的语句或语句块。多路分支流程图如图 3-4 所示。

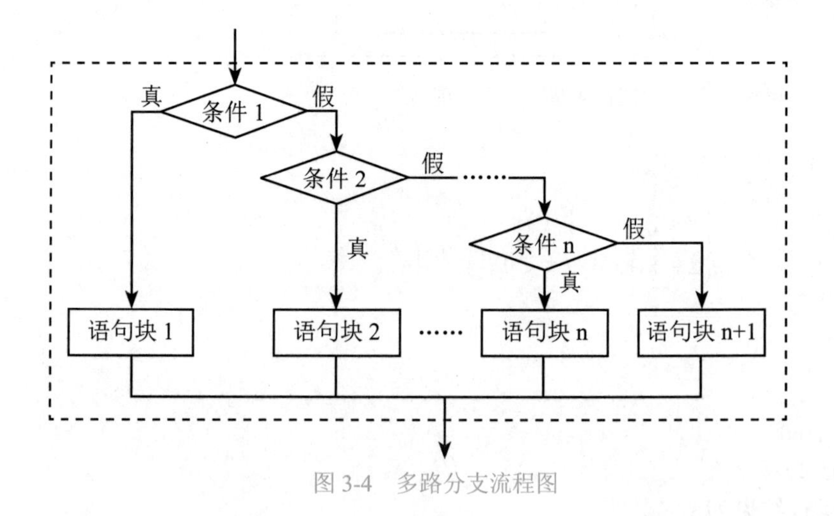

图 3-4　多路分支流程图

任务编号	3-1	任务名称	设计个人所得税计算器

3. 程序举例

根据学生成绩进行成绩等级评价，如果成绩大于等于 90 分，则评价为优秀；如果成绩大于等于 80 分且小于 90 分，则评价为良好；如果成绩大于等于 70 分且小于 80 分，则评价为中等；如果成绩大于等于 60 分且小于 70 分，则评价为及格；如果成绩小于 60 分，则评价为不及格。程序如下：

```
score=int(input(' 请输入你的分数：'))
if score>=90:
  print(' 优秀 ')
elif score>=80:
  print(' 良好 ')
elif score >= 70:
  print(' 中等 ')
elif score >= 60:
  print(' 及格 ')
else:
  print(' 不及格 ')
```

程序运行后，如果输入 86，则输出“良好”。

（四）分支结构的嵌套

如果在一个条件表达式满足的前提下继续判断是否满足另一个条件表达式，那么就可以使用分支结构的嵌套来实现。

例如，判断一个整数能够被 4 和 5 整除，结果可能是能被 4 和 5 同时整除；或者能被 4 整除，不能被 5 整除；或者能被 5 整除但不能被 4 整除；或者既不能被 4 整除又不能被 5 整除。因此，可以用分支结构的嵌套完成，程序如下：

```
number=int(input(' 请输入一个整数：'))
if number%4==0:
  if number%5==0:
    print(number,' 该整数既能被 4 整除又能被 5 整除 ')
  else:
    print(number, ' 该整数能被 4 整除，但不能被 5 整除 ')
else:
  if number%5==0:
    print(number,' 该整数不能被 4 整除，但能被 5 整除 ')
  else:
    print(number, ' 该整数既不能被 4 整除，又不能被 5 整除 ')
```

运行结果如图 3-5 所示。

```
C:\Users\lfw\AppData\Local\Programs
请输入一个整数：15
15 该整数不能被4整除，但能被5整除
```

图 3-5　分支结构的嵌套示例运行结果

3.1.3 实施评量单

任务编号	3-1	任务名称	设计个人所得税计算器	
评量项目		自评	组长评价	教师评价
课堂表现	学习态度（15 分）			
	沟通合作（10 分）			
	回答问题（15 分）			
技能操作	选择结构的应用（30 分）			
	类型转换、格式化输出的运用（20 分）			
	运行及调试（10 分）			
学生签字	年 月 日	教师签字	年 月 日	

评量规准						
项目		A	B	C	D	E
课堂表现	学习态度	在积极主动、虚心求教、自主学习、细致严谨上表现优秀，令师生称赞。	在积极主动、虚心求教、自主学习、细致严谨上表现良好。	在积极主动、虚心求教、自主学习、细致严谨上表现较好。	在积极主动、虚心求教、自主学习、细致严谨上表现尚可。	在积极主动、虚心求教、自主学习、细致严谨上表现均有待加强。
	沟通合作	在师生和同学之间具有很好的沟通能力，在小组学习中具有很强的团队合作能力。	在师生和同学之间具有良好的沟通能力，在小组学习中具有良好的团队合作能力。	在师生和同学之间具有较好的沟通能力，在小组学习中具有较好的团队合作能力。	在师生和同学之间能够正常沟通，在小组学习中能够参与团队合作。	在师生和同学之间不能够正常沟通，在小组学习中不能够参与团队合作。
	回答问题	积极踊跃地回答问题，且全部正确。	比较积极踊跃地回答问题，且基本正确。	能够回答问题，且基本正确。	回答问题，但存在错误。	不能回答课堂提问。
技能操作	选择结构的应用	能独立、熟练、正确地应用选择结构。	能独自较为熟练、正确地应用选择结构。	能在他人提示下、正确应用选择结构。	能在他人多次提示、帮助下、正确应用选择结构。	未能、正确应用选择结构。
	类型转换、格式化输出的运用	能独立、熟练、正确地运用类型转换、格式化输出。	能较为熟练、正确地运用类型转换、格式化输出。	能在他人提示下正确运用类型转换、格式化输出。	能在他人多次提示、帮助下正确运用类型转换、格式化输出。	未能正确运用类型转换、格式化输出。
	调试及运行	能独立、熟练地解决程序运行时的错误问题，并得到正确结果。	能独自较为熟练地解决程序运行时的错误问题，并得到正确结果。	能在他人提示下解决程序运行时的错误问题，并得到正确结果。	能在他人多次提示、帮助下解决程序运行时的错误问题，并得到正确结果。	未能解决程序运行时的错误问题，并得到正确结果。

3.2　求 N 个连续整数阶乘的和

3.2.1　实施任务单

<table>
<tr><td>任务编号</td><td>3-2</td><td>任务名称</td><td>求 N 个连续整数阶乘的和</td></tr>
<tr><td>任务简介</td><td colspan="3">运用 Python 循环结构嵌套求 1 ～ N 个连续整数的阶乘，即 1!+2!+...+N!。</td></tr>
<tr><td>设备环境</td><td colspan="3">台式机或笔记本，建议 Windows 7 版本以上的 Windows 操作系统。</td></tr>
<tr><td>实施专业</td><td></td><td>实施班级</td><td></td></tr>
<tr><td>实施地点</td><td></td><td>小组成员</td><td></td></tr>
<tr><td>指导教师</td><td></td><td>联系方式</td><td></td></tr>
<tr><td>任务难度</td><td>高级</td><td>实施日期</td><td>年　　月　　日</td></tr>
<tr><td>任务要求</td><td colspan="3">（1）程序设计前的知识储备。
①整数 n 的阶乘：从 1 ～ n 的连续自然数相乘的积，叫作阶乘，用符号 n! 表示。例如 3!=1×2×3。
② 1 ～ N 个连续自然数的阶乘的和：1!+2!+...+N!。
（2）程序设计所需数据：N 为接收键盘输入的数据。
（3）程序设计提示。
①内重循环完成 n! 的计算。
②外重循环完成 1 ～ N 个整数阶乘的求和。
程序运行结果如图 3-6 所示（本结果仅供参考）。
<pre>C:\Users\lfw\AppData\Local\Programs\Python\Python39\
本程序求1～N个整数的阶乘的和，请输入N的值：4
1～4 整数阶乘和= 33</pre>图 3-6　任务 2 运行结果</td></tr>
</table>

3.2.2 信息单

任务编号	3-2	任务名称	求 N 个连续整数阶乘的和

循环结构的应用

Python 语言中循环结构包括 while 循环结构和 for 循环结构两种类型。

一、while 循环结构

while 循环结构分为 while 循环结构和 while else 循环结构两种类型。

（一）while 循环结构

1. 语法格式

```
while 条件表达式 :
    语句或语句块
```

说明：

（1）条件表达式可以是任意表达式，一般为逻辑表达式或关系表达式，任何非零或非空（null）的值均为 true，需要注意的是表达式后面的冒号不可缺少。

（2）语句指单个语句，语句块指多个语句。

（3）语句或者语句块必须要缩进，可以是空格或 Tab 制表符缩进，且缩进数量必须一致。

2. while 循环结构流程图

while 循环结构的特点是循环次数不确定，但循环执行条件能确，表示当条件表达式成立的时候执行循环体中的语句或语句块。while 循环结构流程图如图 3-7 所示。

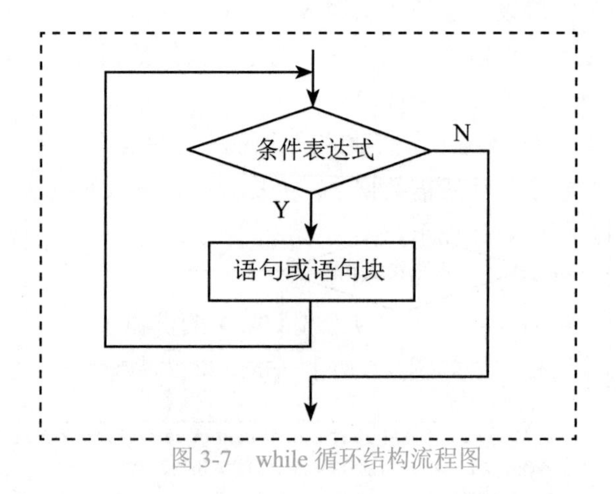

图 3-7　while 循环结构流程图

3. 程序举例

求 1 ～ 100 整数的和。程序如下：

```
n=1
sum=0
while n<=100:
```

任务编号	3-2	任务名称	求 N 个连续整数阶乘的和

```
    sum=sum+n
    n+=1
print('1 ～ 100 整数的和是：',sum)
```

这里将循环变量 n<=100 设为控制是否进行循环的条件表达式，n 的值从 1 开始依次递增，直到 n=100 停止循环，循环体中的语句是对 n 进行累加。

思考：n+=1，能否写成 n++？

（二）while else 循环结构

1. 语法格式

```
while 条件表达式:
    语句或语句块 1
else:
    语句或语句块 2
```

说明：

（1）条件表达式可以是任意表达式，一般为逻辑表达式或关系表达式，任何非零或非空（null）的值均为 true，需要注意的是表达式和 else 后面的冒号不可缺少。

（2）语句指单个语句，语句块指多个语句。

（3）语句或者语句块必须要缩进，可以是空格或 Tab 制表符缩进，且缩进数量必须一致。

2. while else 循环结构流程图

while else 循环结构的特点是循环次数不确定，但循环执行条件能确定，表示当条件表达式成立的时候就执行循环体中的语句或语句块 1，否则执行语句或语句块 2 并退出循环。while else 循环结构流程图如图 3-8 所示。

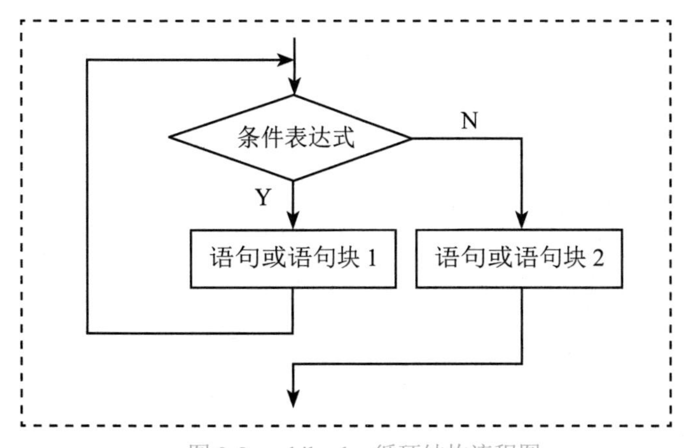

图 3-8 while else 循环结构流程图

3. 程序举例

从键盘输入考试分数，如果小于 90 分，则显示输出本次成绩；如果大于等于 90 分，

任务编号	3-2	任务名称	求 N 个连续整数阶乘的和

则输出“恭喜你，通过努力这么优秀！”并退出循环，显示输出“本次成绩跟踪就到这里，希望你一直保持这么优秀！”。程序如下：

```
score=int(input(' 请输入你的成绩：'))
while score<90:
    print(' 本次成绩是：',score)
    score = int(input(' 请输入你的成绩：'))
else:
    print(' 本次成绩是：', score,' 恭喜你，通过努力这么优秀！ ')
print(' 本次成绩跟踪就到这里，希望你一直保持这么优秀！ ')
```

运行结果如图 3-9 所示。

```
C:\Users\lfw\AppData\Local\Programs\Python\Python39\
请输入你的成绩：78
本次成绩是： 78
请输入你的成绩：87
本次成绩是： 87
请输入你的成绩：97
本次成绩是： 97 恭喜你，通过努力这么优秀！
本次成绩跟踪就到这里，希望你一直保持这么优秀！
```

图 3-9　while else 循环结构示例运行结果

二、for 循环结构

for 循环结构分为 for 循环结构和 for else 循环结构两种类型。

（一）for 循环结构

1. 语法格式

```
for 变量 in 序列：
    语句或语句块
```

说明：

（1）序列可以是字符串、列表、字典、元组和集合等。

（2）变量是动态的，代表序列中的每个元素，用来控制循环是否继续，即如果变量在序列中存在则循环继续，否则循环结束。

（3）for 循环里面有一个隐藏的机制，即自动执行 index+1，直到遍历完整个序列的所有元素。

2. for 循环结构流程图

for 循环结构可以遍历任何序列的项目，即查看序列中的每个元素。如果遍历完整个序列或者循环体中遇到跳出循环的语句，则循环结束。for 循环结构流程图如图 3-10 所示。

任务编号	3-2	任务名称	求 N 个连续整数阶乘的和

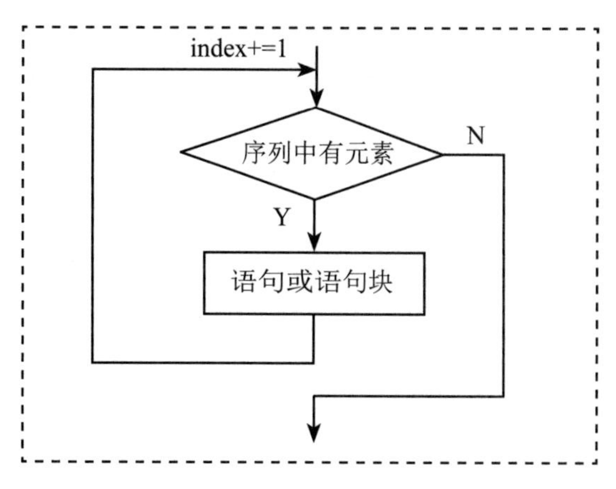

图 3-10 for 循环结构流程图

3. 程序举例

（1）遍历字符串。打印输出 Welcome to the world of Python 字符串中的每个字符并统计和输出字符串中字母 t 的个数。程序如下：

```
st='Welcome to the world of Python'
sum=0
for i in st:
  if i=='t':
    sum+=1
  print(i,end='')
print('\n 字符串中 t 共计 %d 个 ' %sum)
```

运行结果如图 3-11 所示。

```
C:\Users\lfw\AppData\Local\Programs\Python\
Welcome to the world of Python
字符串中t共计3个
```

图 3-11 遍历字符串示例运行结果

（2）遍历指定范围的数字。range() 函数可以指定数值范围，其语法格式为：

```
range(start, end, scan)
```

说明：

（1）start：计数从 start 开始，默认是从 0 开始。例如 range(3) 等价于 range(0,3)。

（2）end：计数到 end 结束，但不包括 end。例如 range(0,3) 是 [0,1,2]，没有 3。

（3）scan：每次跳跃的间距，默认为 1。例如 range(0,3) 等价于 range(0,3,1)。

计算 1 和 10 之间整数的和。程序如下：

```
n=1
sum=0
```

```
for i in range(10):
    sum+=n
    n+=1
print('1 和 10 之间整数的和 =%d' %sum)
```

运行结果如图 3-12 所示。

```
C:\Users\lfw\AppData\Local\Programs
1和10之间整数的和=55
```

图 3-12　遍历指定范围的数字示例运行结果

（二）for else 循环结构

1. 语法格式

```
for 变量 in 序列 :
    语句或语句块 1
else:
    语句或语句块 2
```

说明：

（1）序列可以是字符串、列表、字典、元组和集合等。

（2）变量是动态的，代表序列中的每个元素，用来控制循环是否继续。

（3）for 循环里面有一个隐藏的机制，即自动执行 index+1，直到遍历完整个序列所有的元素。

（4）语句或语句块 1 和语句或语句块 2 必须缩进，且缩进数量相同。

2. for else 循环结构流程图

for else 循环结构可以遍历任何序列的项目，即查看序列中的每个元素。如果变量在序列中存在则执行语句或语句块 1，否则执行语句或语句块 2 并退出循环结构。for else 循环结构流程图如图 3-13 所示。

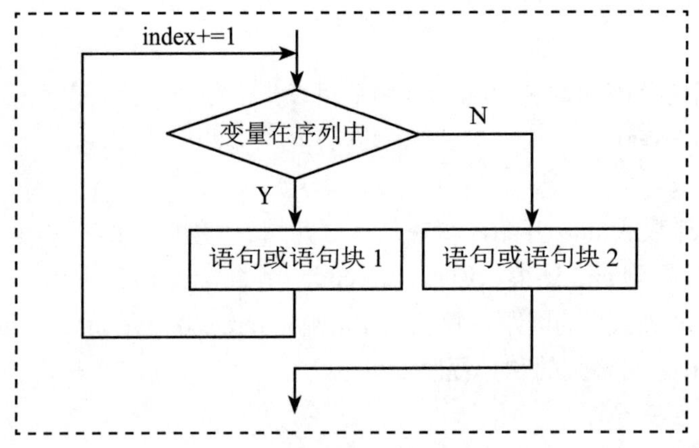

图 3-13　for else 循环结构流程图

任务编号	3-2	任务名称	求 N 个连续整数阶乘的和

3. 程序举例

打印输出 Welcome to the world of Python 字符串中的每个字符并统计和输出字符串中字母 t 的个数，退出循环结构后输出“统计结束！”。程序如下：

```
st='Welcome to the world of Python'
sum=0
for i in st:
    if i=='t':
        sum+=1
    print(i,end='')
else:
    print('\n 字符串中 t 共计 %d 个 ' %sum)
print(' 统计结束！ ')
```

运行结果如图 3-14 所示。

```
C:\Users\lfw\AppData\Local\Programs\
Welcome to the world of Python
字符串中t共计3个
统计结束!
```

图 3-14　for else 循环结构示例运行结果

3.2.3 实施评量单

任务编号	3-2		任务名称	求 N 个连续整数阶乘的和	
评量项目			自评	组长评价	教师评价
课堂表现	学习态度（15 分）				
	沟通合作（10 分）				
	回答问题（15 分）				
技能操作	循环结构的应用（40 分）				
	运行及调试（20 分）				
学生签字	年　月　日		教师签字	年　月　日	

评量规准						
项目		A	B	C	D	E
课堂表现	学习态度	在积极主动、虚心求教、自主学习、细致严谨上表现优秀，令师生称赞。	在积极主动、虚心求教、自主学习、细致严谨上表现良好。	在积极主动、虚心求教、自主学习、细致严谨上表现较好。	在积极主动、虚心求教、自主学习、细致严谨上表现尚可。	在积极主动、虚心求教、自主学习、细致严谨上表现均有待加强。
	沟通合作	在师生和同学之间具有很好的沟通能力，在小组学习中具有很强的团队合作能力。	在师生和同学之间具有良好的沟通能力，在小组学习中具有良好的团队合作能力。	在师生和同学之间具有较好的沟通能力，在小组学习中具有较好的团队合作能力。	在师生和同学之间能够正常沟通，在小组学习中能够参与团队合作。	在师生和同学之间不能够正常沟通，在小组学习中不能够参与团队合作。
	回答问题	积极踊跃地回答问题，且全部正确。	比较积极踊跃地回答问题，且基本正确。	能够回答问题，且基本正确。	能够回答问题，但存在错误。	不能回答课堂提问。
技能操作	循环结构的应用	能独立、熟练、正确地应用循环结构。	能独自较为熟练、正确地应用循环结构。	能在他人提示下，正确应用循环结构。	能在他人多次提示、帮助下，正确应用循环结构。	未能正确应用循环结构。
	运行及调试	能独立、熟练地解决程序运行时的错误问题，并得到正确结果。	能独自较为熟练地解决程序运行时的错误问题，并得到正确结果。	能在他人提示下解决程序运行时的错误问题，并得到正确结果。	能在他人多次提示、帮助下解决程序运行时的错误问题，并得到正确结果。	未能解决程序运行时的错误问题，并得到正确结果。

3.3　设计猜数游戏

3.3.1　实施任务单

任务编号	3-3	任务名称	设计猜数游戏
任务简介	综合运用 Python 中的循环结构和分支结构设计一个猜数游戏，即游戏启动后自动产生一个随机数，玩家输入要猜的数，如果猜对则游戏结束，否则游戏继续，直到猜对或达到猜数次数上限，游戏结束。		
设备环境	台式机或笔记本，建议 Windows 7 版本以上的 Windows 操作系统。		
实施专业		实施班级	
实施地点		小组成员	
指导教师		联系方式	
任务难度	中级	实施日期	年　　月　　日
任务要求	（1）程序设计前的知识储备。 ①猜数游戏原则：事先确定一个整数 N，玩家所猜数 n 与确定整数 N 比较，猜大或者猜小均给予提示，直到猜对或达到猜数次数上限，游戏结束。 ②产生随机整数的函数：random.randint(a,b)，表示产生随机整数 N，N 的范围是 $a \leqslant N \leqslant b$。 （2）程序设计所需数据。 ①玩家所猜数 n，由键盘输入。 ②事先确定的数 N，范围是 1 ～ 100 的整数。 ③最多猜数次数自行确定。例如限定最多猜数 6 次。 （3）程序设计提示。 ①通过循环结构进行猜数游戏，通过循环变量限定猜数次数。 ②循环体内部，通过选择结构判断猜数是否正确，如果正确则退出循环，错误则进行提示。 程序运行结果如图 3-15 所示（本结果仅供参考）。 C:\Users\lfw\AppData\Local\Programs\Python\ 1～100的随机数已经产生，猜数游戏即将开始... 倒计时1 倒计时2 倒计时3 倒计时4 倒计时5 请输入你猜的数：50 猜大了 请输入你猜的数：40 猜大了 请输入你猜的数：30 猜大了 请输入你猜的数：20 恭喜你猜对了！ 你太棒了！ 图 3-15　猜数游戏运行结果		

3.3.2 信息单

任务编号	3-3	任务名称	设计猜数游戏

break 语句和 continue 语句的应用

在 Python 中 break 语句和 continue 语句可以改变循环结构的执行流程。

一、break 语句

（一）break 语句的作用

break 语句用来终止循环语句，即循环条件表达式不是 False 或者序列没有遍历完，只要遇到 break 语句，就会结束循环结构。

（二）break 语句程序举例

由键盘输入一个字符串，如果该字符串是 end，则停止输入。程序如下：

```
s=input(' 请输入字符信息：')
while True:
    if s=='end':
        break
    else:
        s = input(' 请输入字符信息：')
print(' 本次输入信息过程结束！ ')
```

程序运行结果如图 3-16 所示。

```
C:\Users\lfw\AppData\Local
请输入字符信息：你好
请输入字符信息：你是谁
请输入字符信息：end
本次输入信息过程结束！
```

图 3-16　break 语句示例运行结果

二、continue 语句

（一）continue 语句的作用

continue 语句用来结束本次循环过程，即无论循环体中是否还有其他语句，遇到 continue 语句则停止本次循环体的执行，直接进入下一次循环。

（二）continue 语句程序举例

统计 10 ～ 20 整数中能被 3 整除的数的个数并输出每个整数是否能被 3 整除。程序如下：

任务编号	3-3	任务名称	设计猜数游戏

```
sum=0
j=9
for i in range(11):
    j += 1
    print(' 当前数为 ',j,end='')
    if j%3!=0:
        print(' 不能被 3 整除 ')
        continue
    print(' 能被 3 整除 ')
    sum+=1
print('10 ～ 20 能被 3 整除的数共有 %d 个 ' %sum)
```

程序运行结果如图 3-17 所示。

```
C:\Users\lfw\AppData\Local\Program
当前数为 10不能被3整除
当前数为 11不能被3整除
当前数为 12能被3整除
当前数为 13不能被3整除
当前数为 14不能被3整除
当前数为 15能被3整除
当前数为 16不能被3整除
当前数为 17不能被3整除
当前数为 18能被3整除
当前数为 19不能被3整除
当前数为 20不能被3整除
10～20能被3整除的数共有：3个
```

图 3-17　continue 语句示例运行结果

3.3.3 实施评量单

任务编号	3-1	任务名称	按指定格式制作个人名片	
评量项目		自评	组长评价	教师评价
课堂表现	学习态度（15 分）			
	沟通合作（10 分）			
	回答问题（15 分）			
技能操作	实现猜数设计（30 分）			
	提示信息设计合理（20 分）			
	调试及运行（10 分）			
学生签字	年　月　日	教师签字	年　月　日	

评量规准						
项目		A	B	C	D	E
课堂表现	学习态度	在积极主动、虚心求教、自主学习、细致严谨上表现优秀，令师生称赞。	在积极主动、虚心求教、自主学习、细致严谨上表现良好。	在积极主动、虚心求教、自主学习、细致严谨上表现较好。	在积极主动、虚心求教、自主学习、细致严谨上表现尚可。	在积极主动、虚心求教、自主学习、细致严谨上表现均有待加强。
	沟通合作	在师生和同学之间具有很好的沟通能力，在小组学习中具有很强的团队合作能力。	在师生和同学之间具有良好的沟通能力，在小组学习中具有良好的团队合作能力。	在师生和同学之间具有较好的沟通能力，在小组学习中具有较好的团队合作能力。	在师生和同学之间能够正常沟通，在小组学习中能够参与团队合作。	在师生和同学之间不能够正常沟通，在小组学习中不能够参与团队合作。
	回答问题	积极踊跃地回答问题，且全部正确。	比较积极踊跃地回答问题，且基本正确。	能够回答问题，且基本正确。	回答问题，但存在错误。	不能回答课堂提问。
技能操作	实现猜数设计	能独立、熟练、正确地实现猜数设计。	能独自较为熟练、正确地实现猜数设计。	能在他人提示下，正确实现猜数设计。	能在他人多次提示、帮助下，正确实现猜数设计。	未能实现猜数设计。
	提示信息设计合理	能准确、合理、周密地设置提示信息。	能较为准确、周密地设置提示信息。	能设置必要提示信息。	能在他人提示帮助下，设置必要提示信息。	未能设置提示信息。
	调试及运行	能独立、熟练地解决程序运行时的错误问题，并得到正确结果。	能独自较为熟练地解决程序运行时的错误问题，并得到正确结果。	能在他人提示下解决程序运行时的错误问题，并得到正确结果。	能在他人多次提示、帮助下解决程序运行时的错误问题，并得到正确结果。	未能解决程序运行时错误的问题，并得到正确结果。

3.4 课后训练

一、填空题

1. 在循环体中使用 ____________ 语句可以跳出循环体。
2. 多路分支结构中，____________ 语句是 else 语句和 if 语句的组合。
3. 在循环语句中，___________ 语句的作用是提前结束本层循环。
4. 可以设置条件表达式为 ______________ 实现无限循环。

二、选择题

1. random.randint(10,20)，说法正确的是（　　）。
   A. 10<=N<20，且 N 是整数　　B. 10<N<=20，且 N 是整数
   C. 10<=N<=20，且 N 是小数　　D. 10<=N<=20，且 N 是整数
2. for i in range(10)，说法正确的是（　　）。
   A. i<=10
   B. i 初值是 0，循环条件是 i<=10，每次循环 i+=1
   C. i<10
   D. i 初值是 0，循环条件是 i<10，每次循环 i+=1
3. 以下关于 Python 的控制结构描述不正确的是（　　）。
   A. 每个 if 条件后要使用冒号
   B. 在 Python 选择结构中 else 后面的冒号不可缺少
   C. 分支结构和循环结构同层次语句或语句块的缩进数量必须相同
   D. elif 可以单独使用
4. 关于分支结构，以下选项中描述不正确的是（　　）。
   A. if 语句中条件表达式可以使用任何能够产生 True 和 False 的语句和函数
   B. 多路分支结构可以将 elif 写为 elseif
   C. 多路分支结构用于设置多个判断条件以及对应的多条执行路径
   D. if 语句中语句块执行与否依赖于条件判断的结果

三、简答题

1. 简述 Python 中循环结构有哪些类型。
2. 简述 Python 中 continue 语句和 break 语句的区别。

四、操作题

1. 求 1 ～ 20 的整数中奇数的个数，并将奇数输出。
2. 打印九九乘法表。

项目 4

应用 Python 函数解决实际问题

思政目标

★ 培养团队协作、有效沟通的能力。

学习目标

★ 了解函数的概念及使用优势。
★ 掌握函数的定义和调用方法。
★ 理解函数参数的几种传递方式和函数的返回值。
★ 理解变量作用域，掌握局部变量和全局变量的用法。

学习路径

★ 通过信息单掌握基本理论知识。
★ 通过任务单在实践中巩固和升华理论知识。
★ 通过评量单反馈学习中的不足和改进方向。
★ 通过课后训练再学习，再提高。

学习资源

★ 校内一体化教室。
★ 视频、PPT、习题答案等。
★ 网络资源。

学习任务

★ 初级任务：定义函数并调用。
★ 中级任务：设备 IP 连接。
★ 高级任务：游戏角色位置查询。
★ 高级任务：访问全局变量

思维导图

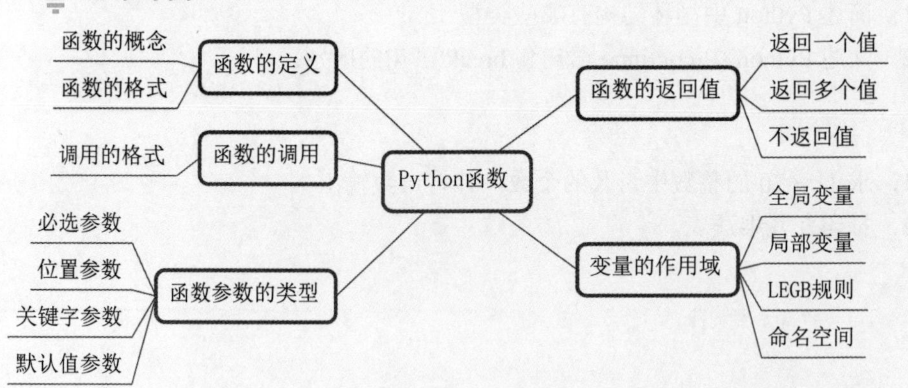

4.1 定义函数并调用

4.1.1 实施任务单

任务编号	4-1	任务名称	定义函数并调用
任务简介	运用书中函数概述知识了解函数的定义和调用，创建 Python 文件，完成函数的定义与调用。		
设备环境	台式机或笔记本，建议 Windows 7 版本以上的 Windows 操作系统。		
实施专业		实施班级	
实施地点		小组成员	
指导教师		联系方式	
任务难度	初级	实施日期	年　　月　　日
任务要求	创建 Python 文件，完成以下要求： （1）定义一个带有两个参数的 add_modify() 函数。 （2）调用 add_modify() 函数输出结果。 （3）运行 Python 程序，运行结果如图 4-1 所示（本结果仅供参考）。 30 我是内层函数 图 4-1　运行结果		

4.1.2 信息单

任务编号	4-1	任务名称	定义函数并调用

函数的定义与调用

一、函数的定义

（一）初步认识函数

1. 函数的概念

Python 中函数的应用非常广泛，前面我们已经接触过多个函数，如 input()、print()、range()、len() 等，这些都是 Python 的内置函数，可以直接使用。Python 还支持自定义函数，即将一段有规律的、可重复使用的代码定义成函数，从而达到一次编写、多次调用的目的。

简而言之，函数是指将一些语句集合在一起的组件，使它们能够不止一次地在程序中运行。我们不再操作多个冗杂副本，而是将代码包含到一个独立的函数中，以此减少工作量。如果这个操作之后涉及修改，只需要修改其中的一份副本，而不是修改所有的副本。

本项目将会介绍如何在 Python 中编写一个函数。编写的函数使用起来就像内置函数一样，即它们通过表达式进行调用、传入值并返回结果。

2. 函数的作用

（1）复用代码。

（2）隐藏实现细节。

（3）提高可维护性。

（4）提高可读性，便于调试。

3. 函数相关的语句和表达式

函数相关的语句和表达式如表 4-1 所示。

表 4-1　函数相关的语句和表达式

语句	例子
call	定义类型的时候实现 __call__ 函数，该类型就是可调用的
def	定义函数和方法
return	函数返回值
global	global 关键字用来在函数或其他局部作用域中使用全局变量，但是如果不修改全局变量则也可以不使用 global 关键字
nonlocal	nonlocal 声明的变量是外部嵌套函数内的变量
yield	Python 中生成器是迭代器的一种，使用 yield 返回函数值
lambda	lambda 匿名函数，只包含一个语句

任务编号	4-1	任务名称	定义函数并调用

（1）def（define）是可执行的代码。在典型操作中，def 语句在模块文件中编写，并自然地在模块文件第一次被导入的时候生成定义的函数。

（2）def 创建了一个对象并将其赋值给某一变量名。当 Python 运行到 def 语句时，它将会生成一个新的函数对象并将其赋值给这个函数名，此时的函数名变为某一函数的引用。

（3）return 将一个结果对象发送给调用者。函数是通过 return 语句将计算得到的数据带回给调用者，返回值成为函数调用的结果。

（4）global 声明了一个模块级的变量并被赋值。默认情况下，所有在一个函数中被赋值的对象是这个函数的本地变量，并且仅在这个函数运行的过程中存在。为了分配一个可以在整个模块中都可以使用的变量名，函数需要在 global 语句中将它列举出来。

（5）nonlocal 声明了将要赋值的一个封闭的函数变量。Python 3.0 中添加的 nonlocal 语句允许一个函数来赋值一条语法封闭的 def 语句的作用域中已有的名称。

（二）Python 函数的定义

1. 定义函数的概念

定义函数，也就是使用 def 创建一个函数，可以理解为创建一个具有某些用途的工具。定义函数需要用 def 关键字实现，当 def 语句运行时，它会创建一个新的函数对象并将其赋值给一个变量名，并且函数体通常包含一条 return 语句。

2. 定义函数的语法格式

```
def 函数名 ():
函数封装的代码
```

说明：

（1）def 首行定义了函数名，赋值给了函数对象，并在括号中包含了 0 个或以上的参数。在函数调用的时候，在首行参数名赋值给括号中传递来的对象，函数名要能表现函数功能，符合标识符的命名规则。

（2）函数主体通常包含一条 return 语句，它可以在函数主体中的任何地方出现，表示函数调用结束，并将结果返回至函数调用处。

3. 程序举例

交互模式下输入定义语句，它定义了名为 times 的函数，这个函数将返回两个参数的乘积，如图 4-2 所示。

```
>>>def times (x,y):          #Create and assign function
       return x*y            #Body executed when called
```

图 4-2　定义函数示例

当 Python 运行到此处并执行了 def 语句时，它会创建一个新的函数对象，从而封装这个函数对象的代码并将这个对象赋值给变量名 times。这类模式，用交互提示模式即可。

注意：在创建函数时，即使函数不需要参数，也必须保留一对空括号“()”，否则 Python 解释器将提示 invaild syntax 错误。另外，如果想定义一个没有任何功能的空函数，可以使用 pass 语句作为占位符。

二、函数的调用

1. 函数调用的概念

函数调用也就是执行函数。当 def 运行之后，可以在程序中通过在函数名后增加括号来调用（运行）这个函数。括号中可以包含一个或多个对象参数，这些参数将会赋值给函数头部的参数名。

2. 函数调用的语法格式

```
[ 返回值 ] = 函数名 ([ 形参值 ])
```

（1）函数名指的是要调用的函数的名称。

（2）形参值指的是当初创建函数时要求传入的各个形参的值，如果该函数有返回值，那么可以通过一个变量来接收该值，当然也可以不接收。

3. 程序举例

（1）这个表达式传递了两个参数给 times() 函数，参数是通过赋值传递的。变量 x 赋值为 2，y 赋值为 4，之后函数主体开始运行。该函数主体仅是一条 return 语句，该语句将会返回结果作为函数调用表达式的值，如图 4-3 所示。

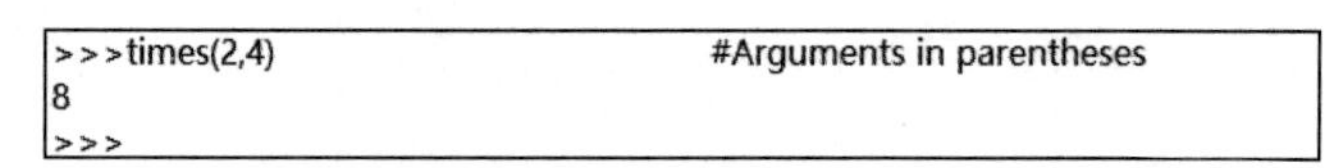

```
>>>times(2,4)                          #Arguments in parentheses
8
>>>
```

图 4-3　调用函数示例（1）

（2）如果后期需要使用该函数调用表达式的值，可将其赋值给另一个变量，如图 4-4 所示。

```
>>> x=times(3.22,3)                    #Save the result object
>>>x
9.66
>>>
```

图 4-4　调用函数示例（2）

（3）也可以传递完全不同种类的对象，因为在 Python 中，函数并没有种类约束，不需要声明，可以传递任何类型的参数给函数，同时函数也可以返回任意类型的对象。在这次调用中，将一个字符串和一个整数传递给 x 和 y，如图 4-5 所示。

```
>>> times("hello,python",5)            #Functions are "typeless"
'hello,pythonhello,pythonhello,pythonhello,pythonhello,python'
>>>
```

图 4-5　调用函数示例（3）

4.1.3 实施评量单

<table>
<tr><td>任务编号</td><td>4-1</td><td>任务名称</td><td colspan="2">定义函数并调用</td></tr>
<tr><td colspan="2">评量项目</td><td>自评</td><td>组长评价</td><td>教师评价</td></tr>
<tr><td rowspan="3">课堂表现</td><td>学习态度（15 分）</td><td></td><td></td><td></td></tr>
<tr><td>沟通合作（10 分）</td><td></td><td></td><td></td></tr>
<tr><td>回答问题（15 分）</td><td></td><td></td><td></td></tr>
<tr><td rowspan="2">技能操作</td><td>定义一个函数（30 分）</td><td></td><td></td><td></td></tr>
<tr><td>调用函数代码编写（30 分）</td><td></td><td></td><td></td></tr>
<tr><td>学生签字</td><td>年 月 日</td><td>教师签字</td><td colspan="2">年 月 日</td></tr>
</table>

<table>
<tr><td colspan="7">评量规准</td></tr>
<tr><td colspan="2">项目</td><td>A</td><td>B</td><td>C</td><td>D</td><td>E</td></tr>
<tr><td rowspan="3">课堂表现</td><td>学习态度</td><td>在积极主动、虚心求教、自主学习、细致严谨上表现优秀，令师生称赞。</td><td>在积极主动、虚心求教、自主学习、细致严谨上表现良好。</td><td>在积极主动、虚心求教、自主学习、细致严谨上表现较好。</td><td>在积极主动、虚心求教、自主学习、细致严谨上表现尚可。</td><td>在积极主动、虚心求教、自主学习、细致严谨上表现均有待加强。</td></tr>
<tr><td>沟通合作</td><td>在师生和同学之间具有很好的沟通能力，在小组学习中具有很强的团队合作能力。</td><td>在师生和同学之间具有良好的沟通能力，在小组学习中具有良好的团队合作能力。</td><td>在师生和同学之间具有较好的沟通能力，在小组学习中具有较好的团队合作能力。</td><td>在师生和同学之间能够正常沟通，在小组学习中能够参与团队合作。</td><td>在师生和同学之间不能够正常沟通，在小组学习中不能够参与团队合作。</td></tr>
<tr><td>回答问题</td><td>积极踊跃地回答问题，且全部正确。</td><td>比较积极踊跃地回答问题，且基本正确。</td><td>能够回答问题，且基本正确。</td><td>回答问题，但存在错误。</td><td>不能回答课堂提问。</td></tr>
<tr><td rowspan="2">技能操作</td><td>定义一个函数</td><td>能独立、熟练地完成定义一个函数。</td><td>能独自较为熟练地完成定义一个函数。</td><td>能在他人提示下顺利完成定义一个函数。</td><td>能在他人多次提示、帮助下完成定义一个函数。</td><td>未能完成定义一个函数。</td></tr>
<tr><td>调用函数代码编码</td><td>能独立、熟练地完成调用函数代码编写。</td><td>能独自较为熟练地完成调用函数代码编写。</td><td>能在他人提示下顺利完成调用函数代码编写。</td><td>能在他人多次提示、帮助下完成调用函数代码编写。</td><td>未能完成调用函数代码编写。</td></tr>
</table>

4.2 自助榨果汁

4.2.1 实施任务单

<table>
<tr><td>任务编号</td><td>4-2</td><td>任务名称</td><td>自助榨果汁</td></tr>
<tr><td>任务简介</td><td colspan="3">了解函数参数的类型和应用，创建 Python 文件，完成自主榨果汁案例。</td></tr>
<tr><td>设备环境</td><td colspan="3">台式机或笔记本，建议 Windows 7 版本以上的 Windows 操作系统、Python 3.9.1 等。</td></tr>
<tr><td>实施专业</td><td></td><td>实施班级</td><td></td></tr>
<tr><td>实施地点</td><td></td><td>小组成员</td><td></td></tr>
<tr><td>指导教师</td><td></td><td>联系方式</td><td></td></tr>
<tr><td>任务难度</td><td>中级</td><td>实施日期</td><td>年　　月　　日</td></tr>
<tr><td>任务要求</td><td colspan="3">创建 Python 文件，完成以下要求：
（1）定义一个函数 get_juice(fruit)。
（2）输入榨果汁的基本步骤。
（3）输出 Python 程序，得出果汁类型。
（4）运行 Python 程序，运行结果如图 4-6 所示（本结果仅供参考）。
<pre>C:\Users\user\PycharmProjects\6.1\venv\Scripts\python.exe
====================
打开榨汁机
放入 apple
关闭榨汁机
====================</pre>
图 4-6　任务 2 运行结果</td></tr>
</table>

4.2.2 信息单

任务编号	4-2	任务名称	自助榨果汁

函数参数的类型

一、参数的类型

（一）初步认识参数

通常情况下，定义函数时都会选择有参数的函数形式，函数参数的作用是通过赋值传递数据给函数，赋值方式是通过对象引用，令其对接收的数据做具体的操作处理。

（二）参数的类型

1. 实参和形参

在使用函数时，经常会用到形式参数（简称“形参”）和实际参数（简称“实参”），它们在函数中如何区别呢？

（1）形式参数：在定义函数时，函数名后面括号中的参数就是形式参数，如图 4-7 所示。

```
>>> #定义函数时，这里的函数参数 obj 就是形式参数
>>>def demo(obj):
        print(obj)
```

图 4-7　形式参数示例

（2）实际参数：在调用函数时，函数名后面括号中的参数就是实际参数，也就是函数的调用者给函数的参数，如图 4-8 所示。

```
>>> a="黑龙江职业学院"
>>> #调用已经定义好的 demo()函数，此时传入的函数参数a 就是实际参数
>>>demo(a)
黑龙江职业学院
>>>
```

图 4-8　实际参数示例

实参和形参的区别，就如同剧本选主角，剧本中的角色相当于形参，而演角色的演员就相当于实参。

2. 函数参数的传递方式

在 Python 中，根据实参的类型不同，其传递给形参的方式可分为两种，即值传递和引用（地址）传递。

（1）值传递：适用于实参类型为不可变类型（字符串、数字、元组）。

（2）引用（地址）传递：适用于实参类型为可变类型（列表、字典）。

值传递和引用传递的区别是，函数参数进行值传递后，若形参的值发生改变，则不会影响实参的值；而函数参数继续引用传递后，若改变形参的值，则实参的值也会

一同改变。

3. 程序举例

定义一个名为 demo 的函数，分别为传入一个字符串类型的变量（代表值传递）和列表类型的变量（代表引用传递），如图 4-9 所示。

```
def demo(obj):
    obj += obj
    print("形参值为",obj)
print("=======值传递=======")
a = "黑龙江职业学院"
print("a得值为",a)
demo(a)
print("实参值为",a)
print("=======引用传递=======")
a = [1,2,3,]
print("a的值为",a)
demo(a)
print("参数值为",a)
```

图 4-9　两种不同变量传递方式示例

运行结果如图 4-10 所示。

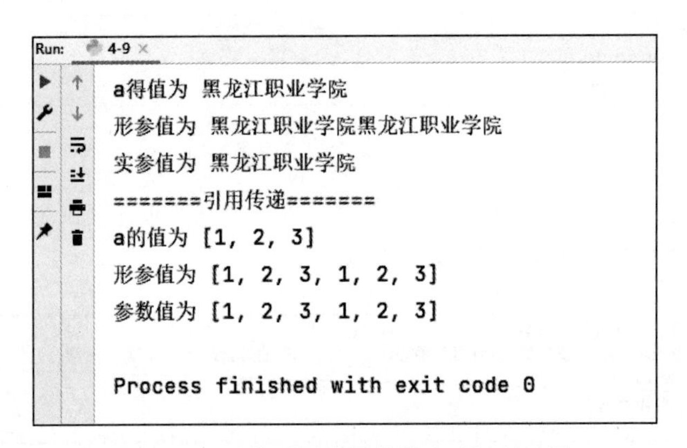

图 4-10　两种不同变量传递方式运行结果

分析运行结果不难看出，在执行值传递时，改变形参的值，实参并不会发生改变；而在进行引用传递时，改变形参的值，实参也会发生同样的改变。

二、参数的形式

1. 形参和实参

形参：形式参数，不是实际存在的，而是虚拟变量；在定义函数和函数体的时候使用形参，目的是在函数调用时接收实参（形参的个数、类型应与实参一一对应）。

实参：实际参数，调用函数时传给函数的参数，可以是常量、变量、表达式、函数，可传给形参。

任务编号	4-2	任务名称	自助榨果汁

区别：形参是虚拟的，不占用内存空间，形参变量只有在被调用时才分配内存单元；实参是一个变量，占用内存空间，数据传送为单向；实参可以传给形参，但形参不能传给实参。

理解：实参的本质是形参变量名的值，形参的本质是变量名。

注意：实参不能传递可变的数据类型，因为在函数里，函数可以对实参进行修改，从而影响全局变量。

2. 位置参数（必备参数）

位置参数必须以正确的顺序传入函数，调用时的数量必须和声明时的一样，如图 4-11 所示。

```
def f(name,age):
    print('I am %s,I am %d %(name,age)')
f('alex',18)
f('alvin',16)    #位置参数，按函数教程提供的顺序传递参数
'''
I am alex,I am 18
I am alvin,I am 16
'''
```

图 4-11　位置参数示例

3. 关键字参数（实参参数）

关键字参数和函数调用关系紧密，函数调用使用关键字参数来确定传入的参数值。使用关键字参数允许函数调用时参数的顺序与声明时不一致，因为 Python 解释器能够用参数名匹配参数值，如图 4-12 所示。

```
def f(name,age):
    print('I am %s,I am %d'%(name,age))

# f(18,'alvin') #报错:TypeErrorL%dformat: a number is required,not str
f(age=16,name='alvin')    #关键字参数，指定age和name的值
'''
I am alvin,I am 16
'''
```

图 4-12　关键字参数示例

4. 默认参数

调用函数时，默认参数的值如果没有传入，则被认为是默认值。下例如果 sex 没有被传入，则会打印默认的 sex。

默认参数一定要放在位置参数后面，如图 4-13 所示。

任务编号	4-2	任务名称	自助榨果汁

```
def print_info(name, age, sex='male'):  #性别的默认值为male，下面传递的时候可以改
    print('Name:%s'% name)
    print('age:%s'% age)
    print('Sex:%s'% sex)
print_info('hjc',24,'fmale')    # 上面定义的male，这里传递参数可以改
print_info('hjc',24)    #没有传递sex的参数，默认会显示sex的默认值
'''
name:hjc
age:24
Sex:fmale
Name:hjc
age:24
Sex:male
'''
```

图 4-13　默认参数示例

5. 不定长参数

如果想要一个函数能处理比当初声明时更多的参数，则可使用不定长参数，它和上述两种参数不同，声明时可不用命名，如图 4-14 所示。

```
#**Args
def add(*args):         # args内部是一个元组
    sum = 8
    for v in args:
        sum += v
    return sum
print(add(1,4,6,9))     # 20
print(add(1,4,6,9,5))      # 25加了星号(*)的变量名会存放所有未命名的变量参数（值），附加（**）的变量名会存放命名的变量参数（键值）
#**kwargs
def print_info(**kwargs):  #kwargs 内部是一个支点
    for i in kwargs:
        print('%s: %s'% (i,kwargs[i])) #根据参数可以打印任意相关信息了
        return
print_info(name='alex',age=18,sex='female',hobby='girl',nationality='chinese',ablility='Python')
'''
name:alex
age:18
sex:female
hobbyLgirl
nationality:chinese
ability:python
'''
```

图 4-14　不定长参数示例

4.2.3 实施评量单

<table>
<tr><td>任务编号</td><td>4-2</td><td>任务名称</td><td colspan="2">自助榨果汁</td></tr>
<tr><td colspan="2">评量项目</td><td>自评</td><td>组长评价</td><td>教师评价</td></tr>
<tr><td rowspan="3">课堂表现</td><td>学习态度（15 分）</td><td></td><td></td><td></td></tr>
<tr><td>沟通合作（10 分）</td><td></td><td></td><td></td></tr>
<tr><td>回答问题（15 分）</td><td></td><td></td><td></td></tr>
<tr><td rowspan="2">技能操作</td><td>函数的定义（30 分）</td><td></td><td></td><td></td></tr>
<tr><td>函数的调用（30 分）</td><td></td><td></td><td></td></tr>
<tr><td>学生签字</td><td>年 月 日</td><td>教师签字</td><td colspan="2">年 月 日</td></tr>
</table>

<table>
<tr><td colspan="7">评量规准</td></tr>
<tr><td colspan="2">项目</td><td>A</td><td>B</td><td>C</td><td>D</td><td>E</td></tr>
<tr><td rowspan="3">课堂表现</td><td>学习态度</td><td>在积极主动、虚心求教、自主学习、细致严谨上表现优秀，令师生称赞。</td><td>在积极主动、虚心求教、自主学习、细致严谨上表现良好。</td><td>在积极主动、虚心求教、自主学习、细致严谨上表现较好。</td><td>在积极主动、虚心求教、自主学习、细致严谨上表现尚可。</td><td>在积极主动、虚心求教、自主学习、细致严谨上表现均有待加强。</td></tr>
<tr><td>沟通合作</td><td>在师生和同学之间具有很好的沟通能力，在小组学习中具有很强的团队合作能力。</td><td>在师生和同学之间具有良好的沟通能力，在小组学习中具有良好的团队合作能力。</td><td>在师生和同学之间具有较好的沟通能力，在小组学习中具有较好的团队合作能力。</td><td>在师生和同学之间能够正常沟通，在小组学习中能够参与团队合作。</td><td>在师生和同学之间不能够正常沟通，在小组学习中不能够参与团队合作。</td></tr>
<tr><td>回答问题</td><td>积极踊跃地回答问题，且全部正确。</td><td>比较积极踊跃地回答问题，且基本正确。</td><td>能够回答问题，且基本正确。</td><td>回答问题，但存在错误。</td><td>不能回答课堂提问。</td></tr>
<tr><td rowspan="2">技能操作</td><td>函数的定义</td><td>能独立、熟练地完成函数的定义。</td><td>能独自较为熟练地完成函数的定义。</td><td>能在他人提示下顺利完成函数的定义。</td><td>能在他人多次提示、帮助下完成函数的定义。</td><td>未能完成函数的定义。</td></tr>
<tr><td>函数的调用</td><td>能独立、熟练地完成函数的调用。</td><td>能独自较为熟练地完成函数的调用。</td><td>能在他人提示下顺利完成函数的调用。</td><td>能在他人多次提示、帮助下完成函数的调用。</td><td>未能完成函数的调用。</td></tr>
</table>

4.3 模拟游戏充值

4.3.1 实施任务单

<table>
<tr><td>任务编号</td><td>4-3</td><td>任务名称</td><td>模拟游戏充值</td></tr>
<tr><td>任务简介</td><td colspan="3">运用函数定义角色值，用 return 语句在函数结束时返回程序相应值，创建 Python 文件，完成模拟游戏充值。</td></tr>
<tr><td>设备环境</td><td colspan="3">台式机或笔记本，建议 Winindows 7 版本以上的 Windows 操作系统、Python 3.9.1 等。</td></tr>
<tr><td>实施专业</td><td></td><td>实施班级</td><td></td></tr>
<tr><td>实施地点</td><td></td><td>小组成员</td><td></td></tr>
<tr><td>指导教师</td><td></td><td>联系方式</td><td></td></tr>
<tr><td>任务难度</td><td>高级</td><td>实施日期</td><td>年　　月　　日</td></tr>
<tr><td>任务要求</td><td colspan="3">创建 Python 文件，完成以下内容：
（1）定义一个游戏充值的函数。
（2）使用 if else 语句设置相应条件。
（3）使用 return 语句返回所定义的钱数。
（4）运行 Python 程序，运行结果如图 4-15 所示（本结果仅供参考）。

C:\Users\user\PycharmProjects\6.1\venv\Scripts\python.exe

=======开始计算=======

请输入商品金额(输入0表示输入完毕)：100
请输入商品金额(输入0表示输入完毕)：223
请输入商品金额(输入0表示输入完毕)：542
请输入商品金额(输入0表示输入完毕)：0
合计充值金额： 865.0 折后充值金额： 605.5

图 4-15　任务 3 运行结果</td></tr>
</table>

4.3.2 信息单

任务编号	4-3	任务名称	模拟游戏充值

一、返回值

函数的返回值

到目前为止，我们创建的函数都只是对传入的数据进行处理，处理完后就结束。但实际上，在某些场景中，我们还需要用函数将处理的结果反馈回来，就好像主管向下级员工下达命令，让其去打印文件，员工打印好文件后并没有完成任务，还需要将文件交给主管。

Python 中，用 def 语句创建函数时可以用 return 语句指定应该返回的值，该返回值可以是任意类型。需要注意的是，return 语句在同一函数中可以出现多次，但只要有一个得到执行，就会直接结束函数的执行。

在函数中，return 是一个关键字。在 PyCharm 里，它会变成蓝色。这个词翻译过来就是“返回”，所以我们把写在 return 后面的值称为“返回值”。

return 语句的语法格式如下：

```
return [ 返回值 ]
```

其中，返回值参数可以指定，也可以省略不写（将返回空值 None）。

二、不返回值

（1）不写 return 的情况下，会默认返回一个 None。这就是没有返回值的一种情况，如图 4-16 所示。

```
#函数定义
def mylen():
    """计算s1的长度"""
    s1 = "hello world"
    length = 0
    for i in s1:length = length+1
    print(length) #函数调用
    str_len = mylen() #因为没有返回值，此时的str_len为None
    print('str_len : %s'%str_len)
```

图 4-16　不返回值示例（1）

（2）只写 return，后面不写其他内容，也会返回 None。即一旦遇到 return，就结束整个函数，如图 4-17 所示。

```
def add(a,b):
    c = a + b
    return c
#函数值的变量
c = add (3,4)
print(c)
#函数返回值作为其函数的实数参数
print(add(3,4))
```

图 4-17　不返回值示例（2）

任务编号	4-3	任务名称	模拟游戏充值

运行结果如图 4-18 所示。

```
D:\教材编写\Python\第四章Python的函数\venv\Scripts\python.exe D:/教材编写/Python/第四章Python的函数/main.py
7
7

进程已结束,退出代码0
```

图 4-18 不返回值运行结果

本例中，add() 函数既可以用来计算两个数的和，也可以连接两个字符串，它会返回计算的结果。

三、返回一个值

通过 return 语句指定返回值后，我们在调用函数时，既可以将该函数赋值给一个变量，用变量保存函数的返回值，也可以将函数作为某个函数的实际参数，如图 4-19 所示。

```
1 def isGreater0(x):
2     if x > 0 :
3         return True
4     else:
5         return False
6 print(isGreater0(5))
7 print(isGreater0(0))
```

图 4-19 返回一个值示例

运行结果如图 4-20 所示。

```
D:\教材编写\Python\第四章Python的函数\venv\Scripts\python.exe D:/教材编写/Python/第四章Python的函数/main.py
True
False

进程已结束,退出代码0
```

图 4-20 返回一个值运行结果

可以看到，函数中可以同时包含多个 return 语句，但需要注意的是，最终真正执行的最多只有 1 个，且一旦执行，函数运行会立即结束。

注意，return 和返回值之间要有空格，可以返回任意数据类型的值。

以上实例中，我们通过 return 语句都仅返回了一个值，但其实通过 return 语句可以返回多个值。

四、返回多个值

图 4-21 所示为返回多个值示例。

任务编号	4-3	任务名称	模拟游戏充值

```
def F1(x,y):
    a = x % y
    b = (x-a)/y
    return(a,b)
(c,d)=F1(9,4)
print (c,d)
```

图 4-21　返回多个值示例

注意：

①函数在执行过程中只要遇到 return 语句，就会停止执行并返回结果，所以也可以理解为 return 语句代表函数的结束。

②如果未在函数中指定 return，那么这个函数的返回值为 None。

③ return 多个对象，Python 解释器会把这多个对象组装成一个元组并作为一个整体结果输出，可以通过变量压缩来取元组中的值。

④通常无参函数不需要给 return 返回值。

⑤如果 return 只有一个对象，那么返回的就是这个对象。

4.3.3 实施评量单

任务编号	4-3	任务名称	模拟游戏充值	
评量项目		自评	组长评价	教师评价
课堂表现	学习态度（15 分）			
	沟通合作（10 分）			
	回答问题（15 分）			
技能操作	定义 return 返回值（30 分）			
	定义隐含 return None(30 分）			
学生签字	年 月 日	教师签字	年 月 日	

评量规准						
项目		A	B	C	D	E
课堂表现	学习态度	在积极主动、虚心求教、自主学习、细致严谨上表现优秀，令师生称赞。	在积极主动、虚心求教、自主学习、细致严谨上表现良好。	在积极主动、虚心求教、自主学习、细致严谨上表现较好。	在积极主动、虚心求教、自主学习、细致严谨上表现尚可。	在积极主动、虚心求教、自主学习、细致严谨上表现均有待加强。
	沟通合作	在师生和同学之间具有很好的沟通能力，在小组学习中具有很强的团队合作能力。	在师生和同学之间具有良好的沟通能力，在小组学习中具有良好的团队合作能力。	在师生和同学之间具有较好的沟通能力，在小组学习中具有较好的团队合作能力。	在师生和同学之间能够正常沟通，在小组学习中能够参与团队合作。	在师生和同学之间不能够正常沟通，在小组学习中不能够参与团队合作。
	回答问题	积极踊跃地回答问题，且全部正确。	比较积极踊跃地回答问题，且基本正确。	能够回答问题，且基本正确。	回答问题，但存在错误。	不能回答课堂提问。
技能操作	定义 return 返回值	能独立、熟练地定义 return 返回值。	能独自较为熟练地定义 return 返回值。	能在他人提示下定义 return 返回值。	能在他人多次提示、帮助下定义 return 返回值。	未能定义 return 返回值。
	定义隐含 return None	能独立、正确地定义隐含 return None。	能独自较为正确地定义隐含 return None。	能在他人提示下正确地定义隐含 return None。	能在他人多次提示、帮助下定义隐含 return None。	未能定义隐含 return None。

4.4 访问全局变量

4.4.1 实施任务单

任务编号	4-4	任务名称	访问全局变量
任务简介	运用函数定义一个全局变量，创建 Python 文件，完成函数内外访问全局变量。		
设备环境	台式机或笔记本，建议 Windows 7 版本以上的 Windows 操作系统、Python 3.9.1 等。		
实施专业		实施班级	
实施地点		小组成员	
指导教师		联系方式	
任务难度	高级	实施日期	年 月 日
任务要求	创建 Python 文件，完成以下要求： （1）定义一个全局变量。 （2）分别在该函数内外访问全局变量。 （3）运行 Python 程序，运行结果如图 4-22 所示（本结果仅供参考）。 5 5 图 4-22 任务 4 运行结果		

4.4.2 信息单

任务编号	4-4	任务名称	访问全局变量

变量的作用域

一、局部变量和全局变量

（一）初步认识作用域

1. 作用域的定义

所谓作用域，就是指变量可以在哪个范围以内使用。有些变量可以在整段代码的任意位置使用，有些变量只能在函数内部使用，有些变量只能在 for 循环内部使用。

默认情况下，一个函数的所有变量名都是与函数的命名空间相关联的，在不同位置定义的变量，它的作用域是不一样的。

2. 变量对应的作用域分类

（1）如果一个变量在 def 语句内被复制，则它被定位在这个函数之内。

（2）如果一个变量在一个嵌套的 def 语句中赋值，那么对于嵌套的函数来说，它是非本地的。

（3）如果一个变量在 def 语句之外赋值，那么它就是整个文件全局的。

3. 程序示例

下面的模块文件中，x=99 这个赋值语句创建了一个名为 x 的全局变量，但是 x=88 这个赋值语句创建了一个本地变量 x（只在 def 语句内可见），尽管这两个变量名都是 x，但是它们的作用域可以把各自区分开。由此可见，函数的作用域有助于防止程序中变量名的冲突，并有助于函数成为更加独立的程序单元，如图 4-23 所示。

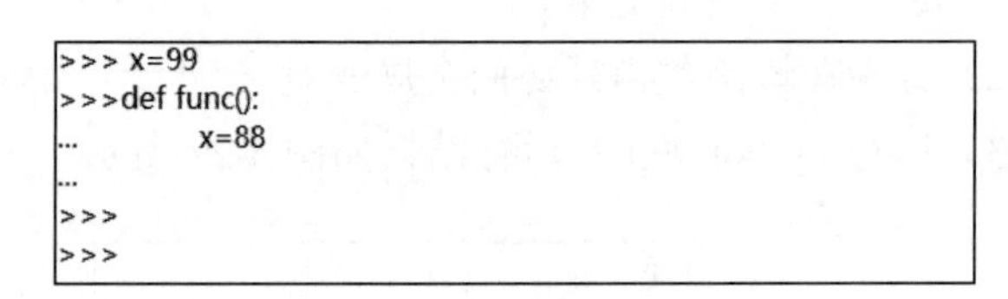

图 4-23　局部变量和全局变量示例

（二）局部变量

1. 局部变量定义

在函数内部定义的变量，它的作用域也仅限于函数内部，我们将这样的变量称为局部变量。

当函数被执行时，Python 会为其分配一块临时的存储空间，所有在函数内部定义的变量都会存储在这块空间中。而在函数执行完毕后，这块临时存储空间随即会被释放并回收，该空间中存储的变量自然也就无法再被使用。

任务编号	4-4	任务名称	访问全局变量

2. 程序示例

局部变量示例如图 4-24 所示。

```
def demo():
    add ="http://c. 黑龙江职业学院.net/python/"
    print("函数内部 add =",add)

demo()
print("函数外部 add =",add)
```

图 4-24　局部变量示例

运行结果如图 4-25 所示。

```
D:\办公学习\pythonProject\venv\Scripts\python.exe D:/办公学习/pythonProject/main.py
函数内部 add = http://c. 黑龙江职业学院.net/python/
Traceback (most recent call last):
  File "D:/办公学习/pythonProject/main.py", line 6, in <module>
    print("函数外部 add =",add)
NameError: name 'add' is not defined

进程已结束,退出代码1
```

图 4-25　局部变量运行结果

如果试图在函数外部访问其内部定义的变量，Python 解释器会报 NameError 错误，并提示我们没有定义要访问的变量，这也证实了当函数执行完毕后其内部定义的变量会被销毁并回收。

此外，函数的参数也属于局部变量，只能在函数内部使用，如图 4-26 所示。

```
def demo(name,add):
    print("函数内部 add =",name)
    print("函数外部 add =",add)
demo("Python教程","http://黑龙江职业学院/python/")

print("函数外部 name =",name)
print("函数内部 add =",add)
```

图 4-26　参数局部变量示例

运行结果如图 4-27 所示。

```
D:\办公学习\pythonProject\venv\Scripts\python.exe D:/办公学习/pythonProject/main.py
Traceback (most recent call last):
  File "D:/办公学习/pythonProject/main.py", line 6, in <module>
    print("函数外部 name =",name)
NameError: name 'name' is not defined
函数内部 add = Python教程
函数外部 add = http://黑龙江职业学院/python/

进程已结束,退出代码1
```

图 4-27　参数局部变量运行结果

由于 Python 解释器是逐行运行程序代码的，由此这里仅提示“name 没有定义”，实际上在函数外部访问 add 变量也会报同样的错误。

任务编号	4-4	任务名称	访问全局变量

（三）全局变量

1. 全局变量定义

除了可以在函数内部定义变量，Python 还允许在所有函数的外部定义变量，这样的变量称为全局变量。

和局部变量不同的是，全局变量的默认作用域是整个程序，即全局变量既可以在各个函数的外部使用，也可以在各函数内部使用。

2. 定义全局变量的方式

（1）在函数体外定义全局变量。在函数体外定义的变量一定是全局变量，如图 4-28 所示。

```
1  add = "http://黑龙江职业学院.net/shell/"
2  def text():
3      print("函数体内访问:",add)
4  text()
5  print('函数体外访问:',add)
6
```

图 4-28　函数体外定义全局变量示例

运行结果如图 4-29 所示。

```
D:\办公学习\pythonProject\venv\Scripts\python.exe D:/办公学习/pythonProject/main.py
函数体内访问: http://黑龙江职业学院.net/shell/
函数体外访问: http://黑龙江职业学院.net/shell/

进程已结束,退出代码0
```

图 4-29　函数体外定议全局变量运行结果

（2）在函数体内定义全局变量。在函数体内定义全局变量是指使用 global 关键字对变量进行修饰，该变量就会变为全局变量，如图 4-30 所示。

```
1  def text():
2      global add
3      add="http://黑龙江职业学院.net/java/"
4      print("函数体外访问: ",add)
5  text()
6  print('函数体外访问:',add)
```

图 4-30　函数体内定义全局变量

运行结果如图 4-31 所示。

```
D:\办公学习\pythonProject\venv\Scripts\python.exe D:/办公学习/pythonProject/main.py
函数体外访问:  http://黑龙江职业学院.net/java/
函数体外访问: http://黑龙江职业学院.net/java/

进程已结束,退出代码0
```

图 4-31　函数体内定义全局变量运行结果

任务编号	4-4	任务名称	访问全局变量

注意：在使用 global 关键字修饰变量名时不能直接给变量赋初值，否则会引发语法错误。

（3）同名变量引用。当某局部变量和全局变量都有相同的变量名时，函数内引用该变量会直接调用函数内定义的局部变量。

（4）总结。

1）全局变量是位于模块文件内部的顶层的变量名。

2）全局变量如果是在函数内被赋值，则必须经过声明。

3）全局变量名在函数的内部不经过声明也可以被引用。

（四）变量查找顺序及原则

（1）变量查找顺序：遵循 LEGB 查找法则，即局部作用域 > 外层作用域 > 当前模块中的全局 >Python 内置作用域，如图 4-32 所示。

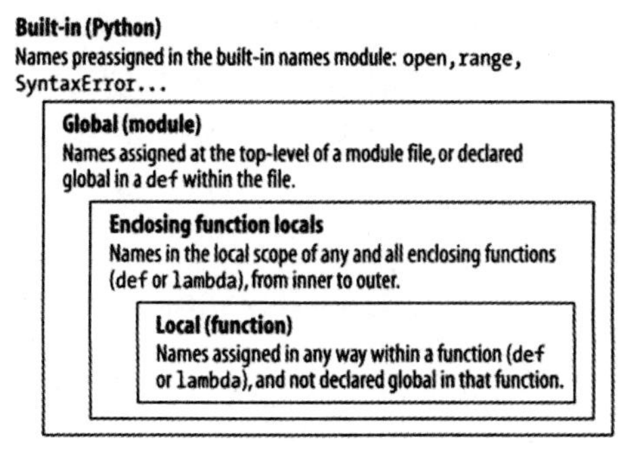

图 4-32　变量查找顺序：LEGB

（2）只有模块、类、函数才能引入新作用域。

（3）对于一个变量，如果内部作用域先声明则会覆盖外部变量；如果不声明直接使用，则会使用外部作用域的变量。

（4）内部作用域要修改外部作用域变量的值时，全局变量要使用 global 关键字，嵌套作用域变量要使用 nonlocal 关键字。nonlocal 是 Python 3.0 新增的关键字。

（五）作用域程序

假设我们编写如图 4-33 所示的模块文件。

```
>>> # Global scopeX=9x
>>> # X and func assigned in module: global
>>> def func (Y):
      # Y and Z assigned in function: locals
      # Local scopeZ=X=Y
      #Xisaglobal
      return Zfunc(1)
      File " <stdin>" ,line 5
      return Zfunc(1)
```

图 4-33　作用域示例

任务编号	4-4	任务名称	访问全局变量

这个模块和函数包含了一些变量名来完成其功能。通过使用 Python 的作用域法则，我们能够将这些变量名进行下述定义。

1. 全局变量名：X, func

因为 X 是在模块文件顶层声明的，所以它是全局变量。它能够在函数内部进行引用而不需要特意声明为全局变量。同理，func 也是全局变量。def 语句在这个模块文件顶层将一个函数对象赋值给变量名 func。

2. 本地变量名：Y, Z

对于这个函数来说，Y 和 Z 是本地变量（并且只在函数运行时存在），因为他们都是在函数定义内部进行赋值的。Z 是通过“=”语句赋值的，而 Y 是由于参数总是通过赋值来进行传递。

这种变量名隔离机制背后的意义在于本地变量是作为临时的变量名，只有在函数运行时才会需要。例如，在上一个例子中，参数 Y 和加法的结果 Z 只存在于函数内部。这些变量名不会与模块命名空间内的变量名（同理，与其他函数内的变量名）产生冲突。本地变量 / 全局变量的区别也使函数变得更容易理解，因为一个函数使用的绝大多数变量名只会在函数自身内部出现，而不会出现在这个模块文件的任意其他地方。此外，因为本地变量名不会改变程序中的其他函数，所以这会让程序调试起来变得更加容易。

二、global 关键字和 nonlocal 关键字

（一）global 语句

1. global 语句的代码形式

当内部作用域想修改外部作用域的变量时，就要用到 global 关键字和 nonlocal 关键字。当修改的变量是在全局作用域（global 作用域）上时，就要使用 global 关键字先声明一下，如图 4-34 所示。

```
1  count = 10
2  def outer():
3      global count
4      print(count)
5      count = 100
6      print(count)
7  outer()
```

图 4-34　global 语句示例

运行结果如图 4-35 所示。

```
D:\办公学习\pythonProject\venv\Scripts\python.exe D:/办公学习/pythonProject/main.py
10
100

进程已结束,退出代码0
```

图 4-35　global 语句运行结果

任务编号	4-4	任务名称	访问全局变量

注意：global 关键字会对全局变量做出修改，影响全局域其他地方使用这个全局变量。

2. global 语句的作用

global 语句是一个命名空间的声明，它告诉 Python 函数打算生成一个或多个全局变量名，即存在于整个模块内部作用域（命名空间）的变量名。

换句话说，globa1 允许我们修改一个模块文件的顶层的一个 def 之外的名称。其与 nonlocal 语句几乎是相同的，但它应用于嵌套的 def 的本地作用域内的名称，而不是嵌套的模块中的名称。global 语句用来声明一系列变量，这些变量会引用到当前模块的全局命名空间的变量，如果该变量没有定义，那么也会在全局空间中添加这个变量。

global 语句包含了关键字 global，其后跟着一个或多个由逗号分开的变量名。当在函数主体被赋值或引用时，所有列出来的变量名将被映射到整个模块的作用域内，如图 4-36 所示。

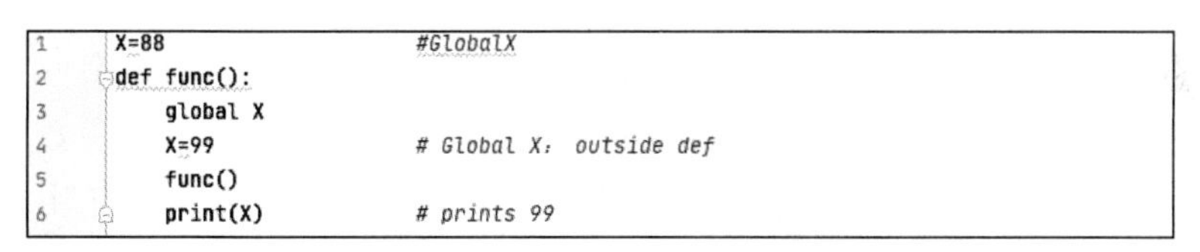

```
1  X=88                    #GlobalX
2  def func():
3      global X
4      X=99                # Global X: outside def
5      func()
6      print(X)            # prints 99
```

图 4-36　global 语句作用示例

这个例子中增加了一个 global 声明，以便在 def 语句之内的 X 能够引用在 def 语句之外的 X，这次它们有相同的值。

3. global 语句使用

global 语句使用示例如图 4-37 所示。

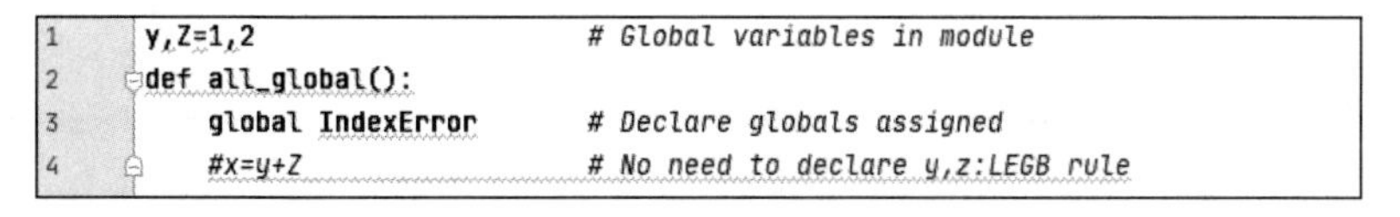

```
1  y,Z=1,2                       # Global variables in module
2  def all_global():
3      global IndexError         # Declare globals assigned
4      #x=y+Z                    # No need to declare y,z:LEGB rule
```

图 4-37　global 语句使用示例

该示例中，x、y 和 z 都是 all_global() 函数内的全局变量。y 和 z 是全局变量，因为它们不是在函数内赋值的；x 是局部变量，因为它通过 global 语句使自己明确地映射到了模块的作用域。如果不使用 global 语句，x 将会由于赋值而被认为是本地变量。

注意：y 和 z 并没有进行 global 声明，因为 Python 的 LEGB 查找法则将会自动从模块中找到它们；此外，x 在函数运行前可能并不存在，如果这样的话，函数内的赋值语句将自动在模块中创建 x 这个变量。

（二）nonlocal 语句

上一个任务中，介绍了嵌套函数可以引用一个嵌套的函数作用域中的变量的方法，即便这个函数已经返回了。事实上，在 Python 3.0 中，也可以修改这样的嵌套作用域变量，

任务编号	4-4	任务名称	访问全局变量

只要在一条 nonlocal 语句中声明它们。使用这条语句，嵌套的 def 可以对嵌套函数中的名称进行读取和写入访问。

nonlocal 语句是 global 语句的近亲，同 global 语句一样，其声明了将要在一个嵌套的作用域中修改的名称。与 global 语句不同的是，nonlocal 语句应用于一个嵌套的函数的作用域中的一个名称，而不是所有 def 语句之外的全局模块作用域；而且在声明 nonlocal 名称的时候，它必须已经存在于该嵌套函数的作用域中，即它们可能只存在于一个嵌套的函数中，并且不能由一个嵌套的 def 语句中的第一次赋值创建。

换句话说，nonlocal 语句允许对嵌套的函数作用域中的名称赋值，并且把这样的名称的作用域查找限制在嵌套的 def 语句中。直接效果是更加直接和可靠地实现了可更改的作用域信息，对于那些不想要或不需要带有属性的类的程序而言，Pytlon 3.0 引入了一条新的 nonlocal 语句，它只在一个函数内有意义，格式如下：

```
nonlocal name1, name2,...
```

这条语句允许一个语法嵌套函数来修改在一个语法嵌套函数的作用域中定义的一个或多个名称。在 Pyho2.X2（包括 .6）中，当一个函数嵌套在另一个函数中，嵌套的函数引用 global 关键字声明的变量必须在全局作用域上，不能嵌套在作用域上，当要修改嵌套作用域（enclosing 作用域，外层非全局作用域）中的变量时，就需要 nonlocal 关键字了，如图 4-38 所示。

```
1  count = 200
2  def outer():
3      count = 10          # enclosing 嵌套作用域
4      def inner():
5          nonlocal count  #引用 enclosing的 count = 10 ，如果不加，print (count) 会引用 enclosing 的count = 10
6          #global count # 这里引用最外层的 globl 的count=200
7  
8          count = 20   # 修改 enclosing 的count
9          print(count)
10     inner()
11     print(count)        #这里的值不是 outer 的 count， 而是 inner 的 count
12 outer()
```

图 4-38　nonlocal 关键字使用示例

运行结果如图 4-39 所示。

```
D:\办公学习\pythonProject\venv\Scripts\python.exe D:/办公学习/pythonProject/main.py
20
20

进程已结束，退出代码0
```

图 4-39　nonlocal 关键字使用运行结果

4.4.3 实施评量单

任务编号	4-4	任务名称	访问全局变量	
评量项目		自评	组长评价	教师评价
课堂表现	学习态度（15 分）			
	沟通合作（10 分）			
	回答问题（15 分）			
技能操作	创建和使用全局变量(30 分)			
	创建和使用局部变量(30 分)			
学生签字	年 月 日	教师签字	年 月 日	

评量规准						
项目		A	B	C	D	E
课堂表现	学习态度	在积极主动、虚心求教、自主学习、细致严谨上表现优秀，令师生称赞。	在积极主动、虚心求教、自主学习、细致严谨上表现良好。	在积极主动、虚心求教、自主学习、细致严谨上表现较好。	在积极主动、虚心求教、自主学习、细致严谨上表现尚可。	在积极主动、虚心求教、自主学习、细致严谨上表现均有待加强。
	沟通合作	在师生和同学之间具有很好的沟通能力，在小组学习中具有很强的团队合作能力。	在师生和同学之间具有良好的沟通能力，在小组学习中具有良好的团队合作能力。	在师生和同学之间具有较好的沟通能力，在小组学习中具有较好的团队合作能力。	在师生和同学之间能够正常沟通，在小组学习中能够参与团队合作。	在师生和同学之间不能够正常沟通，在小组学习中不能够参与团队合作。
	回答问题	积极踊跃地回答问题，且全部正确。	比较积极踊跃地回答问题，且基本正确。	能够回答问题，且基本正确。	回答问题，但存在错误。	不能回答课堂提问。
技能操作	创建和使用全局变量	能独立、熟练、正确地完成全局变量配置。	能独自较为熟练、正确地完成全局变量的配置。	能在他人提示下正确地完成全局变量的配置。	能在他人多次提示、帮助下完成全局变量的配置。	未能完成全局变量的配置。
	创建和使用局部变量	能独立、熟练地完成局部变量的配置。	能独自较为熟练地完成局部变量的配置。	能在他人提示下顺利地完成局部变量的配置。	能在他人多次提示、帮助下完成局部变量的配置。	未能完成局部变量的配置。

4.5　课后训练

一、填空题

1．定义函数，也就是创建一个函数，定义函数需要用 __________ 关键字实现。

2．形参列表设置该函数可以接收多个参数，多个参数之间用 __________ 分隔。

3．在 __________ 函数时，函数名后面括号中的参数称为实际参数，也就是函数的调用者给函数的参数。

4．返回值参数可以指定，也可以省略不写，将返回 __________。

5．除了在函数内部定义变量，Python 还允许在所有函数的外部定义变量，这样的变量称为 __________。

二、判断题

1．Python 允许在函数定义中再定义函数。（　　）

2．函数在调用之前无需定义，拿来即用。（　　）

3．一个程序中的变量包含两类：全局变量和局部变量。（　　）

4．Python 的函数中 return 可以不带返回参数。（　　）

三、选择题

1．以下关于 Python 编写的函数调用说法正确的是（　　）。

A．Python 只能调用同一个文件中的函数

B．函数在同一个文件中被调用时，可以在调用语句后编写函数代码

C．可以用 import 导入其他文件中编写的函数

D．同一个文件中不可以编写多个函数

2．以下关于 Python 函数的使用描述不正确的是（　　）。

A．函数定义是使用函数的第一步

B．函数被调用后才能执行

C．函数执行结束后，程序执行流程会自动返回到函数被调用的语句之后

D．Python 程序里一定要有一个主函数

3．以下不属于 Python 中的变量作用域的是（　　）。

A．全局作用域　　　　B．局部作用域

C．块级作用域　　　　D．嵌套作用域

4．以下关于 Python 变量作用域说法正确的是（　　）。

A．不同函数之间无法通过变量共享信息

B．全局变量无法在函数中使用

C．在函数中使用的所有变量都是局部变量

D．函数执行结束后，其中的局部变量就被释放

四、简答题

1．简述编写函数的意义。

2．简述在函数定义内部的语句什么时候运行。

五、操作题

编写一个函数，接收字符串参数 'hello world'，返回一个元组，元组的第一个值为大写字母的个数，第二个值为小写字母的个数。

项目 5 导入模块和包

思政目标

★ 培养勇于创新、百折不回的科学精神。

学习目标

★ 掌握 Python 中模块的概念和作用。
★ 掌握 Python 中模块的导入和创建方式。
★ 掌握 Python 中包的作用，了解包的导入方式。

学习路径

★ 通过信息单掌握基本理论知识。
★ 通过任务单在实践中巩固和升华理论知识。
★ 通过评量单反馈学习中的不足和改进方向。
★ 通过课后训练再学习，再提高。

学习资源

★ 校内一体化教室。
★ 视频、PPT、习题答案等。
★ 网络资源。

学习任务

★ 初级任务：使用 3 种方式导入 sys 模块
★ 中级任务：创建模块并导入
★ 高级任务：导入 Numpy（数值运算库）包

思维导图

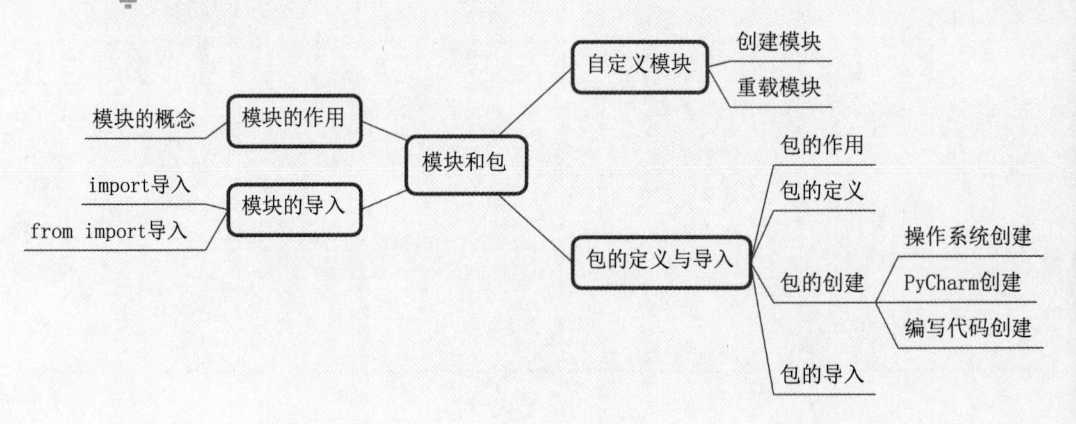

5.1 使用 3 种方式导入 sys 模块

5.1.1 实施任务单

任务编号	5-1	任务名称	使用 3 种方式导入 sys 模块
任务简介	运用 Python 模块的知识点创建一个自己的模块，并继续学习完成导入模块的任务。		
设备环境	台式机或笔记本，建议 Windows 7 版本以上的 Windows 操作系统。		
实施专业		实施班级	
实施地点		小组成员	
指导教师		联系方式	
任务难度	初级	实施日期	年 月 日
任务要求	导入 Python 中的 sys 模块，完成以下内容： （1）临时添加模块完整路径。 （2）将模块保存到指定位置。 （3）设置环境变量。 （4）再次运行 say.py 文件，运行结果如图 5-1 所示（本结果仅供参考）。 Hello,World! 图 5-1　任务 1 运行结果		

5.1.2　信息单

任务编号	5-1	任务名称	使用 3 种方式导入 sys 模块

模块简介

一、模块的作用

（一）模块简介

Python 提供了强大的模块支持，主要体现在不仅其标准库中包含了大量的模块（称为标准模块），还有大量的第三方模块，同时开发者自己也可以开发自定义模块。通过这些强大的模块可以极大地提高开发者的开发效率。

那么，模块到底指的是什么呢？模块，英文为 Modules，一句话总结：模块是最高级别的程序组织单元，它将程序代码和数据封装起来再加以利用，同时提供包含的命名空间从而避免出现命名冲突。即把能够实现某一特定功能的代码编写在同一个 .py 文件中，并将其作为一个独立的模块。换句话说，每一个扩展名为 .py 的 Python 源代码文件都是一个模块。

可以把模块比作一盒积木，通过它可以拼出多种主题的玩具，这与前面介绍的函数不同，一个函数仅相当于一块积木，而一个模块（.py 文件）中可以包含多个函数，也就是很多块积木。模块和函数的关系如图 5-2 所示。

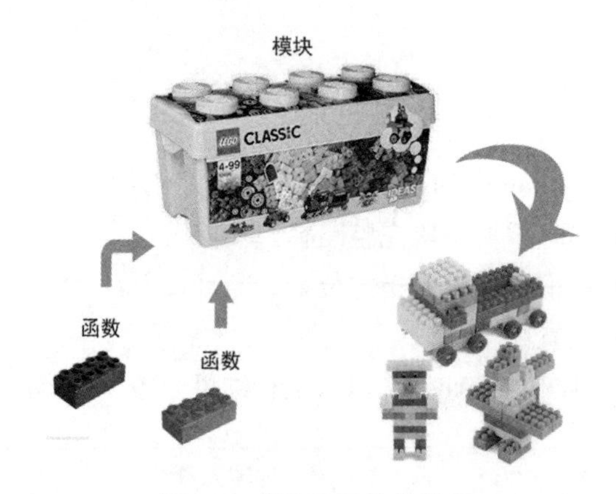

图 5-2　模块和函数的关系

（二）使用模块的原因

经过前面的学习，我们已经能够将 Python 代码写到一个文件中，但随着程序功能的愈加复杂，程序体积会不断变大，为了便于维护，通常会将其分为多个文件（模块），将程序代码和数据封装起来以便再利用，同时提供自包含的命名空间从而避免程序出现变量名冲突。这样既可以方便其他程序或脚本导入并使用，同时还能有效避免函数名和变量名发生冲突。

任务编号	5-1	任务名称	使用 3 种方式导入 sys 模块

模块的作用主要体现在以下 3 个方面：

（1）代码的可重用性。模块可以在文件中永久保存代码。当编写好一个模块后，只要编程过程中需要用到该模块中的某个功能（由变量、函数、类实现），无需做重复性的编写工作，直接在程序中导入该模块即可使用该功能。

（2）系统命名空间的划分。模块可以被认为是变量名的软件包。模块将变量名封装进自包含的软件包，这样就避免了变量名的冲突。要使用这些变量，不精确定位是看不到这些变量的。

（3）实现共享的服务和数据。从操作层面看，模块对实现跨系统共享的组件很方便，只需要存在一份单独的副本即可。

二、模块的导入

（一）Python 的程序结构

图 5-3 中，main.py 是顶层文件，part1.py 和 part2.py 是模块。main.py 导入 part1.py 和 part2.py，part1.py 和 part2.py 相互导入，而且还导入了标准库模块。我们要运行的是 main.py，而通常 part1.py 和 part2.py 不会直接运行。

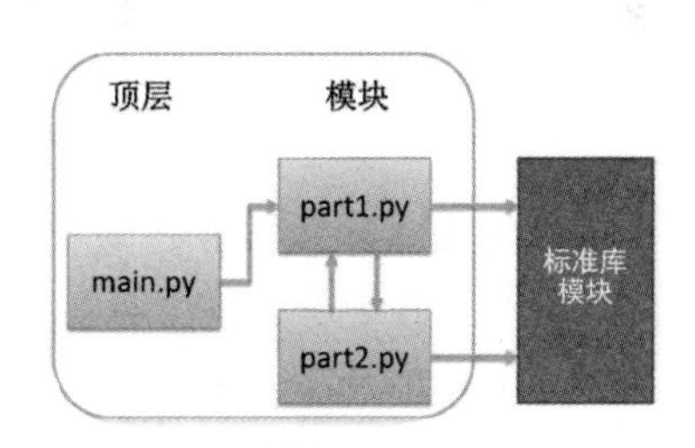

图 5-3 Python 程序的结构

（二）import 工作流程

1. 导入是 Python 程序结构的核心

在 Python 中，import 与 C 语言等的 #include 有些不同。C 语言是把别的代码导入进来，但在 Python 中，import 是运行一次模块的代码。在 Python 中，当第一次导入指定文件时会执行以下步骤：

（1）找到模块文件。

（2）编译成位码（需要时）。

（3）执行模块的代码来创建其所定义的对象。

当模块导入过一次后再导入相同的模块时，会跳过上述 3 个步骤。Python 把导入的模块存储到一个名为 sys.modules 的表中（其是一个字典），并在一次导入操作的开始检查该表。如果模块不存在，则会执行上述 3 个步骤。

2. 搜索

Python 必须先查找到 import 语句所引用的模块文件。之前我们写 import part1 的时候没有写具体路径，但是程序还是能找到正确路径。事实上，当我们在写 import 的时候，只能写文件名，不能写路径。Python 使用了标准模块搜索路径来找出 import 语句所对应的模块文件。

任务编号	5-1	任务名称	使用 3 种方式导入 sys 模块

3. 编译

在遍历模块搜索路径，找到符合 import 语句的源代码之后，如果有必要的话，Python 接下来会将其编译成字节码。

当发现已有字节码且更新时间比源码新时，不会生成新的字节码。但是如果源码更新时间比字节码新或者没有字节码，则会生成新的字节码。当没有源码，只有字节码的时候，也可以导入。

这个编译过程只在导入时进行。顶层文件，没有被任何代码导入过，是不会生成字节码的，其字节码只会存储在内存当中。

4. 运行

import 的最后一步是执行模块的字节码。文件中的所有语句会被依次执行。此步骤中任何对变量名的赋值运算都会产生所得到的模块文件的属性。

如上所述，如果需要重新载入（运行）模块，可以使用 reload 语句。若直接再次使用 import 语句则不会做任何操作。

三、模块搜索路径

在导入模块的时候，最重要的部分是定位要导入的文件，因为我们要告诉 Python 到何处去寻找要导入的文件。在 Python 里，模块搜索的路径如下：

（1）程序的主目录。

（2）PYTHONPATH 目录（如果进行了设置）。

（3）标准链接库目录。

（4）任何 .pth 文件的内容（如果存在的话）。

4 个组件合起来就构成了 sys.path。其中第 1 个和第 3 个是自动定义的，第 2 个和第 4 个可以用于拓展路径。下面介绍 4 个目录的使用方式以及配置搜索路径和模块文件的选择。

1. 主目录

程序的主目录是第一个搜索导入文件的路径。这一入口的含义与用户如何运行代码相关。当用户运行程序的时候，这个入口是包含程序的顶层脚本文件的目录。当以交互模式工作时，这个入口就是用户当前工作的目录。

一方面，因为这个目录总是先被搜索，如果程序完全位于单一目录，所有导入都会自动工作，而不需要配置路径。另一方面，由于这个目录是先被搜索的，故其文件也将覆盖路径上其他目录中具有同样名称的模块。如果你需要在自己的程序中使用库模块的话，注意不要以这种方式意外地隐藏库模块。

2. PYTHONPATH 目录

Python 会对此环境变量（如果进行了设置）从左至右搜索导入的模块，PYTHONPATH 是设置包含 Python 程序文件的目录的列表，这些目录可以是用户定义的或平台特定的

任务编号	5-1	任务名称	使用 3 种方式导入 sys 模块

目录名。用户可以把想导入的目录都加进来，而 Python 会使用用户的设置来扩展模块搜索的路径。

因为 Python 会先搜索主目录，只有当跨目录的时候，这个设置才显得格外重要。也就是说，如果你需要被导入的文件与进行导入的文件处于不同目录时，可以使用此环境变量来设定。

3. 标准库目录

Python 会自动搜索标准库模块安装在机器上的目录，因为这些目录一定会被搜索，而且通常是不需要添加到 PYTHONPATH 目录上的。

4. .pth 文件目录（Python3.x）

Python 有一个相当新的功能，即允许用户把有效的目录添加到模块搜索路径中去，也就是文件扩展名为 .pth 的文件中。此文件可以放在 Windows 或类 UNIX 中。

（1）Windows 中：Python 安装目录的顶层（如 C:\Python3.x\）或者在标准库所在位置的 sitepackages 子目录中（如 C:\Python3.x\Lib\sitepackages）。

（2）类 UNIX 中：文件可能位于 /usr/local/lib/python3.x/sitepackages 或 /usr/local/lib/sitepython 中。

文件的格式是每一行一个目录，Python 会把重复的目录和不存在的目录过滤掉。

5. 配置搜索路径

我们可以手动设置的路径是 PYTHONPATH 目录与 .pth 文件。PYTHONPATH 设置方式跟其他环境变量的设置方式相同，每个路径之间使用分号隔开；.pth 设置方式就是在之前所说的那些目录里创建文件。

例如在 Windows 中，我们可以创建 pydir.pth 到 C:\Python3.x\ 里；想要查看所有的搜索路径，可以使用 sys.path 来查看。

6. 模块文件选择

在导入模块时是不需要扩展名的。比如，当导入 mymodule.py 时，只需要写 import mymodule 即可。写 import b 的时候，可以导入的文件有以下 9 种：

（1）b.py 源代码文件。

（2）b.pyc 字节码文件。

（3）导入文件名为 b 的文件夹。

（4）编译扩展模块（通常用 C 或 C++ 来编写），导入时使用动态链接（例如类 UNIX 系统的 b.so 以及 Cygwin 和 Windows 的 b.dll 或 b.pyd）。

（5）用 C 编写好的内置模块，并通过静态链接至 Python。

（6）ZIP 文件组件，导入时会自动解压缩。

（7）内存内映像，对于 frozen 可执行文件。

（8）Java 类，在 Jython 版本 Python 中使用。

（9）.net 文件，在 IronPython 的 Python 版本中使用。

5.1.3 实施评量单

<table>
<tr><td>任务编号</td><td>5-1</td><td>任务名称</td><td colspan="2">使用 3 种方式导入 sys 模块</td></tr>
<tr><td colspan="2">评量项目</td><td>自评</td><td>组长评价</td><td>教师评价</td></tr>
<tr><td rowspan="3">课堂表现</td><td>学习态度（15 分）</td><td></td><td></td><td></td></tr>
<tr><td>沟通合作（10 分）</td><td></td><td></td><td></td></tr>
<tr><td>回答问题（15 分）</td><td></td><td></td><td></td></tr>
<tr><td rowspan="3">技能操作</td><td>临时添加模块路径（20 分）</td><td></td><td></td><td></td></tr>
<tr><td>模块保存到指定位置(20 分)</td><td></td><td></td><td></td></tr>
<tr><td>设置环境变量（20 分）</td><td></td><td></td><td></td></tr>
<tr><td>学生签字</td><td>年　月　日</td><td>教师签字</td><td colspan="2">年　月　日</td></tr>
</table>

<table>
<tr><td colspan="7">评量规准</td></tr>
<tr><td colspan="2">项目</td><td>A</td><td>B</td><td>C</td><td>D</td><td>E</td></tr>
<tr><td rowspan="3">课堂表现</td><td>学习态度</td><td>在积极主动、虚心求教、自主学习、细致严谨上表现优秀，令师生称赞。</td><td>在积极主动、虚心求教、自主学习、细致严谨上表现良好。</td><td>在积极主动、虚心求教、自主学习、细致严谨上表现较好。</td><td>在积极主动、虚心求教、自主学习、细致严谨上表现尚可。</td><td>在积极主动、虚心求教、自主学习、细致严谨上表现均有待加强。</td></tr>
<tr><td>沟通合作</td><td>在师生和同学之间具有很好的沟通能力，在小组学习中具有很强的团队合作能力。</td><td>在师生和同学之间具有良好的沟通能力，在小组学习中具有良好的团队合作能力。</td><td>在师生和同学之间具有较好的沟通能力，在小组学习中具有较好的团队合作能力。</td><td>在师生和同学之间能够正常沟通，在小组学习中能够参与团队合作。</td><td>在师生和同学之间不能够正常沟通，在小组学习中不能够参与团队合作。</td></tr>
<tr><td>回答问题</td><td>积极踊跃地回答问题，且全部正确。</td><td>比较积极踊跃地回答问题，且基本正确。</td><td>能够回答问题，且基本正确。</td><td>回答问题，但存在错误。</td><td>不能回答课堂提问。</td></tr>
<tr><td rowspan="3">技能操作</td><td>临时添加模块路径</td><td>能独立、熟练地完成添加模块路径。</td><td>能独自较为熟练地完成添加模块路径。</td><td>能在他人提示下顺利完成添加模块路径。</td><td>能在他人多次提示、帮助下完成添加模块路径。</td><td>未能完成添加模块路径。</td></tr>
<tr><td>模块保存到指定位置</td><td>能独立、熟练地完成模块保存。</td><td>能独自较为熟练地完成模块保存。</td><td>能在他人提示下顺利完成模块保存。</td><td>能在他人多次提示、帮助下完成模块保存。</td><td>未能完成模块保存。</td></tr>
<tr><td>设置环境变量</td><td>能独立、熟练地设置环境变量。</td><td>能独自较为熟练地设置环境变量。</td><td>能在他人提示下顺利设置环境变量。</td><td>能在他人多次提示、帮助下设置环境变量。</td><td>未能设置环境变量。</td></tr>
</table>

5.2 创建模块并导入

5.2.1 实施任务单

任务编号	5-2	任务名称	创建模块并导入
任务简介	运用 Python 中的标准库及其成员（主要是函数），自定义一个模块并导入到文件中。		
设备环境	台式机或笔记本，建议 Windows 7 版本以上的 Windows 操作系统、Python 3.9.1 等。		
实施专业		实施班级	
实施地点		小组成员	
指导教师		联系方式	
任务难度	中级	实施日期	年 月 日
任务要求	创建 Python 文件，完成以下内容： （1）创建一个 a.py 文件，输入文字“你好”，里面放入类 A。 （2）再创建一个 b.py 文件，里面引用模块 a 创建一个对象。 （3）运行 b.py 文件，输出“你好”，运行结果如图 5-4 所示（本结果仅供参考）。 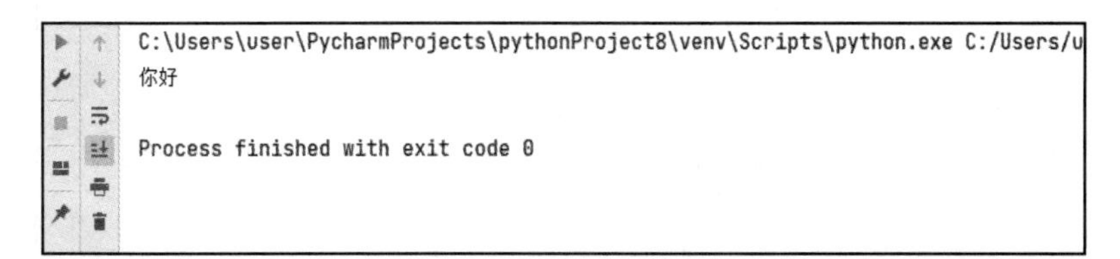 图 5-4　任务 2 运行结果		

5.2.2 信息单

任务编号	5-2	任务名称	创建模块并导入

自定义模块

一、创建模块

前面项目中讲过，Python 模块就是 Python 程序。换句话说，只要是 Python 程序，都可以作为模块导入。例如，图 5-5 中定义了一个简单的模块。

```
1  name = "黑龙江职业学院"
2  add = "http://www.hljp.edu.cn/"
3  print(name,add)
4
5  def say():
6      print("把学生放在心中最高位置")
7
8  class Clanguage:
9      def __init__(self,name,add):
10         self.name = name
11         self.add = add
12     def say(self):
13         print(self.name,self.add)
```

图 5-5　创建模块示例

可以看到，我们在 demo.py 文件中放置了变量（name 和 add）、函数（say()）和一个 CLanguage 类，该文件就可以作为一个模块。

但通常情况下，为了检验模块中代码的正确性，我们往往需要为其设计一段测试代码，如图 5-6 所示。

```
1  name = "黑龙江职业学院"
2  add = "http://www.hljp.edu.cn/"
3  print(name,add)
4
5
6  def say():
7      print("把学生放在心中最高位置")
8
9
10 class CLanguage:
11     def __init__(self,name,add):
12         self.name = name
13         self.add = add
14
15     def say(self):
16         print(self.name,self.add)
17
18
19 say()
20 clangs = CLanguage("黑龙江职业学院","http://www.hljp.edu.cn/")
21 clangs.say()
```

图 5-6　模块测试代码

运行 demo.py 文件，运行结果如图 5-7 所示。

任务编号	5-2	任务名称	创建模块并导入

```
Run:  5-7
C:\Users\user\PycharmProjects\pythonProject8\venv\Scripts\python.exe C:/Users/user/Pychar
黑龙江职业学院 http://www.hljp.edu.cn/
把学生放在心中最高位置
黑龙江职业学院 http://www.hljp.edu.cn/

Process finished with exit code 0
```

图 5-7　自定义模块运行结果

通过观察模块中程序的运行结果可以断定，模块文件中包含的函数和类是可以正常工作的。

在此基础上，我们可以新建一个 test.py 文件，并在该文件中使用 demo.py 模块文件，即使用 import 语句导入 demo.py，如图 5-8 所示。

```
import demo
```

图 5-8　调用 demo 运行结果

注意：虽然 demo 模块文件的全称为 demo.py，但在使用 import 语句导入时，只需要使用该模块文件的名称即可。

可以看到，当执行 test.py 文件时，它同样会执行 demo.py 中用来测试的程序，这显然不是我们想要的效果。正常的效果应该是，只有直接运行模块文件时测试代码才会被执行；反之，如果是其他程序以引入的方式执行模块文件，则测试代码不应该被执行。

要实现这个效果，可以借助 Python 内置的 __name__ 变量。当直接运行一个模块时，name 变量的值为 __main__；而将模块导入其他程序中并运行该程序时，处于模块中的 __name__ 变量的值就变成了模块名。因此，如果希望测试函数只有在直接运行模块文件时才执行，则可在调用测试函数时增加判断，即只有当 __name__=='__main__' 时才调用测试函数。

因此，可以将 demo.py 模块文件中的测试代码修改为如图 5-9 所示。

```
19  if __name__ == '__main__':
20      say()
21      clangs = CLanguage("黑龙江职业学院","http://www.hljp.edu.cn/")
22      clangs.say()
```

图 5-9　模块文件修改

显然，这里执行的仅是模块文件中的输出语句，测试代码并未被执行。

任务编号	5-2	任务名称	创建模块并导入

二、自定义模块编写说明文档

我们知道，在定义函数或者类时，可以为其添加说明文档，以方便用户清楚地知道该函数或者类的功能。自定义模块也不例外。

为自定义模块添加说明文档和函数或类的添加方法相同，即只需在模块开头的位置定义一个字符串即可。例如，为 demo.py 模块文件添加一个说明文档，格式如下：

```
'''
demo 模块中包含以下内容:
name 字符串变量：初始值为“Python 教程”
add  字符串变量：初始值为 http://c.hljzyxy.com
say() 函数
CLanguage 类：包含 name 和 add 属性及 say() 方法。
'''
```

在此基础上，可以通过模块的 __doc__ 属性来访问模块的说明文档。例如，在 test.py 文件中添加如图 5-10 所示的代码。

```
import demo
print(demo.__doc__)
```

图 5-10　打印 _doc_ 结果示例

程序运行结果如下：

```
Python 教程 http://c.biancheng.net/python
demo 模块中包含以下内容:
name 字符串变量：初始值为“Python 教程”
add 字符串变量：初始值为 http://c.biancheng.net/python
say() 函数
CLanguage 类：包含 name 和 add 属性及 say() 方法。
```

5.2.3 实施评量单

<table>
<tr><td>任务编号</td><td>5-2</td><td>任务名称</td><td colspan="2">创建模块并导入</td></tr>
<tr><td colspan="2">评量项目</td><td>自评</td><td>组长评价</td><td>教师评价</td></tr>
<tr><td rowspan="3">课堂表现</td><td>学习态度（15 分）</td><td></td><td></td><td></td></tr>
<tr><td>沟通合作（10 分）</td><td></td><td></td><td></td></tr>
<tr><td>回答问题（15 分）</td><td></td><td></td><td></td></tr>
<tr><td rowspan="2">技能操作</td><td>创建模块（30 分）</td><td></td><td></td><td></td></tr>
<tr><td>导入模块（30 分）</td><td></td><td></td><td></td></tr>
<tr><td>学生签字</td><td>年　月　日</td><td>教师签字</td><td colspan="2">年　月　日</td></tr>
</table>

<table>
<tr><td colspan="7">评量规准</td></tr>
<tr><td colspan="2">项目</td><td>A</td><td>B</td><td>C</td><td>D</td><td>E</td></tr>
<tr><td rowspan="3">课堂表现</td><td>学习态度</td><td>在积极主动、虚心求教、自主学习、细致严谨上表现优秀，令师生称赞。</td><td>在积极主动、虚心求教、自主学习、细致严谨上表现良好。</td><td>在积极主动、虚心求教、自主学习、细致严谨上表现较好。</td><td>在积极主动、虚心求教、自主学习、细致严谨上表现尚可。</td><td>在积极主动、虚心求教、自主学习、细致严谨上表现均有待加强。</td></tr>
<tr><td>沟通合作</td><td>在师生和同学之间具有很好的沟通能力，在小组学习中具有很强的团队合作能力。</td><td>在师生和同学之间具有良好的沟通能力，在小组学习中具有良好的团队合作能力。</td><td>在师生和同学之间具有较好的沟通能力，在小组学习中具有较好的团队合作能力。</td><td>在师生和同学之间能够正常沟通，在小组学习中能够参与团队合作。</td><td>在师生和同学之间不能够正常沟通，在小组学习中不能够参与团队合作。</td></tr>
<tr><td>回答问题</td><td>积极踊跃地回答问题，且全部正确。</td><td>比较积极踊跃地回答问题，且基本正确。</td><td>能够回答问题，且基本正确。</td><td>回答问题，但存在错误。</td><td>不能回答课堂提问。</td></tr>
<tr><td rowspan="2">技能操作</td><td>创建模块</td><td>能独立、熟练地创建模块。</td><td>能独自较为熟练地创建模块。</td><td>能在他人提示下顺利创建模块。</td><td>能在他人多次提示、帮助下创建模块。</td><td>未能创建模块。</td></tr>
<tr><td>导入模块</td><td>能独立、熟练地导入模块。</td><td>能独立、规范地导入模块。</td><td>能在他人提示下导入模块。</td><td>能在他人多次提示、帮助下导入模块。</td><td>未能导入模块。</td></tr>
</table>

5.3　导入 Numpy（数值运算库）包

5.3.1　实施任务单

<table>
<tr><td>任务编号</td><td>5-3</td><td>任务名称</td><td>导入 Numpy（数值运算库）包</td></tr>
<tr><td>任务简介</td><td colspan="3">运用 Python 中包的方法创建一个属于自己的包，实现并导入 Numpy（数值运算库）包。</td></tr>
<tr><td>设备环境</td><td colspan="3">台式机或笔记本，建议 Windows 7 版本以上的 Windows 操作系统、Python 3.9.1 等。</td></tr>
<tr><td>实施专业</td><td></td><td>实施班级</td><td></td></tr>
<tr><td>实施地点</td><td></td><td>小组成员</td><td></td></tr>
<tr><td>指导教师</td><td></td><td>联系方式</td><td></td></tr>
<tr><td>任务难度</td><td>高级</td><td>实施日期</td><td>年　　月　　日</td></tr>
<tr><td>任务要求</td><td colspan="3">
创建 Python 文件，完成以下内容：
（1）导入 Numpy：打开 cmd，输入 pip install numpy。
（2）导入 Pygame：输入 python -m pip install pygame。
（3）导入 Graphics。
（4）运行 Python 程序，运行结果如图 5-11 所示（本结果仅供参考）。
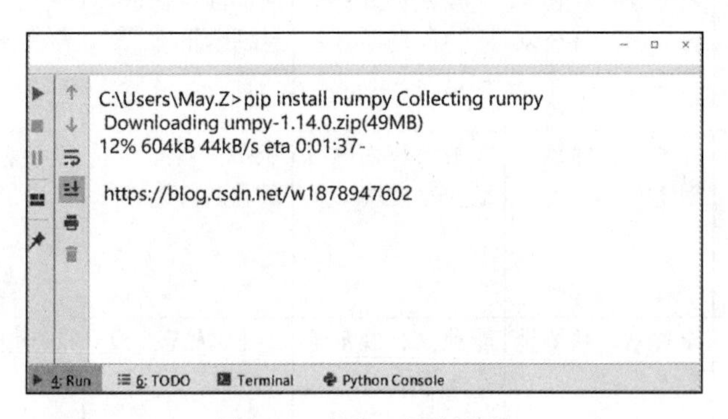

图 5-11　任务 3 运行结果
</td></tr>
</table>

5.3.2 信息单

任务编号	5-3	任务名称	导入 Numpy（数值运算库）包

包

一、包的作用

实际开发中，一个大型的项目往往需要使用成百上千个 Python 模块，如果将这些模块都堆放在一起，势必不好管理。虽然使用模块可以有效避免变量名或函数名重名引发的冲突，但是如果模块名重复怎么办呢？因此，Python 提出了包（Package）的概念。

什么是包？简单来说，包就是文件夹，只不过在该文件夹下必须存在一个名为 __init__.py 的文件。

注意：这是 Python 2.x 的规定，而在 Python 3.x 中，__init__.py 对包来说并不是必需的。

每个包的目录下都必须建立一个 __init__.py 的模块，它可以是一个空模块，也可以写一些初始化代码，其作用就是告诉 Python 要将该目录当成包来处理。

注意，__init__.py 不同于其他模块文件，此模块的模块名不是 __init__，而是它所在的包名。例如，settings 包中的 __init__.py 文件，其模块名就是 settings。

包是一个包含多个模块的文件夹，其本质依然是模块，因此包中也可以包含包。例如，在前面的项目中，我们安装了 Numpy 模块之后可以在 Lib\site-packages 安装目录下找到名为 Numpy 的文件夹，它就是安装的 Numpy 模块（其实就是一个包），其所包含的内容如图 5-12 所示。

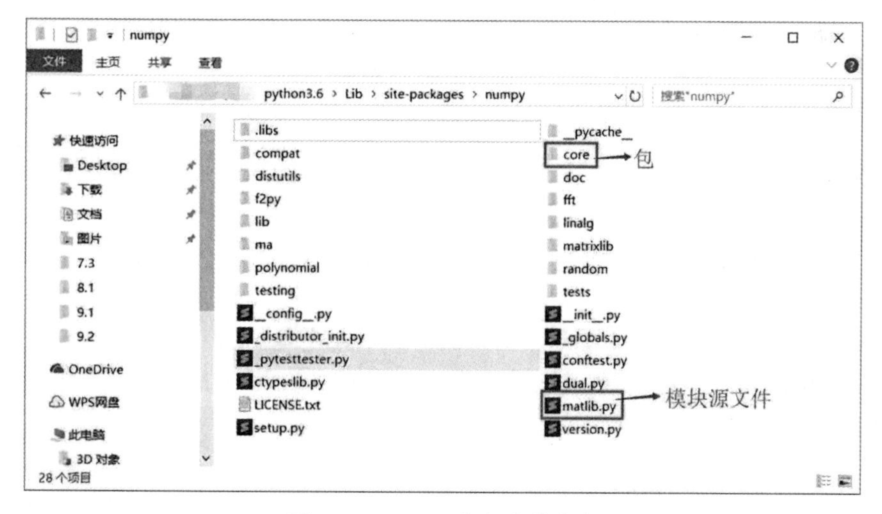

图 5-12　Numpy 包包含的内容

在 Numpy 包（模块）中，有必须包含的 __init__.py 文件，还有 matlib.py 等模块源文件以及 core 等子包（也是模块）。所以，包的本质依然是模块，包可以包含包。

任务编号	5-3	任务名称	导入 Numpy（数值运算库）包

二、包的导入

（一）创建 Python 包

包其实就是文件夹，更确切地说，它是一个包含 __init__.py 文件的文件夹。因此，如果我们想手动创建一个包，只需进行以下两步操作：

（1）新建一个文件夹，文件夹的名称就是新建包的包名。

（2）在该文件夹中创建一个 __init__.py 文件（前后各有两个下划线），该文件中可以不编写任何代码，当然也可以编写一些 Python 初始化代码，当有其他程序文件导入包时会自动执行该文件中的代码（本任务后续会有实例）。

例如，现在我们创建一个非常简单的包，该包的名称为 my_package，可以仿照以上两步进行：创建一个文件夹，其名称设置为 my_package；在该文件夹中添加一个 __init__.py 文件，此文件中可以不编写任何代码。__init__.py 文件中包含了两部分信息，分别是此包的说明信息和一条 print 输出语句。由此，我们就成功创建好了一个 Python 包。

创建好包之后即可向包中添加模块（也可以添加包）。这里给 my_package 包添加两个模块，分别是 module1.py、module2.py，各自包含的代码如图 5-13 所示。

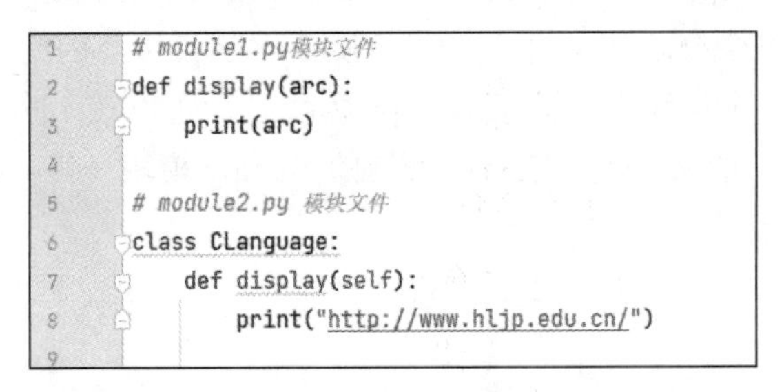
```
1  # module1.py模块文件
2  def display(arc):
3      print(arc)
4
5  # module2.py 模块文件
6  class CLanguage:
7      def display(self):
8          print("http://www.hljp.edu.cn/")
9
```

图 5-13 文件结构包示例

现在，我们就创建好了一个具有如下文件结构的包：

```
my_package
├── __init__.py
├── module1.py
└── module2.py
```

当然，包中还容纳有其他的包，不过这里不再演示，有兴趣的读者可以自行调整包的结构。

（二）Python 包的导入

通过前面的学习我们知道，包本质上还是模块，因此导入模块的语法同样也适用于导入包。无论是导入自定义的包，还是导入从他处下载的第三方包，导入方法可归结为以下 3 种：

任务编号	5-3	任务名称	导入 Numpy（数值运算库）包

（1）import 包名 [. 模块名 [as 别名]]

（2）from 包名 import 模块名 [as 别名]

（3）from 包名 . 模块名 import 成员名 [as 别名]

用 [] 括起来的部分是可选部分，即可以使用，也可以直接忽略。

注意：导入包的同时，会在包目录下生成一个含有 __init__.cpython-36.pyc 文件的 __pycache__ 文件夹。

1. import 包名 [. 模块名 [as 别名]]

以前面创建好的 my_package 包为例，导入 module1 模块并使用该模块中的成员，可以使用图 5-14 所示的代码。

图 5-14　创建 my_package 包示例

运行结果为：

```
http://c.biancheng.net/java/
```

可以看到，通过此语法格式导入包中的指定模块后，在使用该模块中的成员（变量、函数、类）时需要添加“包名 . 模块名”为前缀。当然，如果使用 as 给包名 . 模块名”起一个别名的话，则可以直接用这个别名作为前缀来使用该模块中的方法，如图 5-15 所示。

```
import my_package
my_package.module1.display("http://c.biancheng.net/linux_tutorial/")
```

图 5-15　用别名作为前缀来使用模块中的方法

运行结果为：

```
http://c.biancheng.net/python/
```

直接导入包名并不会将包中所有的模块全部导入程序中，其作用仅是导入并执行包下的 __init__.py 文件。因此，运行该程序，在执行 __init__.py 文件中代码的同时还会抛出 AttributeError 异常（访问的对象不存在）：

```
http://c.biancheng.net/python/
Traceback (most recent call last):
  File "C:\Users\mengma\Desktop\demo.py", line 2, in <module>
    my_package.module1.display("http://c.biancheng.net/linux_tutorial/")
AttributeError: module 'my_package' has no attribute 'module1'
```

我们知道，包的本质就是模块，导入模块时，当前程序中会包含一个和模块同名

任务编号	5-3	任务名称	导入 Numpy（数值运算库）包

且类型为 module 的变量，导入包也是如此：

```
import my_package
print(my_package)
print(my_package.__doc__)
print(type(my_package))
```

运行结果为：

```
http://c.biancheng.net/python/
<module 'my_package' from 'C:\\Users\\mengma\\Desktop\\my_package\\__init__.py'>
http://c.biancheng.net/
创建第一个 Python 包
<class 'module'>
```

2. from 包名 import 模块名 [as 别名]

仍以导入 my_package 包中的 module1 模块为例，使用此语法格式的实现代码如下：

```
from my_package import module1
module1.display("http://c.biancheng.net/golang/")
```

运行结果为：

```
http://c.biancheng.net/python/
http://c.biancheng.net/golang/
```

可以看到，使用此语法格式导入包中的模块后，在使用其成员时不需要带包名前缀，但需要带模块名前缀。

当然，也可以使用 as 为导入的指定模块定义别名，例如：

```
from my_package import module1 as module
module.display("http://c.biancheng.net/golang/")
```

此程序的输出结果和上面程序的完全相同。

同样，既然包也是模块，那么这种语法格式自然也支持 from 包名 import* 这种写法，它和 import 包名的作用一样，都只是将该包的 __init__.py 文件导入并执行。

3. from 包名 . 模块名 import 成员名 [as 别名]

此语法格式用于向程序中导入“包 . 模块”中的指定成员（变量、函数、类）。通过该方式导入的变量（函数、类），在使用时可以直接使用变量名（函数名、类名）调用，例如：

```
from my_package.module1 import display
display("http://c.biancheng.net/shell/")
```

运行结果为：

```
http://c.biancheng.net/python/
http://c.biancheng.net/shell/
```

当然，也可以使用 as 为导入的成员起一个别名，如图 5-16 所示。

任务编号	5-3	任务名称	导入 Numpy（数值运算库）包

```
1  from my_package.module1 import display as dis
2
3  dis("http://www.hljp.edu.cn/")
```

图 5-16　导入成员示例

该程序的运行结果和上面的相同。

另外，在使用此种语法格式加载指定包的指定模块时可以使用 * 代替成员名，表示加载该模块下的所有成员，如图 5-17 所示。

```
1  from my_package.module1 import *
2
3  display("http://www.hljp.edu.cn/")
```

图 5-17　加载模块示例

5.3.3 实施评量单

任务编号	5-3	任务名称	导入 Numpy（数值运算库）包	
	评量项目	自评	组长评价	教师评价
课堂表现	学习态度（15 分）			
	沟通合作（10 分）			
	回答问题（15 分）			
技能操作	导入 Numpy（20 分）			
	导入 Pygame（20 分）			
	导入 Graphics（20 分）			
学生签字	年　月　日	教师签字	年　月　日	

评量规准						
项目		A	B	C	D	E
课堂表现	学习态度	在积极主动、虚心求教、自主学习、细致严谨上表现优秀，令师生称赞。	在积极主动、虚心求教、自主学习、细致严谨上表现良好。	在积极主动、虚心求教、自主学习、细致严谨上表现较好。	在积极主动、虚心求教、自主学习、细致严谨上表现尚可。	在积极主动、虚心求教、自主学习、细致严谨上表现均有待加强。
	沟通合作	在师生和同学之间具有很好的沟通能力，在小组学习中具有很强的团队合作能力。	在师生和同学之间具有良好的沟通能力，在小组学习中具有良好的团队合作能力。	在师生和同学之间具有较好的沟通能力，在小组学习中具有较好的团队合作能力。	在师生和同学之间能够正常沟通，在小组学习中能够参与团队合作。	在师生和同学之间不能够正常沟通，在小组学习中不能够参与团队合作。
	回答问题	积极踊跃地回答问题，且全部正确。	比较积极踊跃地回答问题，且基本正确。	能够回答问题，且基本正确。	回答问题，但存在错误。	不能回答课堂提问。
技能操作	导入 Numpy	能独立、熟练、正确地导入 Numpy。	能独自较为熟练、正确地导入 Numpy。	能在他人提示下正确地导入 Numpy。	能在他人多次提示、帮助下导入 Numpy。	未能导入 Numpy。
	导入 Pygame	能独立、熟练地导入 Pygame。	能独自较为熟练地导入 Pygame。	能在他人提示下导入 Pygame。	能在他人多次提示、帮助下导入 Pygame。	未能导入 Pygame。
	导入 Graphics	能独立、熟练地导入Graphics。	能独自较为熟练地导入 Graphics。	能在他人提示下顺利地导入 Graphics。	能在他人多次提示、帮助下导入 Graphics。	未能导入 Graphics。

5.4 课后训练

一、填空题

1．如果文件作为顶层程序文件执行，在启动的时候 __name__ 就会被设置成字符串 __________。

2．Python 程序运行的方式分为 __________ 和脚本式。

3．Python 是一种面向 __________ 的高级语言。

4．Python 可以在多种平台上运行，这体现了 Python 语言的 __________ 特性。

二、判断题

1．退出 Python 时，模块文件中的代码就会消失。（　　）

2．Python 把导入的模块存储到命名为 sys.modules 的表中。（　　）

3．reload 函数会强制已加载模块的代码重新载入并重新执行。（　　）

4．import 语句中的目录路径只能是以点号间隔的变量。（　　）

三、选择题

1．在 Python 中，程序第一次导入文件时不会执行的步骤是（　　）。

A．搜索　　B．粘贴　　C．编译　　D．运行

2．下列选项中没有体现模块的作用的是（　　）。

A．代码更具可读性　　B．代码重用

C．系统命名空间的划分　　D．实现共享服务和数据

3．包导入语句路径中的每个目录都必须包含的文件是（　　）。

A．__init__.py　　B．__main__.py

C．__sys__.path　　D．__other__.py

4．以下关于 reload 的描述不正确的是（　　）。

A．reload 在 Python 中是一个函数，而不是一条语句

B．reload 传入的参数是一个已经存在的模块对象，而不是一个新的名称

C．reload 不会在模块当前命名空间内执行模块文件的新代码

D．reload 在 Python 3.x 中位于模块之中，并且必须导入才能使用

四、简答题

1．简述模块源代码文件怎样变成模块对象。

2．简述模块包目录内 _init_.py 文件的用途。

五、操作题

使用 Python 编写一个授权登录验证的模块。

项目 6 处理 Python 中的异常

思政目标

★ 培养直面困难、迎难而上的坚强意志。

学习目标

★ 了解异常的概念和类型，熟悉常见的几种异常。
★ 了解捕获异常的几种方式，熟悉 raise 语句和 assert 语句。
★ 掌握程序中传递异常的方法。
★ 掌握自定义异常与使用自定义异常的方法。

学习路径

★ 通过信息单掌握基本理论知识。
★ 通过任务单在实践中巩固和升华理论知识。
★ 通过评量单反馈学习中的不足和改进方向。
★ 通过课后训练再学习，再提高。

学习资源

★ 校内一体化教室。
★ 视频、PPT、习题答案等。
★ 网络资源。

学习任务

★ 初级任务：引发 3 种常见异常。
★ 中级任务：处理被除数为 0 的异常。
★ 高级任务：编写“设置密码”案例。

思维导图

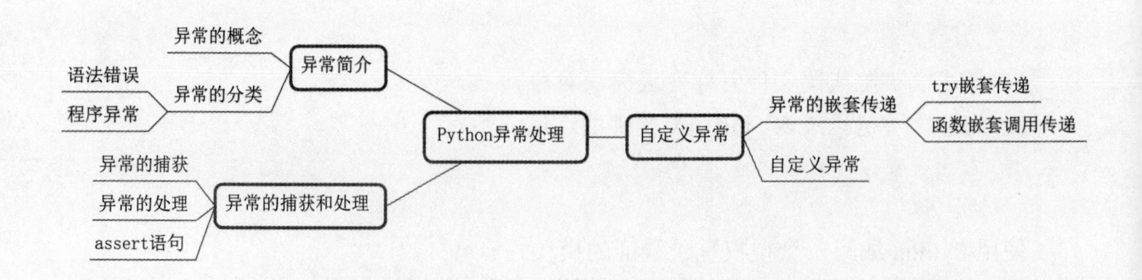

6.1 引发 3 种常见异常

6.1.1 实施任务单

<table>
<tr><td>任务编号</td><td>6-1</td><td>任务名称</td><td>引发 3 种常见异常</td></tr>
<tr><td>任务简介</td><td colspan="3">运用书中异常的概念和类型，创建 Python 文件，完成引发 3 种常见异常。</td></tr>
<tr><td>设备环境</td><td colspan="3">台式机或笔记本，建议 Windows 7 版本以上的 Windows 操作系统。</td></tr>
<tr><td>实施专业</td><td></td><td>实施班级</td><td></td></tr>
<tr><td>实施地点</td><td></td><td>小组成员</td><td></td></tr>
<tr><td>指导教师</td><td></td><td>联系方式</td><td></td></tr>
<tr><td>任务难度</td><td>初级</td><td>实施日期</td><td>年 月 日</td></tr>
<tr><td>任务要求</td><td colspan="3">创建 Python 文件，完成以下内容：
（1）输出访问一个未定义过的变量。
（2）定义一个空列表，访问空列表索引为 0 的数据。
（3）定义一个本地不存在的文件，引发异常。
（4）运行内容（1）的程序，运行结果如图 6-1 所示（本结果仅供参考）。
<pre>Traceback (most recent call last):
  File "E:/pycharm/pythonProject/main.py", line 1, in <module>
    print(text)
NameError: name 'text' is not defined</pre>
图 6-1　任务 1 运行结果</td></tr>
</table>

6.1.2 信息单

任务编号	6-1	任务名称	引发 3 种常见异常

异常简介

一、异常基础

（一）异常的产生原因

开发人员在编写程序时难免会遇到错误，有的是编写人员疏忽造成的语法错误，有的是程序内部隐含逻辑问题造成的数据错误，还有的是程序运行时与系统的规则冲突造成的系统错误等。

Python 使用被称为异常的特殊对象来管理程序执行期间发生的错误。每当发生让 Python 不知所措的错误时，它都会创建一个异常对象。如果编写了处理该异常的代码，则程序将继续运行；如果未对异常进行处理，则程序将停止，并显示一个 traceback，其中包含有关异常的报告。

（二）异常的作用

异常是使用 try － except 语句处理的。try － except 语句让 Python 执行指定的操作，同时告诉 Python 发生异常时怎么办。使用 try － except 语句时，即便出现异常，程序也将继续运行，即显示编写的友好的错误消息，而不是令用户迷惑的 traceback。

二、Python 常见异常类型

总的来说，编写程序时遇到的错误可大致分为两类：语法错误和运行时错误。

（一）Python 语法错误

语法错误，也就是解析代码时出现的错误。当代码不符合 Python 语法规则时，Python 解释器在解析时就会报出 SyntaxError 语法错误，与此同时还会明确指出最早探测到错误的语句，如图 6-2 所示。

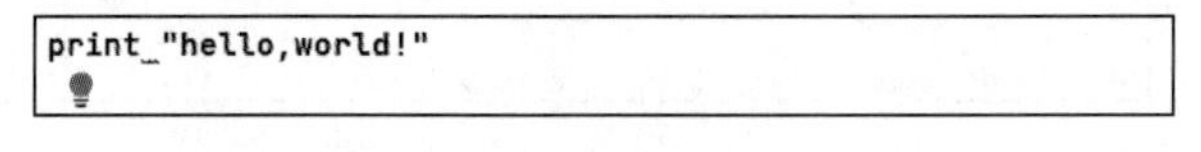

图 6-2 语法错误示例

我们知道，Python 3.0 已不再支持上面这种写法，所以在运行时，其解释器会报出图 6-3 所示的错误。

语法错误多是开发者疏忽导致的，属于真正意义上的错误，是 Python 解释器无法容忍的。因此，只有将程序中的所有语法错误全部纠正，程序才能执行。

任务编号	6-1	任务名称	引发 3 种常见异常

```
  File "D:\pycharm\PyCharm Community Edition 2021.1\plugins\python-ce\helpers\pydev\_pydev_imps\_p
    exec(compile(contents+"\n", file, 'exec'), glob, loc)
  File "C:/Users/17383/AppData/Roaming/JetBrains/PyCharmCE2021.1/scratches/scratch.py", line 1
    print "hello,world!"
          ^
SyntaxError: Missing parentheses in call to 'print'. Did you mean print("hello,world!")?

>>>
```

图 6-3　不支持语法报错示例

（二）Python 运行时错误

运行时错误，即程序在语法上都是正确的，但在运行时发生了错误。例如 a=1/0。

上面这句代码的意思是用 1 除以 0 并赋值给 a。因为 0 作除数是没有意义的，所以运行后会产生图 6-4 所示的错误。

```
  File "D:\pycharm\PyCharm Community Edition 2021.1\plugins\python-ce\helpers\pydev\_pydev_imps\_p
    exec(compile(contents+"\n", file, 'exec'), glob, loc)
  File "C:/Users/17383/AppData/Roaming/JetBrains/PyCharmCE2021.1/scratches/scratch.py", line 1
    print "hello,world!"
          ^
SyntaxError: Missing parentheses in call to 'print'. Did you mean print("hello,world!")?

>>>
```

图 6-4　运行时报错示例

以上运行输出结果中，前两段指明了错误的位置，最后一句表示出错的类型。

在 Python 中，把这种运行时产生错误的情况叫作异常。当一个程序发生异常时，代表该程序在执行时出现了非正常的情况，无法再执行下去。默认情况下，程序是要终止的。如果要避免程序退出，可以使用捕获异常的方式获取这个异常的名称，再通过其他的逻辑代码让程序继续运行，这种根据异常做出的逻辑处理叫作异常处理。

开发者可以使用异常处理全面地控制自己的程序。异常处理不仅能够管理正常的流程运行，还能够在程序出错时对程序进行必要的处理，从而极大地提高了程序的健壮性和人机交互的友好性。

那么，应该如何捕获和处理异常呢？可以使用 try 语句来实现。有关 try 语句的语法和用法会在后续项目中详细介绍。

6.1.3 实施评量单

任务编号	6-1	任务名称	引发 3 种常见异常	
	评量项目	自评	组长评价	教师评价
课堂表现	学习态度（15 分）			
	沟通合作（10 分）			
	回答问题（15 分）			
技能操作	运用 NameError 引发异常（20 分）			
	运用 IndexError 引发异常（20 分）			
	运用 FileNotFoundError 引发异常（20 分）			
学生签字	年 月 日	教师签字	年 月 日	

评量规准

项目		A	B	C	D	E
课堂表现	学习态度	在积极主动、虚心求教、自主学习、细致严谨上表现优秀，令师生称赞。	在积极主动、虚心求教、自主学习、细致严谨上表现良好。	在积极主动、虚心求教、自主学习、细致严谨上表现较好。	在积极主动、虚心求教、自主学习、细致严谨上表现尚可。	在积极主动、虚心求教、自主学习、细致严谨上表现均有待加强。
	沟通合作	在师生和同学之间具有很好的沟通能力，在小组学习中具有很强的团队合作能力。	在师生和同学之间具有良好的沟通能力，在小组学习中具有良好的团队合作能力。	在师生和同学之间具有较好的沟通能力，在小组学习中具有较好的团队合作能力。	在师生和同学之间能够正常沟通，在小组学习中能够参与团队合作。	在师生和同学之间不能够正常沟通，在小组学习中不能够参与团队合作。
	回答问题	积极踊跃地回答问题，且全部正确。	比较积极踊跃地回答问题，且基本正确。	能够回答问题，且基本正确。	回答问题，但存在错误。	不能回答课堂提问。
技能操作	运用 NameError 引发异常	能独立、熟练地运用 NameError 引发异常。	能独自较为熟练地运用 NameError 引发异常。	能在他人提示下顺利运用 NameError 引发异常。	能在他人多次提示、帮助下运用 NameError 引发异常。	未能运用 NameError 引发异常。
	运用 IndexError 引发异常	能独立、熟练地运用 IndexError 引发异常。	能独自较为熟练地运用 IndexError 引发异常。	能在他人提示下顺利运用 IndexError 引发异常。	能在他人多次提示、帮助下运用 IndexError 引发异常。	未能运用 IndexError 引发异常。
	运用 FileNotFound-Error 引发异常	能独立、熟练地运用 FileNotFoundError 引发异常。	能独自较为熟练地运用 FileNotFoundError 引发异常。	能在他人提示下顺利运用 FileNot-FoundError 引发异常。	能在他人多次提示、帮助下运用 FileNotFoundError 引发异常。	未能运用 FileNotFound-Error 引发异常。

6.2 处理被除数为 0 的异常

6.2.1 实施任务单

任务编号	6-2	任务名称	处理被除数为 0 的异常
任务简介	运用 try － except 语句创建 Python 异常捕捉处理文件，完成捕捉异常处理操作任务。		
设备环境	台式机或笔记本，建议 Windows 7 版本以上的 Windows 操作系统、Python 3.9.1 等。		
实施专业		实施班级	
实施地点		小组成员	
指导教师		联系方式	
任务难度	中级	实施日期	年　　月　　日
任务要求	创建 Python 文件，完成以下内容： （1）从键盘输入两个数，完成除法运算。 （2）如果除数不为 0，则正常计算。 （3）如果除数为 0，则对异常进行捕捉和处理，使程序正常结束。 （4）运行 Python 程序，运行结果如图 6-5 所示（本结果仅供参考）。 请输入被除数:1 请输入除数:0 出错了，原因: division by zero 进程已结束，退出代码为 0 图 6-5　任务 2 运行结果		

6.2.2 信息单

任务编号	6-2	任务名称	处理被除数为 0 的异常

异常的捕获和处理

一、异常的捕获

（一）try—except 语句语法结构

Python 中，用 try—except 语句块捕获并处理异常，其语法结构如下：

```
try:
    可能产生异常的代码块
except [ (Error1, Error2... ) [as e] ]:
    处理异常的代码块 1
except [ (Error3, Error4... ) [as e] ]:
    处理异常的代码块 2
except  [Exception]:
    处理其他异常
```

该格式中，[] 括起来的部分可以使用，也可以省略。

(Error1, Error2...)、(Error3, Error4...)：Error1、Error2、Error3 和 Error4 都是具体的异常类型，显然一个 except 代码块可以同时处理多种异常。

[as e]：作为可选参数，表示给异常类型起一个别名 e，这样做的好处是方便在 except 代码块中调用异常类型（后续会用到）。

[Exception]：作为可选参数，可以代指程序可能发生的所有异常情况，其通常用在最后一个 except 代码块中。

从 try—except 的基本语法格式可以看出，try 代码块有且仅有一个，但 except 代码块可以有多个，且每个 except 代码块都可以同时处理多种异常。

当程序发生不同的意外情况时，会对应特定的异常类型，Python 解释器会根据该异常类型选择对应的 except 代码块来处理该异常。

（二）try—except 语句执行流程

（1）执行 try 中的代码块，如果执行过程中出现异常，系统会自动生成一个异常类型，并将该异常提交给 Python 解释器，此过程称为捕获异常。

（2）当 Python 解释器收到异常对象时，会寻找能处理该异常对象的 except 代码块，如果找到合适的 except 代码块，则把该异常对象交给该 except 代码块处理，这个过程被称为处理异常。如果 Python 解释器找不到处理异常的 except 代码块，则程序运行终止，Python 解释器也将退出。

（3）事实上，不管程序代码块是否处于 try 代码块中，甚至包括 except 代码块中的代码，只要执行该代码块时出现了异常，系统就会自动生成对应类型的异常。但是，

任务编号	6-2	任务名称	处理被除数为 0 的异常

如果此段程序没有用 try 包裹，又或者没有为该异常配置处理它的 except 代码块，则 Python 解释器将无法处理，程序也就会停止运行；反之，如果程序发生的异常经 try 捕获并由 except 代码块处理完成，则程序可以继续执行，如图 6-6 所示。

```
try:
    a = int(input("输入被除数"))
    b = int(input("输入除数"))
    c = a/b
    print("您请输入的两个数相除的结果是", c)
except (ValueError,AttributeError):
    print("程序发生了数字格式异常、算术异常之一")
except :
    print("未知异常")
print("程序继续运行")
```

图 6-6　try—except 语句示例

图 6-6 所示的程序中，第 6 行代码使用了 ValueError,AttributeError 来指定所捕获的异常类型，这就表明该 except 代码块可以同时捕获这两种类型的异常；第 8 行代码只有 except 关键字，并未指定具体要捕获的异常类型，这种省略异常类的 except 语句也是合法的，它表示可捕获所有类型的异常，一般会作为异常捕获的最后一个 except 代码块。

除此之外，由于 try 代码块中引发了异常，并被 except 块成功捕获，因此程序可以继续执行，才有了“程序继续运行”的输出结果。

（三）获取特定异常的有关信息

通过前面的学习，我们已经可以捕获程序中可能发生的异常，并对其进行处理。但是，由于一个 except 代码块可以同时处理多个异常，那么我们如何知道当前处理的到底是哪种异常呢？

其实，每种异常类型都提供了以下 3 个属性和方法，通过调用它们就可以获取当前处理异常类型的相关信息：

（1）args：返回异常的错误编号和描述字符串。

（2）str(e)：返回异常信息，但不包括异常信息的类型。

（3）repr(e)：返回较全的异常信息，包括异常信息的类型。

特定异常示例如图 6-7 所示。

```
try:
    1/0
except Exception as e :
        #访问异常的错误信号和详细信息
    print(e.args)
    print(str(e))
    print(repr(e))
```

图 6-7　特定异常

任务编号	6-2	任务名称	处理被除数为 0 的异常

运行结果如图 6-8 所示。

```
D:\pycharm\新建文件夹\Scripts\python.exe C:/Users/17383/AppData/Roaming/JetBrains/PyCharmCE2021.1/scratches/scratch_1.py
('division by zero',)                    捕捉图像(C)  <CTRL><SHIFT><C>
division by zero
ZeroDivisionError('division by zero')

进程已结束，退出代码为 0
```

图 6-8　特定异常运行结果

从程序中可以看到，由于 except 代码块可能接收多种异常，因此为了操作方便，可以直接给每一个进入到此 except 代码块的异常起一个统一的别名 e。

在 Python 2.x 的早期版本中，除了使用 as e 这个格式，还可以将其中的 as 用逗号代替。

二、异常的处理

（一）if 判断处理异常

if 判断式的异常处理只能针对某一段代码，对于不同代码段的相同类型的错误需要写重复的 if 来进行处理。

在程序中频繁地写与程序本身无关，与异常处理有关的 if，会使代码可读性变得极差。

（二）try 判断处理异常

try—except 工作原理如下：

（1）当 Python 解释器遇到 try 关键字时，Python 会记录程序的上下文，如果程序出现异常，则会回到这里，开始执行 try 的子句，也就是 except 代码块里的代码。

（2）如果 try 代码块所包含的代码出现错误，则会触发第一个匹配到的 except 语句，异常处理完成后程序继续运行。

（3）如果 try 代码块所包含的代码出现错误后没有匹配到对应的 except 语句，则返回上一层 try 语句寻找，直到程序的最上层，然后程序结束。

（4）如果在 try 代码块所包含的代码执行时没有发生异常，Python 将执行 else 语句后的语句（如果有 else 语句的话），然后控制流程通过整个 try 语句。

（5）当然如果 try 代码块中含有 finally 语句，无论是否遇到异常，都会运行下面的代码。

（三）异常处理经验总结

（1）只处理知道的异常，避免捕获所有异常然后吞掉它们。

（2）抛出的异常应该说明原因，有时候知道异常类型也猜不出原因。

（3）不要使用异常来控制流程，否则程序会无比难懂和难维护。

（4）如果有需要，切记使用 finally 语句来释放资源。

6.2.3 实施评量单

任务编号	6-2	任务名称	处理被除数为 0 的异常	
评量项目		自评	组长评价	教师评价
课堂表现	学习态度（15 分）			
	沟通合作（10 分）			
	回答问题（15 分）			
技能操作	键盘输入数据（30 分）			
	处理异常（30 分）			
学生签字	年 月 日	教师签字	年 月 日	

评量规准						
项目		A	B	C	D	E
课堂表现	学习态度	在积极主动、虚心求教、自主学习、细致严谨上表现优秀，令师生称赞。	在积极主动、虚心求教、自主学习、细致严谨上表现良好。	在积极主动、虚心求教、自主学习、细致严谨上表现较好。	在积极主动、虚心求教、自主学习、细致严谨上表现尚可。	在积极主动、虚心求教、自主学习、细致严谨上表现均有待加强。
	沟通合作	在师生和同学之间具有很好的沟通能力，在小组学习中具有很强的团队合作能力。	在师生和同学之间具有良好的沟通能力，在小组学习中具有良好的团队合作能力。	在师生和同学之间具有较好的沟通能力，在小组学习中具有较好的团队合作能力。	在师生和同学之间能够正常沟通，在小组学习中能够参与团队合作。	在师生和同学之间不能够正常沟通，在小组学习中不能够参与团队合作。
	回答问题	积极踊跃地回答问题，且全部正确。	比较积极踊跃地回答问题，且基本正确。	能够回答问题，且基本正确。	回答问题，但存在错误。	不能回答课堂提问。
技能操作	键盘键入数据	能独立、熟练地完成键盘键入数据。	能独自较为熟练地完成键盘键入数据。	能在他人提示下顺利完成键盘键入数据。	能在他人多次提示、帮助下完成键盘键入数据。	未能完成键盘键入数据。
	处理异常	能独立、熟练地处理异常。	能独自较为熟练地处理异常。	能在他人提示下顺利处理异常。	能在他人多次提示、帮助下处理异常。	未能处理异常。

6.3 编写“设置密码”案例

6.3.1 实施任务单

<table>
<tr><td>任务编号</td><td>6-3</td><td>任务名称</td><td>编写“设置密码”案例</td></tr>
<tr><td>任务简介</td><td colspan="3">运用 Python 先定义一个继承的类并在类中添加属性，然后用 try—except_else 语句创建 Python 文件，完成设置密码案例。</td></tr>
<tr><td>设备环境</td><td colspan="3">台式机或笔记本，建议 Windows 7 版本以上的 Windows 操作系统、Python 3.9.1 等。</td></tr>
<tr><td>实施专业</td><td></td><td>实施班级</td><td></td></tr>
<tr><td>实施地点</td><td></td><td>小组成员</td><td></td></tr>
<tr><td>指导教师</td><td></td><td>联系方式</td><td></td></tr>
<tr><td>任务难度</td><td>高级</td><td>实施日期</td><td>年　　月　　日</td></tr>
<tr><td>任务要求</td><td colspan="3">创建 Python 文件，完成以下内容：
（1）定义一个继承 Exception 的 ShortInputError 类。
（2）在类中添加属性限制密码长度。
（3）通过 try—except 语句捕获并处理异常。
（4）运行 Python 程序，运行结果如图 6-9 所示（本结果仅供参考）。

请输入密码:123
密码设置成功

进程已结束，退出代码为 0

图 6-9　任务 3 运行结果</td></tr>
</table>

6.3.2 信息单

任务编号	6-3	任务名称	编写“设置密码”案例

自定义异常

自定义异常

（一）自定义异常中 try-except 语句语法结构

Python 允许用户自定义异常类型。在实际开发中，有时候系统提供的异常类型不能满足开发的需要，这时就可以创建一个新的异常类来拥有自己的异常。

其实，在前面的项目中已经涉及了异常类的创建，如图 6-10 所示。

```
class SelfExceptionError(Exception):
    pass
try:
    raise SelfExceptionError()
except SelfExceptionError as err:
    print("捕捉自定义异常")
```

图 6-10　自定义异常示例

可以看到，此程序中自定义了一个名为 SelfExceptionError 的异常类，只不过该类是一个空类。

（二）自定义异常命名

由于大多数 Python 内置异常的名字都以 Error 结尾，所以实际命名时尽量与标准的异常命名一样。

除了在代码运行出错时触发错误，我们还可以主动控制抛出异常，即通过使用关键字 raise（类似 Java 语言中的 throw）。

（三）自定义异常的原因

（1）Python 提供的内建异常不够用。

（2）可以预估某个错误的产生。

（3）定义异常类

（4）继承于 Exception 类，由它开始扩展。

（5）自定义的 NotIntError 异常类，捕获非整型错误。

（四）assert 语句

当 Expression 部分为 True 时，正确执行，程序继续运行；如果判断为 False，则抛出后面的错误提示。

在大型的项目中，assert 关键字常被用来作为“防御性编程”。

6.3.3 实施评量单

任务编号	6-3	任务名称	编写“设置”案例	
评量项目		自评	组长评价	教师评价
课堂表现	学习态度（15 分）			
	沟通合作（10 分）			
	回答问题（15 分）			
技能操作	编写基本程序（30 分）			
	完成异常处理（30 分）			
学生签字	年　月　日	教师签字	年　月　日	

评量规准						
项目		A	B	C	D	E
课堂表现	学习态度	在积极主动、虚心求教、自主学习、细致严谨上表现优秀，令师生称赞。	在积极主动、虚心求教、自主学习、细致严谨上表现良好。	在积极主动、虚心求教、自主学习、细致严谨上表现较好。	在积极主动、虚心求教、自主学习、细致严谨上表现尚可。	在积极主动、虚心求教、自主学习、细致严谨上表现均有待加强。
	沟通合作	在师生和同学之间具有很好的沟通能力，在小组学习中具有很强的团队合作能力。	在师生和同学之间具有良好的沟通能力，在小组学习中具有良好的团队合作能力。	在师生和同学之间具有较好的沟通能力，在小组学习中具有较好的团队合作能力。	在师生和同学之间能够正常沟通，在小组学习中能够参与团队合作。	在师生和同学之间不能够正常沟通，在小组学习中不能够参与团队合作。
	回答问题	积极踊跃地回答问题，且全部正确。	比较积极踊跃地回答问题，且基本正确。	能够回答问题，且基本正确。	回答问题，但存在错误。	不能回答课堂提问。
技能操作	编写基本程序	能独立、熟练地完成程序编写。	能独自较为熟练地完成程序编写。	能在他人提示下完成程序编写。	能在他人多次提示、帮助下完成程序编写。	未能完成程序编写。
	完成异常处理	能独立、熟练地完成异常处理。	能独自较为熟练地完成异常处理。	能在他人提示下完成异常处理。	能在他人多次提示、帮助下完成异常处理。	未能完成异常处理。

6.4 课后训练

一、填空题

1．编写程序时遇到的错误可大致分为两类，分别为 __________ 和 __________。

2．语法错误，也就是解析代码时出现的错误。当代码不符合 Python 语法规则时，Python 解释器在解析时就会报出 __________ 语法错误

3．运行时错误，即程序在 __________ 上都是正确的，但在运行时发生了错误。

4．Python 中，用 __________ 语句块捕获并处理异常。

二、判断题

1．在 try—except 语句中，如果 try 代码块的语句引发了异常则会执行 except 代码块中的代码。（　　）

2．异常处理结构中 finally 代码块中的代码仍然有可能出错从而再次引发异常。（　　）

3．程序中异常处理结构在大多数情况下是没有必要的。（　　）

4．带有 else 子句的异常处理结构，如果不发生异常，则执行 else 子句中的代码。（　　）

三、选择题

1．Python 中用来抛出异常的关键字是（　　）。

A．try　　B．except　　C．raise　　D．finally

2．（　　）类是所有异常类的父类。

A．Throwable　　B．Error　　C．Exception　　D．BaseException

3．对于 except 语句的排列，下列选项中正确的是（　　）。

A．父类在先，子类在后　　B．子类在先，父类在后

C．没有顺序，谁在前谁先捕获　　D．先有子类，其他如何排列都无关

4．在异常处理中，如释放资源、关闭文件、关闭数据库等由（　　）来完成。

A．try 语句　　B．catch 子句　　C．finally 语句　　D．raise 子句

四、简答题

简述异常处理的 3 个优点。

五、操作题

编写程序模拟用户登录过程，提示输入用户名和密码，用户名必须为 3 ～ 8 位，且由字母和汉字组成，密码必须由 6 位数字组成，否则抛出相应的错误提示。

项目 7
运用 Python 序列

思政目标

★ 养成爱岗敬业、履职尽责的职业精神。

学习目标

★ 熟知 Python 序列的基本概念。
★ 熟知 Python 序列的常见类型。
★ 熟知 Python 序列的元素。
★ 熟练使用 Python 进行序列的相关操作，包括通用操作和特殊操作。

学习路径

★ 通过信息单掌握基本理论知识。
★ 通过任务单在实践中巩固和升华理论知识。
★ 通过评量单反馈学习中的不足和改进方向。
★ 通过课后训练再学习，再提高。

学习资源

★ 校内一体化教室。
★ 视频、PPT、习题答案等。
★ 网络资源。

学习任务

★ 初级任务：对序列进行赋值和输出。
★ 中级任务：获取序列中出现次数最多的元素。
★ 高级任务：计算运动员参赛平均分。

思维导图

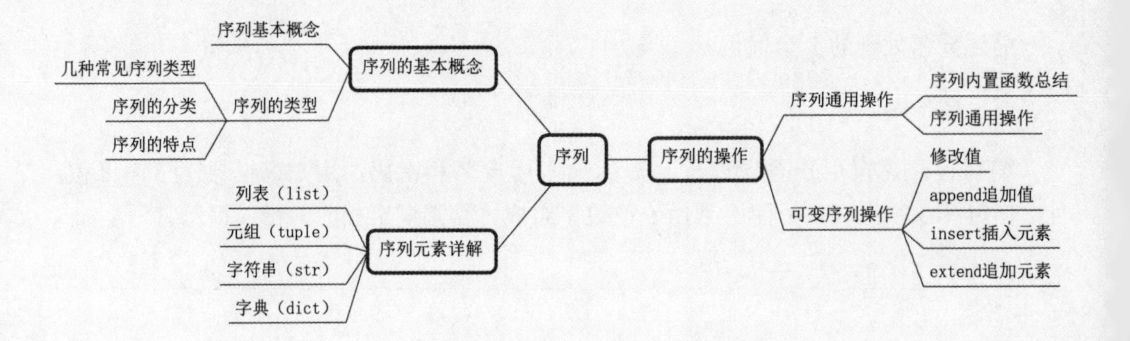

7.1 对序列进行赋值和输出

7.1.1 实施任务单

任务编号	7-1	任务名称	对序列进行赋值和输出
任务简介	在操作序列之前，先要对其进行了解，包括概念和序列类型。序列类型包括常见的序列类型、分类以及各自的特点。		
设备环境	台式机或笔记本，建议 Windows 7 版本以上的 Windows 操作系统。		
实施专业		实施班级	
实施地点		小组成员	
指导教师		联系方式	
任务难度	初级	实施日期	年　月　日
任务要求	对给定序列 list=[5,6,'!',8,'E'] 进行相关操作，运行输出结果并判断 list 的序列类型，完成以下内容： （1）根据序列类型可以判断这是一个可变序列，进而可以进行修改值等操作。 （2）可以对序列 list 中的第一个元素进行重新赋值，由之前的 5 更改为 9。 （3）可以对更改后的序列 list 输出所有元素。 （4）可以对序列 list 进行范围切片操作。 运行结果如图 7-1 所示（本结果仅供参考）。 D:\pythontest\venv\Scripts\python.exe D:/pythontest/main.py [9, 6, '!', 8, 'E'] ['!', 8, 'E'] [9, 6] [6, '!'] ['!', 8] Process finished with exit code 0 图 7-1　任务 1 运行结果			

7.1.2　信息单

任务编号	7-1	任务名称	对序列进行赋值和输出

一、序列基本概念

（一）组合数据类型

在学习 Python 中的序列之前，先了解下数据结构的概念。

数据结构指的是通过某种形式将一组数据元素组织在一起形成的集合，这些数据元素可以是数字、字符、字符串，亦或是数据结构。Python 中最基本的数据结构就是序列。

Python 的组合数据类型，是由基本数据类型组合而成的。当我们需要处理的问题较为复杂时，仅用基本数据类型无法满足要求，这时就要使用到组合数据类型。组合数据类型可分为集合类型、序列类型、映射类型。其中序列类型是有序类型，集合类型和映射类型是无序类型。具体可参考图 7-2。

常用的组合数据类型：
- 集合类型：元素集合，元素之间无序，相同元素在集合中唯一存在；集合类型的典型代表是集合（set）
- 序列类型：元素向量，元素之间存在先后关系，通过序号访问，元素之间不排他；序列类型的典型代表是字符串（str）、列表（list）、元组（tuple）
- 映射类型："键 - 值"数据项的组合，每个元素是一个键值对，表示为（key，value）；映射类型的典型代表是字典（dict）

图 7-2　常用的数据组合类型

（二）序列基本概念

1. 序列概念

序列，英文名为 Sequence，是 Python 的一种内置类型，指的是一块可存放多个值的连续内存空间，这些值按一定顺序排列，可通过每个值所在位置的编号（称为索引）进行访问。可以将它看作是一家旅店，那么店中的每个房间就如同序列存储数据的一个个内存空间，每个房间所特有的房间号就相当于索引值。也就是说，通过房间号（索引）我们可以找到这家旅店（序列）中的每个房间（内存空间）。

序列用于保存一组有序的数据，所有的数据在序列当中都有一个唯一的位置（索引），并且序列中的数据会按照添加的顺序来分配索引。它是一种基础的数据类型结构。

任务编号	7-1	任务名称	对序列进行赋值和输出

2. 程序举例

我们定义一个序列 list，内容是 [5,6,7,8,9]，程序如下：

```
list = [5,6,7,8,9]
print(list[:])
print(list[2:])
print(list[:2])
print(list[1:3])
print(list[2:4])
```

运行结果如图 7-3 所示。

```
D:\pythontest\venv\Scripts\python.exe D:/pythontest/main.py
[5, 6, 7, 8, 9]
[7, 8, 9]
[5, 6]
[6, 7]
[7, 8]

Process finished with exit code 0
```

图 7-3　序列运行结果

对上述的简单序列程序进行运行，从运行结果可以看到，分别对 list 序列进行了输出整个序列、部分输出序列的操作。这些操作后续会在“序列操作”任务中进行详细讲解。

二、序列类型

序列类型

（一）几种常见序列类型

我们知道序列是 Python 中最基本的数据结构。常见的 Python 序列有列表（list）、元组（tuple）、字符串（str）、字节串（bytes）、字节数组（byte array，相当于 bytes 的可变版本）、range 对象。

3 种基本的序列类型是列表（list）、定值表（或翻译为元组 .tuple）、范围（range）。可以看作是 Python Interpreter 定义了这样 3 个类。列表和元组用于顺序存储数据，所有元素占用一块连续的内存空间，每个元素都有自己的索引，可以通过索引直接访问特定元素。它们的区别在于：列表是可以修改的，而元组是不可修改的。字符串是一种常见的序列，可以通过索引直接访问其中的特定字符。

（二）序列的分类

对上述常用的序列类型进行分类，可分为可变序列和不可变序列。

可变序列就是创建一个序列后可以改变元素，就如同排好队的小朋友之间的位置可以互换、可以插队等。可变序列包括列表和字节数组。

不可变序列是指序列一旦创建后就不可以修改了，就如同排好队的小朋友都十分

任务编号	7-1	任务名称	对序列进行赋值和输出

地遵守规则，不让人插队，不给互换位置等。不可变序列包括元组、字节串、字符串、rang 对象。

例如：

```
a=[1,2,3,4]
a[0] = 0          # 对第一个元素进行赋值
a.append(5)       # 添加一个元素
```

因为 list 是可变序列，所以对 list 进行修改是可以的。但是对不可变序列的元组如果同列表那样操作，则不可以的。

（三）序列的特点

根据列表、元组和字符串的共同特点我们将它们统称为常用序列，具有以下 4 个共同点：

（1）都可以通过索引得到每一个元素。

（2）默认索引值总是从 0 开始（当然灵活的 Python 还支持负数索引）。

（3）可以通过分片的方法得到一个范围内的元素的集合。

（4）有很多共同的操作符（重复操作符、拼接操作符、成员关系操作符）。

7.1.3 实施评量单

任务编号	7-1	任务名称	对序列进行赋值和输出	
评量项目		自评	组长评价	教师评价
课堂表现	学习态度（15 分）			
	沟通合作（10 分）			
	回答问题（15 分）			
技能操作	序列元素赋值（20 分）			
	序列元素输出（20 分）			
	list 序列切片（20 分）			
学生签字	年　月　日	教师签字	年　月　日	

评量规准						
项目		A	B	C	D	E
课堂表现	学习态度	在积极主动、虚心求教、自主学习、细致严谨上表现优秀，令师生称赞。	在积极主动、虚心求教、自主学习、细致严谨上表现良好。	在积极主动、虚心求教、自主学习、细致严谨上表现较好。	在积极主动、虚心求教、自主学习、细致严谨上表现尚可。	在积极主动、虚心求教、自主学习、细致严谨上表现均有待加强。
	沟通合作	在师生和同学之间具有很好的沟通能力，在小组学习中具有很强的团队合作能力。	在师生和同学之间具有良好的沟通能力，在小组学习中具有良好的团队合作能力。	在师生和同学之间具有较好的沟通能力，在小组学习中具有较好的团队合作能力。	在师生和同学之间能够正常沟通，在小组学习中能够参与团队合作。	在师生和同学之间不能够正常沟通，在小组学习中不能够参与团队合作。
	回答问题	积极踊跃地回答问题，且全部正确。	比较积极踊跃地回答问题，且基本正确。	能够回答问题，且基本正确。	回答问题，但存在错误。	不能回答课堂提问。
技能操作	序列元素赋值	能非常熟练地完成序列元素赋值。	能较为熟练地完成序列元素赋值。	能在提示下完成序列元素赋值。	能完成序列元素赋值，但出现错误。	未能完成序列元素赋值。
	序列元素输出	能非常熟练地完成序列元素输出。	能较为熟练地完成序列元素输出。	能在提示下完成序列元素输出。	能完成序列元素输出，但出现错误。	未能完成序列元素输出。
	list 序列切片	能非常熟练地完成 list 序列切片。	能较为熟练地完成 list 序列切片。	能在提示下完成 list 序列切片。	能完成 list 序列切片，但出现错误。	未能完成 list 序列切片。

7.2　获取序列中出现次数最多的元素

7.2.1　实施任务单

<table>
<tr><td>任务编号</td><td>7-2</td><td>任务名称</td><td>获取序列中出现次数最多的元素</td></tr>
<tr><td>任务简介</td><td colspan="3">通过前面的学习，我们已经了解了 Python 序列的相关概念、分类和特点，接下来就对各种序列进行详细讲解。</td></tr>
<tr><td>设备环境</td><td colspan="3">台式机或笔记本，建议 Windows 7 版本以上的 Windows 操作系统、Python 3.9.1 等。</td></tr>
<tr><td>实施专业</td><td></td><td>实施班级</td><td></td></tr>
<tr><td>实施地点</td><td></td><td>小组成员</td><td></td></tr>
<tr><td>指导教师</td><td></td><td>联系方式</td><td></td></tr>
<tr><td>任务难度</td><td>中级</td><td>实施日期</td><td>年　　月　　日</td></tr>
<tr><td>任务要求</td><td colspan="3">获取某序列中出现次数最多的元素，完成以下内容：
（1）可以用列表来完成，将一些元素放在一个列表中。
（2）定义两个变量，分别用来计算出现的次数。
（3）用 for 循环（参数变量为出现的次数）来实现对出现次数的累加计数，存到参数变量中。
（4）如果判断出最后出现次数最多的数，则打印出参数变量的数值。
运行结果如图 7-4 所示（本结果仅供参考）。
<pre>D:\pythontest\venv\Scripts\python.exe D:/pythontest/main.py
9
5

Process finished with exit code 0</pre>
图 7-4　任务 2 运行结果</td></tr>
</table>

7.2.2 信息单

任务编号	7-2	任务名称	获取序列中出现次数最多的元素

Python 的常用序列类型为列表（list）、元组（tuple）、字符串（str）。在任务中，我们对这些常用的序列类型进行讲解，讲解内容为元素类型和操作规则。字符串部分，由于后续会进行专门讲解，因此在本任务中不做过多讲解。

一、列表（list）

（一）列表定义

在实际开发中，经常需要将一组（不只一个）数据存储起来，以便后面的代码使用。我们可以使用数组（Array）把多个数据存储到一起，通过数组下标可以访问数组中的每个元素。

列表对象是高级数据结构的一种，类型为 list。

列表是可变序列，通常用于存放同类项目的集合。但其没做限制，因此可以存放任意对象。列表里面可以有不同的数据类型，甚至还可以包含另一个列表，而数组要求数据类型必须一致。列表用方括号表示，数据之间用逗号隔开，下标从 0 开始。

列表的格式如下：

```
list = [ 元素 1, 元素 2, 元素 3,...]
```

其中，各个元素的数据类型可以不同。

（二）列表操作

列表的创建与访问

列表是可变序列，可以实现添加、修改、插入、删除等操作。

1. 列表创建

在 Python 中，创建列表的方法分为使用 [] 直接创建列表和使用 list() 函数创建列表两种。

（1）使用 [] 直接创建列表。使用 [] 创建列表后，一般用等号将它赋值给某个变量，格式如下：

```
listname = [a, b, c, ..., x]
```

其中，listname 表示变量名，a~x 表示列表元素。

例如，下面定义的列表都是合法的：

```
num = [1, 2, 3, 4, 5, 6, 7]
name = ["hello hello", "http://www.baidu.com"]
program = [" 你好 ", "basketball", "student"]
```

另外，使用此方式创建列表时，列表中的元素可以有多个，也可以一个都没有。例如 emptylist = []，这表明 emptylist 是一个空列表。

（2）使用 list() 函数创建列表。除了使用 [ ] 创建列表外，Python 还提供了一个内置的函数 list()，可以将其他数据类型转换为列表类型。

任务编号	7-2	任务名称	获取序列中出现次数最多的元素

1）将字符串转换成列表。程序如下：

```
list1 = list("hello")
print(list1)
```

运行结果如图 7-5 所示。

```
D:\pythontest\venv\Scripts\python.exe D:/pythontest/main.py
['h', 'e', 'l', 'l', 'o']

Process finished with exit code 0
```

图 7-5　将字符串转换成列表运行结果

2）将元组转换成列表。程序如下：

```
tuple1 = ('Python', 'Java', 'C++', 'JavaScript')
list2 = list(tuple1)
print(list2)
```

运行结果如图 7-6 所示。

```
D:\pythontest\venv\Scripts\python.exe D:/pythontest/main.py
['Python', 'Java', 'C++', 'JavaScript']

Process finished with exit code 0
```

图 7-6　将元组转换成列表运行结果

2. 访问列表元素

列表是 Python 序列的一种，可以使用索引访问列表中的某个元素（得到的是一个元素的值），也可以使用切片访问列表中的一组元素（得到的是一个新的子列表）。

（1）使用索引访问列表元素。格式如下：

```
listname[i]
```

其中，listname 表示列表名，i 表示索引值。列表的索引可以是正数，也可以是负数。

（2）使用切片访问列表元素。格式如下：

```
listname[start : end : step]
```

其中，listname 表示列表名，start 表示起始索引，end 表示结束索引，step 表示步长。

访问列表元素的程序代码如下：

```
url = list("http://www.hljusd.edu.cn/shell/")
# 使用索引访问列表中的某个元素
print(url[3]) # 使用正数索引
print(url[-4]) # 使用负数索引
# 使用切片访问列表中的一组元素
print(url[9: 18]) # 使用正数切片
print(url[9: 18: 3]) # 指定步长
print(url[-6: -1]) # 使用负数切片
```

任务编号	7-2	任务名称	获取序列中出现次数最多的元素

运行结果如图 7-7 所示。

```
D:\pythontest\venv\Scripts\python.exe D:/pythontest/main.py
p
e
['w', '.', 'h', 'l', 'j', 'u', 's', 'd', '.']
['w', 'l', 's']
['s', 'h', 'e', 'l', 'l']

Process finished with exit code 0
```

图 7-7 访问列表元素运行结果

3. 删除列表

对于已经创建的列表，如果不再使用，可以使用 del 关键字将其删除。但实际开发中并不经常使用 del 来删除列表，因为 Python 自带的垃圾回收机制会自动销毁无用的列表，即使开发者不手动删除，Python 也会自动将其回收。

del 关键字的语法格式如下：

```
del listname
```

其中，listname 表示要删除列表的名称。

删除列表程序如下：

```
intlist = [1, 45, 8, 34]
del intlist
print(intlist)
```

运行结果如图 7-8 所示。

```
D:\pythontest\venv\Scripts\python.exe D:/pythontest/main.py
Traceback (most recent call last):
  File "D:/pythontest/main.py", line 3, in <module>
    print(intlist)
NameError: name 'intlist' is not defined

Process finished with exit code 1
```

图 7-8 删除列表运行结果

列表添加元素

以上结果表明 intlist 列表不存在，已经被删除。

4. 列表添加元素

实际开发中，经常需要对 Python 列表进行更新，包括向列表中添加元素、修改列表中的元素、删除元素。向列表中添加元素的方法有以下 4 种：

（1）使用“+”运算符可以将多个序列连接起来。列表是序列的一种，所以也可以使用“+”进行连接，这样就相当于在第一个列表的末尾添加了另一个列表。

程序如下：

```
language = ["Python", "C++", "Java"]
birthday = [1991, 1998, 1995]
```

任务编号	7-2	任务名称	获取序列中出现次数最多的元素

```
info = language + birthday
print("language =", language)
print("birthday =", birthday)
print("info =", info)
```

运行结果如图 7-9 所示。

```
D:\pythontest\venv\Scripts\python.exe D:/pythontest/main.py
language = ['Python', 'C++', 'Java']
birthday = [1991, 1998, 1995]
info = ['Python', 'C++', 'Java', 1991, 1998, 1995]

Process finished with exit code 0
```

图 7-9　使用“+”运算符连接序列运行结果

从运行结果可以发现，使用“+”运算符会生成一个新的列表，原有的列表不会被改变。“+”运算符更多的是用来拼接列表，而且执行效率并不高。如果想在列表中插入元素，则应该使用下面专门的方法。

（2）使用 append() 方法添加元素。append() 方法用于在列表的末尾追加元素，语法格式如下：

```
listname.append(obj)
```

其中，listname 表示要添加元素的列表；obj 表示添加到列表末尾的数据，它可以是单个元素，也可以是列表、元组等。

程序如下：

```
l = ['Python', 'C++', 'Java']
l.append('PHP')                    # 追加元素
print(l)
t = ('JavaScript', 'C#', 'Go')     # 追加元组，整个元组被当成一个元素
l.append(t)
print(l)
l.append(['Ruby', 'SQL'])          # 追加列表，整个列表被当成一个元素
print(l)
```

运行结果如图 7-10 所示。

```
D:\pythontest\venv\Scripts\python.exe D:/pythontest/main.py
['Python', 'C++', 'Java', 'PHP']
['Python', 'C++', 'Java', 'PHP', ('JavaScript', 'C#', 'Go')]
['Python', 'C++', 'Java', 'PHP', ('JavaScript', 'C#', 'Go'), ['Ruby', 'SQL']]

Process finished with exit code 0
```

图 7-10　使用 append() 方法添加元素运行结果

从运行结果可以发现，当给 append() 方法传递列表或者元组时，此方法会将它们视为一个整体，作为一个元素添加到列表中，从而形成包含列表和元组的新列表。

任务编号	7-2	任务名称	获取序列中出现次数最多的元素

（3）使用 extend() 方法添加元素。extend() 方法和 append() 方法的不同之处在于，extend() 方法不会把列表或者元组视为一个整体，而是把它们包含的元素逐个添加到列表中，语法格式如下：

```
listname.extend(obj)
```

其中，listname 表示要添加元素的列表；obj 表示添加到列表末尾的数据，它可以是单个元素，也可以是列表、元组等，但不能是单个的数字。

（4）insert() 方法插入元素。append() 方法和 extend() 方法只能在列表末尾插入元素，如果希望在列表中间的某个位置插入元素，那么可以使用 insert() 方法，语法格式如下：

```
listname.insert(index , obj)
```

其中，index 表示指定位置的索引值，insert() 会将 obj 插入 listname 列表的第 index 个元素的位置。

当插入列表或者元组时，insert() 方法也会将它们视为一个整体，作为一个元素插入到列表中，这一点和 append() 方法是一样的。

程序如下：

```
l = ['Python', 'C++', 'Java']
l.insert(1, 'C')                          # 插入元素
print(l)
t = ('C#', 'Go')                          # 插入元组，整个元组被当成一个元素
l.insert(2, t)
print(l)
l.insert(3, ['Ruby', 'SQL'])              # 插入列表，整个列表被当成一个元素
print(l)
l.insert(0, "http://c.biancheng.net")     # 插入字符串，整个字符串被当成一个元素
print(l)
```

运行结果如图 7-11 所示。

```
D:\pythontest\venv\Scripts\python.exe D:/pythontest/main.py
['Python', 'C', 'C++', 'Java']
['Python', 'C', ('C#', 'Go'), 'C++', 'Java']
['Python', 'C', ('C#', 'Go'), ['Ruby', 'SQL'], 'C++', 'Java']
['http://c.biancheng.net', 'Python', 'C', ('C#', 'Go'), ['Ruby', 'SQL'], 'C++', 'Java']

Process finished with exit code 0
```

图 7-11　insert() 方法插入元素运行结果

注意：insert() 方法主要用来在列表的中间位置插入元素，如果仅希望在列表的末尾追加元素，则建议使用 append() 方法和 extend() 方法。

5. 列表删除元素

从列表删除元素的方法有以下 3 种：

（1）del：根据索引值删除元素。del 是 Python 中的关键字，专门用来执行删除操作。

任务编号	7-2	任务名称	获取序列中出现次数最多的元素

它不仅可以删除整个列表，还可以删除列表中的某些元素。我们在前面已经讲解了如何删除整个列表，所以接下来只讲解如何删除列表元素。del 可以删除列表中的单个元素，格式如下：

```
del listname[index]
```

其中，listname 表示列表名称，index 表示元素的索引值。del 也可以删除列表中间一段连续的元素，格式如下：

```
del listname[start : end]
```

其中，start 表示起始索引，end 表示结束索引。del 会删除从索引 start 到 end 之间的元素，但不包括 end 位置的元素。

使用 del 删除单个列表元素，程序如下：

```
lang = ["Python", "C++", "Java", "PHP", "Ruby", "MATLAB"]
del lang[2]         # 使用正数索引
print(lang)
del lang[-2]        # 使用负数索引
print(lang)
```

运行结果如图 7-12 所示。

```
D:\pythontest\venv\Scripts\python.exe D:/pythontest/main.py
['Python', 'C++', 'PHP', 'Ruby', 'MATLAB']
['Python', 'C++', 'PHP', 'MATLAB']

Process finished with exit code 0
```

图 7-12　使用 del 删除单个列表元素运行结果

（2）remove()：根据元素值进行删除。除了 del 关键字，Python 还提供了 remove() 方法，该方法会根据元素本身的值来进行删除操作。

需要注意的是，remove() 方法只会删除第一个和指定值相同的元素，而且必须保证该元素是存在的，否则会引发 ValueError 错误。

remove() 方法示例程序如下：

```
nums = [40, 36, 89, 2, 36, 100, 7]
nums.remove(36)      # 第一次删除 36
print(nums)
nums.remove(36)      # 第二次删除 36
print(nums)
nums.remove(78)      # 删除 78
print(nums)
```

运行结果如图 7-13 所示。

任务编号	7-2	任务名称	获取序列中出现次数最多的元素

```
D:\pythontest\venv\Scripts\python.exe D:/pythontest/main.py
[40, 89, 2, 36, 100, 7]
[40, 89, 2, 100, 7]
Traceback (most recent call last):
  File "D:/pythontest/main.py", line 8, in <module>
    nums.remove(78)
ValueError: list.remove(x): x not in list

Process finished with exit code 1
```

图 7-13　remove() 方法示例程序运行结果

从运行结果可以发现最后一次删除，因为 78 不存在于列表导致报错，所以我们在使用 remove() 方法删除元素时最好提前判断该元素是否在列表中。

（3）clear()：删除列表的所有元素。

clear() 方法用来删除列表的所有元素，即清空列表。

6. 列表修改元素

Python 提供了两种修改列表元素的方法，可以每次修改单个元素，也可以每次修改一组元素（多个）。

（1）修改单个元素。修改单个元素非常简单，直接对元素赋值即可。程序如下：

```
nums = [40, 36, 89, 2, 36, 100, 7]
nums[2] = -26          # 使用正数索引
nums[-3] = -66.2       # 使用负数索引
print(nums)
```

运行结果如图 7-14 所示。

```
D:\pythontest\venv\Scripts\python.exe D:/pythontest/main.py
[40, 36, -26, 2, -66.2, 100, 7]

Process finished with exit code 0
```

图 7-14　修改单个元素运行结果

从运行结果可以看到，使用索引得到列表元素后，通过等号赋值就改变了元素的值。

（2）修改一组元素。Python 支持通过切片语法给一组元素赋值。

在进行这种操作时，如果不指定步长（step 参数），那么 Python 就不要求新赋值的元素个数与原来的元素个数相同。这意味着该操作既可以为列表添加元素，也可以为列表删除元素。

修改一组元素的值，程序如下：

```
nums = [40, 36, 89, 2, 36, 100, 7]
# 修改第 1 ～ 4 个元素的值（不包括第 4 个元素）
nums[1: 4] = [45.25, -77, -52.5]
print(nums)
```

任务编号	7-2	任务名称	获取序列中出现次数最多的元素

运行结果如下：

```
[40, 45.25, -77, -52.5, 36, 100, 7]
```

如果对空切片赋值，则相当于插入一组新的元素，程序如下：

```
nums = [40, 36, 89, 2, 36, 100, 7]
# 在 4 个位置插入元素
nums[4: 4] = [-77, -52.5, 999]
print(nums)
```

运行结果如下：

```
[40, 36, 89, 2, -77, -52.5, 999, 36, 100, 7]
```

7. 列表查找元素

Python 列表（list）提供了 index() 和 count() 两种方法来查找元素。

（1）index() 方法：用来查找某个元素在列表中出现的位置（也就是索引），如果该元素不存在，则会导致 ValueError 错误，所以在查找之前最好使用 count() 方法判断一下，语法格式如下：

```
listname.index(obj, start, end)
```

其中，listname 表示列表名，obj 表示要查找的元素，start 表示起始位置，end 表示结束位置。start 和 end 参数用来指定检索范围，start 和 end 可以都不写，此时会检索整个列表。如果只写 start 不写 end，那么表示检索从 start 到末尾的元素；如果 start 和 end 都写，那么表示检索 start 和 end 之间的元素。index() 方法会返回元素所在列表中的索引值。

index() 方法查找元素程序如下：

```
nums = [40, 36, 89, 2, 36, 100, 7, -20.5, -999]
print( nums.index(2) )            # 检索列表中的所有元素
print( nums.index(100, 3, 7) )    # 检索 3 ～ 7 之间的元素
print( nums.index(7, 4) )         # 检索 4 之后的元素
print( nums.index(55) )           # 检索一个不存在的元素
```

运行结果如图 7-15 所示。

```
D:\pythontest\venv\Scripts\python.exe D:/pythontest/main.py
3
5
6
Traceback (most recent call last):
  File "D:/pythontest/main.py", line 5, in <module>
    print( nums.index(55) )#检索一个不存在的元素
ValueError: 55 is not in list

Process finished with exit code 1
```

图 7-15　index() 方法查找元素运行结果

任务编号	7-2	任务名称	获取序列中出现次数最多的元素

（2）count() 方法：用来统计某个元素在列表中出现的次数，语法格式如下：

```
listname.count(obj)
```

其中，listname 表示列表名，obj 表示要统计的元素。如果 count() 方法返回 0，则表示列表中不存在该元素，所以 count() 也可以用来判断某个元素在列表中是否存在。

count() 方法统计某个元素在列表中出现的次数程序如下：

```
nums = [40, 36, 89, 2, 36, 100, 7, -20.5, 36]
print("36 出现了 %d 次 " % nums.count(36))          # 统计元素出现的次数
if nums.count(100):                                  # 判断一个元素是否存在
    print(" 列表中存在 100 这个元素 ")
else:
    print(" 列表中不存在 100 这个元素 ")
```

运行结果如图 7-16 所示。

```
D:\pythontest\venv\Scripts\python.exe D:/pythontest/main.py
36出现了3次
列表中存在100这个元素

Process finished with exit code 0
```

图 7-16　count() 方法统计某个元素在列表中出现的次数运行结果

二、元组（tuple）

（一）元组定义

元组是不可变序列，通常用一对小括号包围元素，元素之间用逗号隔开。元组类型是 tuple。

元组的格式如下：

```
tuple = ( 元素 1, 元素 2, 元素 3, ...)
```

元组由多个元素组成，每个元素可以存储不同类型的数据，如字符串、数字，也可以是元组。元组是不可变序列，一旦创建，其元素的值不能被修改。当尝试修改时，系统会报错。

元组和列表的不同之处在于，列表的元素是可以更改的，包括修改元素值，删除和插入元素，所以列表是可变序列；而元组一旦被创建，它的元素就不可更改了，所以元组是不可变序列。

所以，元组也可以看作是不可变的列表。通常情况下，元组用于保存无须修改的内容。

任务编号	7-2	任务名称	获取序列中出现次数最多的元素

元组的创建与访问

（二）元组操作

元组继承了序列类型的全部通用操作，即相关序列的函数、处理方法对于元组都是通用的。因为元组在创建后不能被修改，所以没有其他的特殊操作。

1. 元组的创建

元组类型及表示方法有以下 4 种：

- 空元组：()。
- 只有一个元素的元组，末尾的逗号不能省略，例如 a, 或者 ('a',)。
- 多个元素的元组用逗号分隔。3 元素元组示例：a, b, c 或者 (a, b, c)。
- 复合元组。例如：((a. b), (b, c), (a,))。

（1）使用 () 直接创建。通过 () 创建元组后，一般使用等号将它赋值给某个变量，格式如下：

```
tuplename = (element1, element2,..., elementn)
```

其中，tuplename 表示变量名，element1 ～ elementn 表示元组的元素。

例如，下面的元组都是合法的：num=(7,14,21,28,35)，course=("Python 教程 ", "http://c.biancheng.net/python/")，abc=("Python",19,[1,2],('c',2.0))。

在 Python 中，元组通常都是使用一对小括号将所有元素包围起来的，但小括号不是必需的，只要将各元素用逗号隔开，Python 就会将其视为元组。注意，当创建的元组中只有一个字符串类型的元素时，该元素后面必须要加一个逗号，否则解释器会将它视为字符串。程序如下：

```
a =("www.hljp.edu.cn/",)          # 最后加上逗号
print(type(a))
print(a)
b = ("www.hljp.edu.cn/")          # 最后不加逗号
print(type(b))
print(b)
```

运行结果如图 7-17 所示。

```
D:\pythontest\venv\Scripts\python.exe D:/pythontest/main.py
<class 'tuple'>
('www.hljp.edu.cn/',)
<class 'str'>
www.hljp.edu.cn/

Process finished with exit code 0
```

图 7-17　使用 () 直接创建元组运行结果

从运行结果可以看到，只有变量 a 才是元组，后面的变量 b 是一个字符串。

（2）使用 tuple() 函数创建元组。除了使用 () 创建元组外，Python 还提供了一个内置函数 tuple()，用来将其他数据类型转换为元组类型。

任务编号	7-2	任务名称	获取序列中出现次数最多的元素

tuple() 的语法格式如下：

```
tuple(data)
```

其中，data 表示可以转化为元组的数据，包括字符串、元组、range 对象等。使用 tuple() 函数创建元组程序如下：

```
tup1 = tuple("hello")                              # 将字符串转换成元组
print(tup1)
list1 = ['Python', 'Java', 'C++', 'JavaScript']    # 将列表转换成元组
tup2 = tuple(list1)
print(tup2)
dict1 = {'a':100, 'b':42, 'c':9}                   # 将字典转换成元组
tup3 = tuple(dict1)
print(tup3)
range1 = range(1, 6)                               # 将区间转换成元组
tup4 = tuple(range1)
print(tup4)
print(tuple())                                     # 创建空元组
```

运行结果如图 7-18 所示。

```
D:\pythontest\venv\Scripts\python.exe D:/pythontest/main.py
('h', 'e', 'l', 'l', 'o')
('Python', 'Java', 'C++', 'JavaScript')
('a', 'b', 'c')
(1, 2, 3, 4, 5)
()

Process finished with exit code 0
```

图 7-18　使用 tuple() 函数创建元组运行结果

2. 元组“打包”和“解包”

创建元组的过程称为打包，反之称为解包。解包可以将元组中的各个元素分别赋值给多个变量。元组“打包”和“解包”程序如下：

```
tuple = ("t1", "t2", "t3", "t4")     # 元组打包
a, b, c, d = tuple                   # 元组解包，变量赋值一一对应
print(a, b, c, d)
```

运行结果如图 7-19 所示。

```
D:\pythontest\venv\Scripts\python.exe D:/pythontest/main.py
t1 t2 t3 t4

Process finished with exit code 0
```

图 7-19　元组“打包”和“解包”运行结果

3. 元组的访问

和列表一样，我们可以使用索引访问元组中的某个元素（得到的是一个元素的值），

任务编号	7-2	任务名称	获取序列中出现次数最多的元素

也可以使用切片访问元组中的一组元素（得到的是一个新的子元组）。

（1）使用索引访问元组元素，格式如下：

```
tuplename[i]
```

其中，tuplename 表示元组名，i 表示索引值。元组的索引可以是正数，也可以是负数。使用索引访问元组元素程序如下：

```
# 使用索引访问元组中的某个元素
url = tuple("http://c.biancheng.net/shell/")
print(url[3])        # 使用正数索引
print(url[-4])       # 使用负数索引
```

运行结果如图 7-20 所示。

```
D:\pythontest\venv\Scripts\python.exe D:/pythontest/main.py
p
e

Process finished with exit code 0
```

图 7-20　使用索引访问元组元素运行结果

（2）使用切片访问元组元素，格式如下：

```
tuplename[start : end : step]
```

其中，start 表示起始索引，end 表示结束索引，step 表示步长。

使用切片访问元组元素程序如下：

```
# 使用切片访问元组中的一组元素
url = tuple("http://c.biancheng.net/shell/")
print(url[9: 18])          # 使用正数切片
print(url[9: 18: 3])       # 指定步长
print(url[-6: -1])         # 使用负数切片
```

运行结果如图 7-21 所示。

```
D:\pythontest\venv\Scripts\python.exe D:/pythontest/main.py
('b', 'i', 'a', 'n', 'c', 'h', 'e', 'n', 'g')
('b', 'n', 'e')
('s', 'h', 'e', 'l', 'l')

Process finished with exit code 0
```

图 7-21　使用切片访问元组元素运行结果

4. 元组的遍历

通过内置函数 range([start,] stop[, step]) 循环遍历元组，程序如下：

```
tuple = ("t1", "t2", "t3", "t4")
for i in range(len(tuple)):
 print("tuple[%d]:" %i, tuple[i])
```

任务编号	7-2	任务名称	获取序列中出现次数最多的元素

运行结果如图 7-22 所示。

```
D:\pythontest\venv\Scripts\python.exe D:/pythontest/main.py
tuple[0]: t1
tuple[1]: t2
tuple[2]: t3
tuple[3]: t4

Process finished with exit code 0
```

图 7-22　元组的遍历运行结果

5. 修改元组

前面已经说过，元组是不可变序列，元组中的元素不能被修改，所以我们只能创建一个新的元组去替代旧的元组。例如，对元组变量进行重新赋值，程序如下：

```
tup = (100, 0.5, -36, 73)
tup = ('黑龙江职业学院',"http://www.hljp.edu.cn/")  # 对元组进行重新赋值
print(tup)
```

运行结果如图 7-23 所示。

```
D:\pythontest\venv\Scripts\python.exe D:/pythontest/main.py
(100, 0.5, -36, 73)
('黑龙江职业学院', 'http://www.hljp.edu.cn/')

Process finished with exit code 0
```

图 7-23　修改元组运行结果

另外，还可以通过连接多个元组（使用 + 可以拼接元组）的方式向元组中添加新元素，例如：

```
tup1 = (100, 0.5, -36, 73)
tup2 = (3+12j, -54.6, 99)
print(tup1+tup2)
print(tup1)
print(tup2)
```

运行结果如图 7-24 所示。

```
D:\pythontest\venv\Scripts\python.exe D:/pythontest/main.py
(100, 0.5, -36, 73, (3+12j), -54.6, 99)
(100, 0.5, -36, 73)
((3+12j), -54.6, 99)

Process finished with exit code 0
```

图 7-24　连接多个元组方式向元组中添加新元素运行结果

从运行结果可以看到，使用“+”拼接元组以后，tup1 和 tup2 内容没有发生改变，说明生成的是一个新的元组。

任务编号	7-2	任务名称	获取序列中出现次数最多的元素

6. 删除元组

当创建的元组不再使用时，可以通过 del 关键字将其删除，程序如下：

```
tup = (' 黑龙江职业学院 ',"http://www.hljp.edu.cn/")
print(tup)
del tup
print(tup)
```

运行结果如图 7-25 所示。

```
D:\pythontest\venv\Scripts\python.exe D:/pythontest/main.py
Traceback (most recent call last):
  File "D:/pythontest/main.py", line 4, in <module>
    print(tup)
NameError: name 'tup' is not defined
('黑龙江职业学院', 'http://www.hljp.edu.cn/')

Process finished with exit code 1
```

图 7-25　通过 del 关键字删除元组运行结果

从运行结果可以看到，元组已经被删除。Python 自带垃圾回收功能，会自动销毁不用的元组，所以一般不需要通过 del 来手动删除。

三、字符串（str）

（一）字符串定义

字符串的意思就是“一串字符”。例如“Hello,Charlie”是一个字符串，“How are you？”也是一个字符串。Python 字符串是在 Python 编写程序过程中最常见的一种基本数据类型。字符串是许多单个子串组成的序列，主要用来表示文本。字符串是不可变数据类型，也就是说，如果要改变原字符串内的元素，只能新建另一个字符串。虽然是这样，但 Python 中的字符串还是有许多很实用的操作方法。

（二）字符串操作

由于在后续项目中我们会单独对字符串进行详细介绍，因此下面只介绍一下字符串的简单操作。

创建字符串，方法有以下两种：

（1）单引号、双引号创建字符串。要创建字符串，则应把字符串元素放在单引号、双引号中，程序如下：

```
a='6defsadwaf'
```

（2）Python 创建字符串 str() 方法：就是把一个原本不是字符串类型的数据变成字符串类型，可以把 str() 作为一种方法来创建一个新的字符串，程序如下：

任务编号	7-2	任务名称	获取序列中出现次数最多的元素

```
a=123321
b=str(a)
print(b)
```

运行结果如图 7-26 所示。

```
D:\pythontest\venv\Scripts\python.exe D:/pythontest/main.py
123321

Process finished with exit code 0
```

图 7-26 Python 创建字符串 str() 方法运行结果

从运行结果可以看到，变量 a 为整型，是不可变类型，要把变量 a 的值变成字符串，只能重新赋值给一个新的变量 b。b 是新的变量名，str(a) 小括号中的 a 是代表原数据的变量名。

关于字符串的其他操作方法以及 Python 字符串的常用操作，如字符串的替换、删除、截取、赋值、连接、比较、查找、分割等，可以在 Python 序列通用操作或者字符串单独项目中进行具体学习。

四、字典（dict）

（一）字典定义

确切来说，字典不属于序列类型。但是有些开发者也喜欢将字典归到序列队伍中。由于字典使用频率较高，且很多操作与序列操作通用，所以单独拿出来进行讲解。字典属于映射类型，将可哈希对象映射到任意对象，可哈希对象为字典的键，映射的对象为键对应的条目（值）。

Python 字典是一种无序的、可变的“序列”，它的元素以“键值对”的形式存储。相对地，列表和元组都是有序的序列，它们的元素在底层是挨着存放的。

字典中，习惯将各元素对应的索引称为键（key），各个键对应的元素称为值（value），键及其关联的值称为“键值对（key-value）”。字典类型很像学生时代常用的新华字典。我们知道，通过新华字典中的音节表可以快速找到想要查找的汉字。字典里的音节表就相当于字典类型中的键，而键对应的汉字则相当于值。

Python 中的字典类型相当于 Java 或者 C++ 中的 Map 对象。

和列表、元组一样，字典也有它自己的类型。Python 中，字典的数据类型为 dict，通过 type() 函数即可查看，格式如下：

```
>>> a = {'one': 1, 'two': 2, 'three': 3}        #a 是一个字典类型
>>> type(a)
<class 'dict'>
```

任务编号	7-2	任务名称	获取序列中出现次数最多的元素

（二）字典操作

1. 创建字典

（1）使用 {} 创建字典。由于字典中每个元素都包含两部分：键和值，在创建字典时键和值之间使用冒号分隔，相邻元素之间使用逗号分隔，所有元素放在大括号中，语法格式如下：

```
dictname = {'key':'value1', 'key2':'value2', ..., 'keyn':valuen}
```

其中，dictname 表示字典变量名，keyn : valuen 表示各个元素的键值对。需要注意的是，同一字典中的各个键必须唯一，不能重复。使用 {} 创建字典程序如下：

```
scores = {' 数学 ': 95, ' 英语 ': 92, ' 语文 ': 84}        # 使用字符串作为 key
print(scores)
dict1 = {(20, 30): 'great', 30: [1,2,3]}        # 使用元组和数字作为 key
print(dict1)
dict2 = {}        # 创建空字典
print(dict2)
```

运行结果如图 7-27 所示。

```
D:\pythontest\venv\Scripts\python.exe D:/pythontest/main.py
{'数学': 95, '英语': 92, '语文': 84}
{(20, 30): 'great', 30: [1, 2, 3]}
{}

Process finished with exit code 0
```

图 7-27　使用 {} 创建字典运行结果

从运行结果可以看到，字典的键可以是整数、字符串、元组，只要符合唯一和不可变的特性即可；字典的值可以是 Python 支持的任意数据类型。

（2）通过 fromkeys() 方法创建字典。Python 中，还可以使用字典类型提供的 fromkeys() 方法来创建带有默认值的字典，语法格式如下：

```
dictname = dict.fromkeys(list，value=None)
```

其中，list 参数表示字典中所有键的列表；value 参数表示默认值，如果不写，则为空值 None。

2. 访问字典

列表和元组是通过下标来访问元素的，而字典不同，它是通过键来访问对应的值。因为字典中的元素是无序的，每个元素的位置都不固定，所以字典也不能像列表和元组那样，采用切片的方式一次性访问多个元素。

Python 访问字典元素的格式如下：

```
dictname[key]
```

其中，dictname 表示字典变量的名字，key 表示键名。需要注意的是，键必须是存

任务编号	7-2	任务名称	获取序列中出现次数最多的元素

在的，否则会抛出异常。示例程序如下：

```
tup = (['two',26], ['one',88], ['three',100], ['four',-59])
dic = dict(tup)
print(dic['one']) # 键存在
print(dic['five']) # 键不存在
```

运行结果如图 7-28 所示。

```
D:\pythontest\venv\Scripts\python.exe D:/pythontest/main.py
Traceback (most recent call last):
  File "D:/pythontest/main.py", line 4, in <module>
    print(dic['five'])  #键不存在
KeyError: 'five'
88

Process finished with exit code 1
```

图 7-28　Python 访问字典元素运行结果

除了上面这种方式外，Python 更推荐使用字典类型提供的 get() 方法来获取指定键对应的值。当指定的键不存在时，get() 方法不会抛出异常。get() 方法访问字典的语法格式如下：

```
dictname.get(key[,default])
```

其中，dictname 表示字典变量的名字；key 表示指定的键；default 用于指定要查询的键不存在时此方法返回的默认值，如果不手动指定，则会返回 None。

get() 方法访问字典程序如下：

```
a = dict(two=0.65, one=88, three=100, four=-59)
print( a.get('one') )
```

注意：当键不存在时，get() 方法返回空值 None；如果想明确地提示用户该键不存在，那么可以手动设置 get() 方法的第二个参数，程序如下：

```
a = dict(two=0.65, one=88, three=100, four=-59)
print( a.get('five', ' 该键不存在 ') )
```

运行结果如下：

```
该键不存在
```

3. 删除字典

与删除列表、元组一样，手动删除字典也可以使用 del 关键字，所以使用起来也特别简单。在删除字典这个知识点没有特别要注意的地方，主要是对 del 关键字的理解和印象的加深。示例程序如下：

```
a = dict(two=0.65, one=88, three=100, four=-59)
print(a)
del a
print(a)
```

任务编号	7-2	任务名称	获取序列中出现次数最多的元素

运行结果如图 7-29 所示。

```
D:\pythontest\venv\Scripts\python.exe D:/pythontest/main.py
{'two': 0.65, 'one': 88, 'three': 100, 'four': -59}
Traceback (most recent call last):
  File "D:/pythontest/main.py", line 4, in <module>
    print(a)
NameError: name 'a' is not defined

Process finished with exit code 1
```

图 7-29 使用 del 关键字运行结果

注意：Python 自带垃圾回收功能，会自动销毁不用的字典，所以一般不需要通过 del 关键字来删除。

7.2.3 实施评量单

任务编号	7-2	任务名称	获取序列中出现次数最多的元素	
评量项目		自评	组长评价	教师评价
课堂表现	学习态度（15 分）			
	沟通合作（10 分）			
	回答问题（15 分）			
技能操作	序列的定义（20 分）			
	序列元素出现次数的计算（40 分）			
学生签字	年　月　日	教师签字	年　月　日	

评量规准						
项目		A	B	C	D	E
课堂表现	学习态度	在积极主动、虚心求教、自主学习、细致严谨上表现优秀，令师生称赞。	在积极主动、虚心求教、自主学习、细致严谨上表现良好。	在积极主动、虚心求教、自主学习、细致严谨上表现较好。	在积极主动、虚心求教、自主学习、细致严谨上表现尚可。	在积极主动、虚心求教、自主学习、细致严谨上表现均有待加强。
	沟通合作	在师生和同学之间具有很好的沟通能力，在小组学习中具有很强的团队合作能力。	在师生和同学之间具有良好的沟通能力，在小组学习中具有良好的团队合作能力。	在师生和同学之间具有较好的沟通能力，在小组学习中具有较好的团队合作能力。	在师生和同学之间能够正常沟通，在小组学习中能够参与团队合作。	在师生和同学之间不能够正常沟通，在小组学习中不能够参与团队合作。
	回答问题	积极踊跃地回答问题，且全部正确。	比较积极踊跃地回答问题，且基本正确。	能够回答问题，且基本正确。	回答问题，但存在错误。	不能回答课堂提问。
技能操作	序列的定义	能独立、熟练地完成序列的定义。	能独自较为熟练地完成序列的定义。	能在他人提示下完成序列的定义。	能在他人多次提示、帮助下完成序列的定义。	未能完成序列的定义。
	序列元素出现次数的计算	能独立、熟练地完成序列元素出现次数的计算。	能独自较为熟练地完成序列元素出现次数的计算。	能在他人提示下完成序列元素出现次数的计算。	能在他人多次提示、帮助下完成序列元素出现次数的计算。	未能在他人提示下完成序列元素出现次数的计算。

7.3 计算运动员参赛平均分

7.3.1 实施任务单

任务编号	7-3	任务名称	计算运动员参赛平均分
任务简介	前面对序列元素的基本概念以及各个元素的相关操作进行了学习，本任务则对序列的相关操作进行学习，包括序列内置函数、序列通用操作、可变序列相关操作的学习。		
设备环境	台式机或笔记本，建议 Windows 7 版本以上的 Windows 操作系统、Python 3.9.1 等。		
实施专业		实施班级	
实施地点		小组成员	
指导教师		联系方式	
任务难度	高级	实施日期	年 月 日
任务要求	用一个序列来保存一个运动员的所有分数，求平均分，完成以下内容： （1）本任务可以采用列表来完成，列表里面存有所有参赛数据。 （2）如果进行平均分计算的话，需要去掉最高分、最低分，可以用 max() 函数和 min() 函数来实现。 （3）对去掉极值之后的结果进行平均分计算 运行结果如图 7-30 所示（本结果仅供参考）。 D:\pythontest\venv\Scripts\python.exe D:/pythontest/main.py 最后得分是： 9.499999999999998 Process finished with exit code 0 图 7-30 任务 3 运行结果		

7.3.2 信息单

任务编号	7-3	任务名称	计算运动员参赛平均分

一、序列内置函数总结

序列内置函数总结

Python 提供了一些内置函数（表 7-1），可用于实现与序列相关的一些常用操作。

表 7-1 序列的内置函数

函数	功能
len()	计算序列的长度，即返回序列中包含多少个元素
max()	找出序列中的最大元素。注意，对序列使用 sum() 函数时，加和操作的必须都是数字，不能是字符或字符串，否则该函数将抛出异常，因为 Python 解释器无法判定是要做连接操作（“+”运算符可以连接两个序列），还是做加和操作
min()	找出序列中的最小元素
list()	将序列转换为列表
str()	将序列转换为字符串
sum()	计算元素和
sorted()	对元素进行排序
reversed()	反向序列中的元素
enumerate()	将序列组合为一个分索引序列，多用在 for 循环中

序列内容函数示例程序如下：

```
str1="python.org"
print(max(str1))        # 找出最大的字符
print(min(str1))        # 找出最小的字符
print(sorted(str1))     # 对字符串中的元素进行排序
```

运行结果如图 7-31 所示。

```
D:\pythontest\venv\Scripts\python.exe D:/pythontest/main.py
y
.
['.', 'g', 'h', 'n', 'o', 'o', 'p', 'r', 't', 'y']

Process finished with exit code 0
```

图 7-31 序列的内置函数运行结果

另外，sorted() 函数返回一个排序后的新列表，而列表内置函数 sort() 是实现原列表排序；reversed() 函数是返回一个翻转后的迭代对象，而列表内置函数 reverse() 是原列表翻转；enumerate() 函数生成由二元组构成的迭代对象，每个二元组是由可迭代对象参数的索引号及其对应的元素组成；zip() 函数用于返回各个可迭代对象参数共同组成的元组。

任务编号	7-3	任务名称	计算运动员参赛平均分

序列通用操作

二、序列通用操作

序列通用操作（不可变序列、可变序列都支持）包括序列的索引、切片、加、乘、长度及总和、最大值、最小值、检查元素是否在序列中等。

（一）序列的索引

索引操作也叫下标访问操作。序列可以根据变量的下标来定位元素，这是最基础的知识。Python 支持从序列尾部来进行索引。

Python 中下标从 0 开始计数，用方括号将下标括起来，Python 还支持负下标操作，从序列末尾进行计数，最后一个元素为 -1，倒数第二个为 -2，依次类推。程序如下：

```
a = [1, 2, 3, 4, 5]
a1=a[0]
a2=a[-1]
print(a1)
print(a2)
```

运行结果如图 7-32 所示。

```
D:\pythontest\venv\Scripts\python.exe D:/pythontest/main.py
1
5

Process finished with exit code 0
```

图 7-32　序列的索引运行结果

（二）序列的切片

索引支持定位序列的单个元素，而切片（也称分片）则能够获取指定范围内的元素。Python 对切片的支持比较灵活，结合步长可以很方便地处理一个序列，从而简化了操作。切片其实就是根据多个下标来选择子集。

Python 可通过索引的方式获取序列中特定位置的子元素，而通过切片的方式可以获取几个连续的子元素。序列实现切片操作的语法格式如下：

```
sname[start : end : step]
```

其中，sname 表示序列的名称；start 表示切片的开始索引位置（包括该位置），此参数也可以不指定，默认为 0，也就是从序列的开头进行切片；end 表示切片的结束索引位置（不包括该位置），如果不指定，则默认为序列的长度；step 表示在切片过程中隔几个存储位置（包含当前位置）取一次元素，也就是说，如果 step 的值大于 1，则在进行切片取序列元素时，会“跳跃式”地取元素，如果省略设置 step 的值，则最后一个冒号可以省略。

例如，对字符串“我要学好 Python”进行切片，程序如下：

```
str=" 我要学好 Python"
print(str[:2])              # 取索引区间 [0,2] 中（不包括索引 2 处的字符）的字符串
```

任务编号	7-3	任务名称	计算运动员参赛平均分

```
print(str[::2])            # 隔一个字符取一个字符，区间是整个字符串
print(str[:])              # 取整个字符串，此时 [] 中只需一个冒号即可
```

运行结果如图 7-33 所示。

```
D:\pythontest\venv\Scripts\python.exe D:/pythontest/main.py
我要
我学Pto
我要学好 Python

Process finished with exit code 0
```

图 7-33　序列的切片运行结果

（三）序列相加

序列的加法指的是两个序列的拼接。Python 中，支持两种类型相同的序列使用“+”运算符做相加操作，它会将两个序列进行连接，但不会去除重复的元素。这里所说的“类型相同”指的是“+”运算符的两侧序列要么都是列表类型，要么都是元组类型，要么都是字符串。

例如，前面已经实现用“+”运算符连接两个（甚至多个）字符串，程序如下：

```
s=[" 努力学习 "," 编程 "]
s2=[" 城市 "," 创造 "]
x=s+s2
print(x)
```

运行结果如图 7-34 所示。

```
D:\pythontest\venv\Scripts\python.exe D:/pythontest/main.py
['努力学习', '编程', '城市', '创造']

Process finished with exit code 0
```

图 7-34　序列相加运行结果

（四）序列相乘

序列的乘法指的是一个序列和一个整数值，如果这个整数值为负数或者 0，则会得到一个空的序列；如果这个整数值为正数，则会将操作的序列元素进行重复，然后得到一个新的序列。基于这种方法，可以快速得到一个有固定长度的、占用内存较少的序列，语法格式如下：

```
[None] * N
```

Python 中，使用数字 n 乘以一个序列会生成新的序列，其内容为原来序列被重复 n 次的结果。

（五）序列长度及序列总和

获取序列的长度可以借助 len() 函数，返回数值序列的总和用 sum() 函数，程序如下：

任务编号	7-3	任务名称	计算运动员参赛平均分

```
a = [1, 2, 3, 4, 7]
print(len(a)) # 输出：5
b=sum((1, 2, 3, 4, 5))
print(b)
```

运行结果如图 7-35 所示。

```
D:\pythontest\venv\Scripts\python.exe D:/pythontest/main.py
5
15

Process finished with exit code 0
```

图 7-35　序列长度及序列总和运行结果

（六）获取序列的最大值、最小值

获取序列的最大值、最小值，可以分别借助 max() 函数和 min() 函数，程序如下：

```
a = [1, 2, 3, 4, 7]
print(max(a)) # 输出：7
print(min(a)) # 输出：1
```

运行结果如图 7-36 所示。

```
D:\pythontest\venv\Scripts\python.exe D:/pythontest/main.py
7
1

Process finished with exit code 0
```

图 7-36　获取序列的最大值、最小值运行结果

注意：①上述两个函数使用后都会返回一个值；②求解最值的列表必须是数值，不能是数值与字符串等的混合。

（七）检查元素是否在序列中

检查元素是否在序列中也叫序列的成员资格检查。资格指的是一个特定的元素是否在对应的序列中，实现的方法是借助于 in 操作符，它会返回一个布尔型的值。如果返回值为 True，则表示该元素存在于序列中；如果返回值为 False，则表示不存在于序列中。程序如下：

```
a = [1, [1, 2], 3]
print(1 in a)          # 输出结果：True
print(2 in a)          # 输出结果：False
print([1, 2] in a)     # 输出结果：True
```

运行结果如图 7-37 所示。

```
D:\pythontest\venv\Scripts\python.exe D:/pythontest/main.py
True
False
True

Process finished with exit code 0
```

图 7-37　检查元素是否在序列中运行结果

任务编号	7-3	任务名称	计算运动员参赛平均分

注意：in 操作符同样可以检测某个一维数组的子元素是否存在于某个二维数组中，依次类推。和 in 操作符用法相同，但功能恰好相反的是 not in，它用来检查某个元素是否不包含在指定的序列中。

可变序列操作

三、可变序列相关操作

我们知道，元组、字符串是不可变序列，即元组定义完成后不可以增删改序列内容，但列表可以，故列表是可变序列。对于可变序列，有一些自己的单独操作。下面以列表为例进行讲解。列表由于内容和长度可变，有一些特殊的操作，如表 7-2 所示。

表 7-2　序列的特殊操作

操作	描述	操作	描述
s[i] = x	索引赋值	s.insert(i,x)	将 x 作为元素插入到 s[i] 之前
s[i:j] = r	分片赋值	s.pop(i)	移除 s[i]，默认 i=-1
del s[i]	删除元素	s.remove(x)	移除 s 中的第一个元素 x
del s[i:j]	删除分片	s.reverse()	转置（逆序化）列表 s
s.append(x)	将 x 作为元素追加至 s 的尾部	s.sort()	对 s 的元素进行升序排序
s.extend(x)	将 x 扩展至 s 的尾部	s.clear()	删除 s 中的所有元素

（一）修改值

可变序列的修改值示例程序如下：

```
# 根据下标修改对应的值
a = [1, 2, 3, 4, 5]
a[0] = 2
# 利用切片修改对应的值
b = [1, 2, 3, 4, 5]
b[1:3] = [4, 5, 6]
print(a)
print(b)
```

运行结果如图 7-38 所示。

```
D:\pythontest\venv\Scripts\python.exe D:/pythontest/main.py
[2, 2, 3, 4, 5]
[1, 4, 5, 6, 4, 5]

Process finished with exit code 0
```

图 7-38　可变序列的修改值运行结果

任务编号	7-3	任务名称	计算运动员参赛平均分

（二）append 追加值

可变序列的 append 追加值示例程序如下：

```
a = [1, 2 , 3, 4, 5]
a.append(6)
print(a)
```

运行结果如图 7-39 所示。

```
C:\Users\Administrator\AppData\Local\Programs\Python\Python38\python.exe D:/pythontest/main.py
[1, 2, 3, 4, 5, 6]

Process finished with exit code 0
```

图 7-39　可变序列的 append 追加值运行结果

（三）insert 插入元素

在指定下标处插入元素，示例程序如下：

```
a = [1, 2, 3, 4, 5]
a.insert(1, 2)
print(a)
```

运行结果如图 7-40 所示。

```
D:\pythontest\venv\Scripts\python.exe D:/pythontest/main.py
[1, 2, 2, 3, 4, 5]

Process finished with exit code 0
```

图 7-40　可变序列的 insert 插入元素运行结果

（四）extend 追加元素

将另一个 list 的元素追加到第一个 list 的末尾，示例程序如下：

```
a = [1, 2, 3]
b = [4, 5]
a.extend(b)
print(a)
```

运行结果如图 7-41 所示。

```
D:\pythontest\venv\Scripts\python.exe D:/pythontest/main.py
[1, 2, 3, 4, 5]

Process finished with exit code 0
```

图 7-41　可变序列的 extend 追加元素运行结果

7.3.3 实施评量单

任务编号	7-3	任务名称	计算运动员参赛平均分	
评量项目		自评	组长评价	教师评价
课堂表现	学习态度（15 分）			
	沟通合作（10 分）			
	回答问题（15 分）			
技能操作	运动员参赛数据的存储（30 分）			
	运动员平均分的计算（30 分）			
学生签字	年 月 日	教师签字	年 月 日	

评量规准

项目		A	B	C	D	E
课堂表现	学习态度	在积极主动、虚心求教、自主学习、细致严谨上表现优秀，令师生称赞。	在积极主动、虚心求教、自主学习、细致严谨上表现良好。	在积极主动、虚心求教、自主学习、细致严谨上表现较好。	在积极主动、虚心求教、自主学习、细致严谨上表现尚可。	在积极主动、虚心求教、自主学习、细致严谨上表现均有待加强。
	沟通合作	在师生和同学之间具有很好的沟通能力，在小组学习中具有很强的团队合作能力。	在师生和同学之间具有良好的沟通能力，在小组学习中具有良好的团队合作能力。	在师生和同学之间具有较好的沟通能力，在小组学习中具有较好的团队合作能力。	在师生和同学之间能够正常沟通，在小组学习中能够参与团队合作。	在师生和同学之间不能够正常沟通，在小组学习中不能够参与团队合作。
	回答问题	积极踊跃地回答问题，且全部正确。	比较积极踊跃地回答问题，且基本正确。	能够回答问题，且基本正确。	回答问题，但存在错误。	不能回答课堂提问。
技能操作	运动员参赛数据的存储	能独立、熟练地完成运动员参赛数据的存储。	能独自较为熟练地完成运动员参赛数据的存储。	能在他人提示下完成运动员参赛数据的存储。	能在他人多次提示、帮助下完成运动员参赛数据的存储。	未能完成运动员参赛数据的存储。
	运动员平均分的计算	能独立、熟练地完成运动员平均分的计算。	能独自较为熟练地完成运动员平均分的计算。	能在他人提示下完成运动员平均分的计算。	能在他人多次提示、帮助下完成运动员平均分的计算。	未能完成运动员平均分的计算。

7.4 课后训练

一、填空题

1．所有的数据在序列当中都有一个 __________ 位置（索引），并且序列中的数据会按照 __________ 来分配索引。

2．序列是一种基础的 __________。

3．切片可以获取几个 __________。

4．获取序列的最大值、最小值，可以分别借助 __________ 函数和 __________ 函数。

二、判断题

1．列表（list）、字节数组（byte array）是可变序列。（　　）

2．列表的索引可以是正数，也可以是负数。（　　）

3．通用序列不可以通过索引得到每一个元素。（　　）

三、选择题

1．列表和元组用于顺序存储数据，所有元素占用一块（　　）的内存空间。

A．新创建　　B．连续　　C．独立　　D．同架构

2．Python 列表（list）提供了 index() 方法和 count() 方法，它们都可以用来（　　）元素。

A．创建　　B．查找　　C．删除　　D．索引

3．元组是不可变序列，通常用一对小括号包围元素，元素之间用（　　）隔开。

A．逗号　　B．分号　　C．顿号　　D．斜杠

4．关于 Python 序列的特点描述正确的是（　　）。

A．可以通过索引得到每一个元素

B．默认索引值总是从 0 开始（当然灵活的 Python 还支持负数索引）

C．可以通过分片的方法得到一个范围内的元素的集合

D．以上都正确

四、简答题

1．简述元组的遍历方法。

2．简述序列的通用操作。

五、操作题

用户输入月份，判断这个月是哪个季节。

项目8 对文件进行读写操作

思政目标

★ 养成缜密严谨的科学态度和刻苦钻研的探索精神。

学习目标

★ 掌握文件相关概念及 Python 对文件的操作内容。
★ 掌握绝对路径、相对路径的相关概念。
★ 熟练掌握文件基本操作的各个函数。
★ 熟练掌握文件操作模块的相关操作函数。

学习路径

★ 通过信息单掌握基本理论知识。
★ 通过任务单在实践中巩固和升华理论知识。
★ 通过评量单反馈学习中的不足和改进方向。
★ 通过课后训练再学习，再提高。

学习资源

★ 校内一体化教室。
★ 视频、PPT、习题答案等。
★ 网络资源。

学习任务

★ 初级任务：对文件进行读写操作。
★ 中级任务：对指定目录的文件进行读写操作。

思维导图

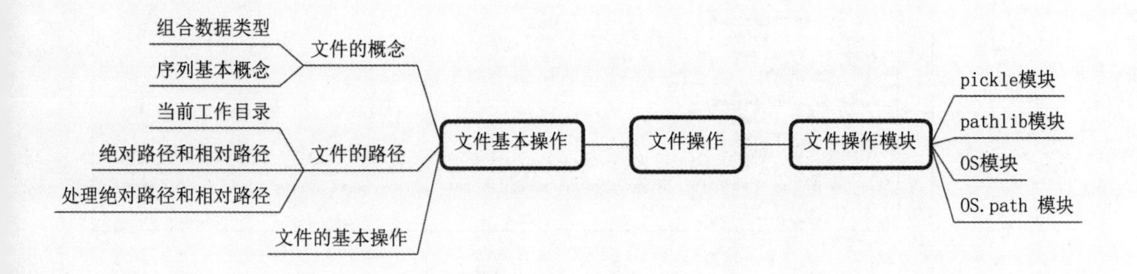

8.1 对文件进行读写操作

8.1.1 实施任务单

<table>
<tr><td>任务编号</td><td>8-1</td><td>任务名称</td><td>对文件进行读写操作</td></tr>
<tr><td>任务简介</td><td colspan="3">文件基本操作，就是利用一系列的函数对文件（以 .txt 为例）进行如打开文件、读取和追加数据、插入和删除数据、关闭文件、删除文件等操作。</td></tr>
<tr><td>设备环境</td><td colspan="3">台式机或笔记本，建议 Windows 7 版本以上的 Windows 操作系统。</td></tr>
<tr><td>实施专业</td><td></td><td>实施班级</td><td></td></tr>
<tr><td>实施地点</td><td></td><td>小组成员</td><td></td></tr>
<tr><td>指导教师</td><td></td><td>联系方式</td><td></td></tr>
<tr><td>任务难度</td><td>初级</td><td>实施日期</td><td>年　　月　　日</td></tr>
<tr><td>任务要求</td><td colspan="3">在工程目录下创建一个 text 文件并写入相应内容，写入后再读取出文件内容，最后关闭文件，完成以下内容：
（1）在工程目录下可以创建一个名为 learn_Python.txt 的空文件。
（2）写几句话来总结至此学到的 Python 知识，其中每一行都以 In Python you can 打头，并将其存储到为完成本项目练习而编写的程序所在的目录中。
（3）编写一个程序，它读取这个文件，并将所写的内容打印 3 次，使用 read() 函数将刚刚写入的文件内容读取出来。
（4）第一次打印时读取整个文件，第二次打印时遍历文件对象，第三次打印时将各行存储在一个列表中。
（5）使用 f.close() 函数将文件关闭。
运行结果如图 8-1 所示（本结果仅供参考）。
<pre>
D:\pythontest\venv\Scripts\python.exe D:/pythontest/main.py
one
In Python you can做自己喜欢的事情
In Python you can感受编程的魅力
In Python you can提高工作效率
In Python you can变的很酷
two
In Python you can做自己喜欢的事情
In Python you can感受编程的魅力
In Python you can提高工作效率
In Python you can变的很酷
three
['In Python you can做自己喜欢的事情\n', 'In Python you can感受编程的魅力\n', 'In Python you can提高工作效率\n', 'In Python you can变的很酷']

Process finished with exit code 0
</pre>
图 8-1　任务 1 运行结果</td></tr>
</table>

8.1.2 信息单

任务编号	8-1	任务名称	对文件进行读写操作

一、文件的概念

Python 文件操作是 Python 学习内容中非常重要的一个。跟我们平时接触的计算机的相关文件一样，Python 文件包括 txt、office、pdf 等内容。

简而言之，文件是存储在外部介质中的数据集合，通常可以长久保存（前提是这个介质不易损坏）。

通俗点说，文件就是存放数据的地方。

和其他编程语言一样，Python 也具有操作文件（I/O）的能力，如打开文件、读取和追加数据、插入和删除数据、关闭文件、删除文件等。

除了提供文件操作的基本函数外，Python 还提供了很多模块，如 fileinput 模块、pathlib 模块等。通过引入这些模块可以获得大量实现文件操作可用的函数和方法（类属性和类方法），极大地提高了编写代码的效率。

文件的路径

二、文件的路径

当程序运行时，变量是保存数据的一个很好的方法，但变量、序列以及对象中存储的数据是暂时的，程序运行结束后就会丢失，如果希望程序运行结束后数据仍然保持，就需要将数据保存到文件中。

Python 提供了内置的文件对象，以及对文件、目录进行操作的内置模块，通过这些技术可以很方便地将数据保存到文件（如文本文件等）中。

关于文件，它有两个关键属性，即“文件名”和“路径”。其中，文件名指的是为每个文件设定的名称，而路径用来指明文件在计算机上的位置。例如，Windows 7 笔记本上有一个文件名为 project.docx（句点之后的部分称为文件的“扩展名”，它指出了文件的类型），它的路径为 D:\demo\exercise，也就是说，该文件位于 D: 盘下 demo 文件夹下的 exercise 子文件夹中。

通过文件名和路径可以分析出，project.docx 是一个 Word 文档，demo 和 exercise 都是指“文件夹”（也称为目录）。文件夹可以包含文件和其他文件夹。例如，project.docx 在 exercise 文件夹中，该文件夹又在 demo 文件夹中。

需要注意的是，路径中的 D:\ 指的是“根文件夹”，它包含了所有其他文件夹。在 Windows 中，根文件夹名为 D:\，也称为 D: 盘。在 OSX 和 Linux 中，根文件夹是 /。本书使用的是 Windows 系统的根文件夹，如果在 OSX 或 Linux 上输入交互式环境的例子，请用 / 代替。

另外，附加卷（如 DVD 驱动器或 USB 闪存驱动器）在不同的操作系统上的显示也不同。在 Windows 上，它们表示为新的、带字符的根驱动器，如 D:\ 或 E:\；在 OSX 上，它们表示为新的文件夹，在 /Volumes 文件夹下；在 Linux 上，它们表示为新的文件夹，

任务编号	8-1	任务名称	对文件进行读写操作

在 /mnt 文件夹下。同时也要注意，虽然文件夹名称和文件名在 Windows 和 OSX 上是不用区分大小写的，但在 Linux 上是要区分大小写的。

在 Windows 上，路径书写使用反斜杠“\”作为文件夹之间的分隔符；但在 OSX 和 Linux 上，使用正斜杠“/”作为它们的路径分隔符。如果想要程序可以运行在所有的操作系统上，在编写 Python 脚本时就必须处理这两种情况。

用 os.path.join() 函数来做这件事很简单。如果将单个文件和路径上的文件夹名称的字符串传递给 os.path.join() 函数，它就会返回一个文件路径的字符串，包含正确的路径分隔符。在交互式环境中输入以下代码：

```
>>> import os
>>> os.path.join('demo', 'exercise')
'demo\\exercise'
```

因为此程序是在 Windows 上运行的，所以 os.path.join('demo','exercise') 返回 'demo\\exercise'（请注意，反斜杠有两个，因为每个反斜杠需要由另一个反斜杠字符来转义）。如果在 OSX 或 Linux 上调用这个函数，该字符串就会是 'demo/exercise'。

不仅如此，如果需要创建带有文件名称的文件存储路径，os.path.join() 函数同样很有用。例如，将一个文件名列表中的名称添加到该文件夹名称的末尾，程序如下：

```
import os
myFiles = ['accounts.txt', 'details.csv', 'invite.docx']
for filename in myFiles:
    print(os.path.join('C:\\demo\\exercise', filename))
```

运行结果如图 8-2 所示。

```
D:\pythontest\venv\Scripts\python.exe D:/pythontest/main.py
C:\demo\exercise\accounts.txt
C:\demo\exercise\details.csv
C:\demo\exercise\invite.docx

Process finished with exit code 0
```

图 8-2　将文件名列表中的名称添加到文件夹名称末尾运行结果

通常在我们使用计算机的时候，如果编写了一段代码，且要把这段代码保存下来，方便下次使用，我们可能会把这段代码保存在硬盘的某个位置，如 D:\pythontest\test.my。那么，在 Python 中，如果我们要打开这个文件，该怎么操作呢？

需要以下 3 个步骤：

（1）找出文件存放的路径，打开文件。

（2）对文件进行修改操作。

（3）关闭文件。

提及找出文件的存放路径，我们就必须讲讲当前工作目录、绝对路径和相对路径的概念以及 Python 如何处理绝对路径和相对路径。

任务编号	8-1	任务名称	对文件进行读写操作

（一）当前工作目录

每个运行在计算机上的程序都有一个“当前工作目录”（或 cwd）。所有没有从根文件夹开始的文件名或路径都假定在当前工作目录下。需要注意的是，虽然文件夹是目录的更新的名称，但当前工作目录（或当前目录）是标准术语，没有当前工作文件夹这种说法。

在 Python 中，利用 os.getcwd() 函数可以获取当前工作路径的字符串，还可以利用 os.chdir() 函数改变它。例如，在交互式环境中输入以下程序：

```
>>> import os
>>> os.getcwd()
'C:\\Users\\mengma\\Desktop'
>>> os.chdir('C:\\Windows\\System32')
>>> os.getcwd()
'C:\\Windows\\System32'
```

从程序中可以看到，原本当前工作路径为 C:\\Users\\mengma\\Desktop（也就是桌面），通过 os.chdir() 函数将其修改为了 C:\\Windows\\System32。

需要注意的是，如果使用 os.chdir() 函数修改的当前工作目录不存在，则 Python 解释器会报错。

了解了当前工作目录的具体含义之后，接下来介绍绝对路径和相对路径的含义和用法。

（二）绝对路径和相对路径

明确一个文件所在的路径，有如下两种表示方式：

（1）绝对路径：指的是从最初的硬盘开始一直进入到文件位置。也就是说，总是从根文件夹开始，Windows 系统中以盘符（C:、D:）作为根文件夹，而 OSX 或者 Linux 系统中以 / 作为根文件夹。

（2）相对路径：指的是文件相对于当前工作目录所在的位置。例如，当前工作目录为 C:\Windows\System32，若文件 demo.txt 就位于这个 System32 文件夹下，则 demo.txt 的相对路径表示为 .\demo.txt（其中 .\ 就表示当前所在目录）。

在使用相对路径表示某文件所在的位置时，除了经常使用 .\ 表示当前所在目录之外，还会用 ..\ 表示当前所在目录的父目录。两者的详细关系如图 8-3 所示。

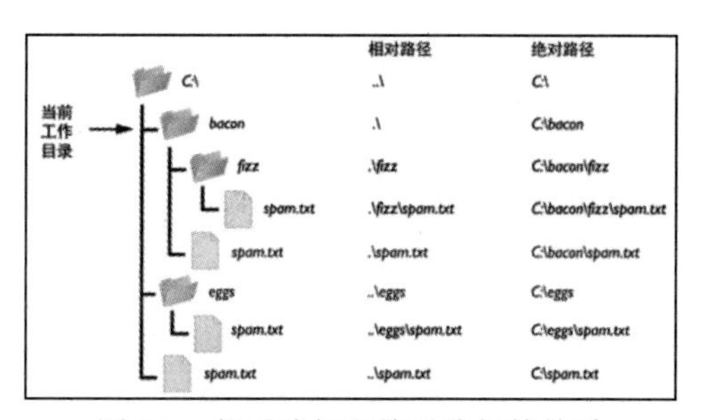

图 8-3　相对路径和绝对路径的关系

任务编号	8-1	任务名称	对文件进行读写操作

以图 8-3 为例，如果当前工作目录设置为 C:\bacon，则这些文件夹和文件的相对路径和绝对路径就对应为该图右侧所示。

（三）Python 处理绝对路径和相对路径

Python os.path 模块提供了下述这些函数，可以实现绝对路径和相对路径之间的转换，以及检查给定的路径是否为绝对路径。

（1）调用 os.path.abspath(path)，将返回 path 参数的绝对路径的字符串，这是将相对路径转换为绝对路径的简便方法。

（2）调用 os.path.isabs(path)，如果参数是一个绝对路径，则返回 True；如果参数是一个相对路径，则返回 False。

（3）调用 os.path.relpath(path,start)，将返回从 start 到 path 的相对路径的字符串。如果没有提供 start，就使用当前工作目录作为开始路径。

（4）调用 os.path.dirname(path)，将返回一个字符串，包含 path 参数中最后一个斜杠之前的所有内容。

（5）调用 os.path.basename(path)，将返回一个字符串，包含 path 参数中最后一个斜杠之后的所有内容。

在交互式环境中尝试上面提到的函数，程序如下：

```
>>> os.getcwd()
'C:\\Windows\\System32'
>>> os.path.abspath('.')
'C:\\Windows\\System32'
>>> os.path.abspath('.\\Scripts')
'C:\\Windows\\System32\\Scripts'
>>> os.path.isabs('.')
False
>>> os.path.isabs(os.path.abspath('.'))
True
>>> os.path.relpath('C:\\Windows', 'C:\\')
'Windows'
>>> os.path.relpath('C:\\Windows', 'C:\\spam\\eggs')
'..\\..\\Windows'
>>> path = 'C:\\Windows\\System32\\calc.exe'
>>> os.path.basename(path)
'calc.exe'
>>> os.path.dirname(path)
'C:\\Windows\\System32'
```

注意：由于读者的系统文件和文件夹可能有所不同，所以读者不必完全遵照本任务的例子，根据自己的系统环境对本任务代码做适当调整即可。

任务编号	8-1	任务名称	对文件进行读写操作

除此之外，如果同时需要一个路径的目录名称和基本名称，则可以调用 os.path.split() 函数获得这两个字符串的元组，程序如下：

```
>>> path = 'C:\\Windows\\System32\\calc.exe'
>>> os.path.split(path)
('C:\\Windows\\System32','calc.exe')
```

需要注意的是，可以调用 os.path.dirname() 函数和 os.path.basename() 函数，将它们的返回值放在一个元组中，从而得到同样的元组。但使用 os.path.split() 无疑是一种很好的快捷方式。

同时，如果提供的路径不存在，那么许多 Python 函数就会崩溃并报错，但幸运的是 os.path 模块提供了以下函数用于检测给定的路径是否存在，以及它是文件还是文件夹。

（1）如果 path 参数所指的文件或文件夹存在，则调用 os.path.exists(path)，将返回 True；否则返回 False。

（2）如果 path 参数存在，并且是一个文件，则调用 os.path.isfile(path)，将返回 True；否则返回 False。

（3）如果 path 参数存在，并且是一个文件夹，则调用 os.path.isdir(path)，将返回 True；否则返回 False。

下面是在交互式环境中尝试这些函数的运行结果。

```
>>> os.path.exists('C:\\Windows')
True
>>> os.path.exists('C:\\some_made_up_folder')
False
>>> os.path.isdir('C:\\Windows\\System32')
True
>>> os.path.isfile('C:\\Windows\\System32')
False
>>> os.path.isdir('C:\\Windows\\System32\\calc.exe')
False
>>> os.path.isfile('C:\\Windows\\System32\\calc.exe')
True
```

三、Python 文件基本操作

Python 中，对文件的操作有很多种，常见的操作包括创建、删除、修改权限、读取、写入等，这些操作大致分为以下两类：

（1）删除、修改权限：作用于文件本身，属于系统级操作。

（2）写入、读取：是文件最常用的操作，作用于文件的内容，属于应用级操作。

其中，对文件的系统级操作功能单一，比较容易实现，可以借助 Python 中的专用

任务编号	8-1	任务名称	对文件进行读写操作

模块（os、sys 等），并调用模块中的指定函数来实现。例如，假设下述代码文件的同级目录中有一个文件 a.txt，通过调用 os 模块中的 remove 函数可以将该文件删除，具体实现程序如下：

```
import os
os.remove("a.txt")
```

而对于文件的应用级操作，通常需要按照固定的步骤进行，且实现过程相对比较复杂，同时也是本任务重点要讲解的部分。

文件的应用级操作可以分为以下 3 步，每一步都需要借助对应的函数实现：

（1）打开文件：使用 open() 函数，该函数会返回一个文件对象。

（2）对已打开的文件做读 / 写操作：读取文件内容可使用 read()、readline() 和 readlines() 函数，向文件中写入内容可以使用 write() 函数。

（3）关闭文件：完成对文件的读 / 写操作之后需要关闭文件，可以用 close() 函数实现。

一个文件，必须在打开之后才能对其进行操作，并且在操作结束之后还应该将其关闭。以上 3 步的顺序不能打乱。

（一）open() 函数

open() 函数

1. open() 函数详解：打开指定文件

在 Python 中，如果想要操作文件，首先需要创建或者打开指定的文件，并创建一个文件对象，这些工作可以通过内置函数 open() 来实现。

open() 函数用于创建或打开指定的文件，语法格式如下：

```
file = open(file_name [, mode='r' [ , buffering=-1 [ , encoding = None ]]])
```

其中，用方括号（[]）括起来的部分为可选参数，既可以使用也可以省略。下面给出各参数所代表的含义。

file：要创建的文件对象。

file_name：要创建或打开文件的文件名，要用引号（单引号或双引号都可以）括起来。需要注意的是，如果要打开的文件和当前执行的代码文件位于同一目录，则直接写文件名即可，否则此参数需要指定打开文件所在的完整路径。

mode：可选参数，用于指定文件的打开模式；如果不写，则默认以只读（r）模式打开文件。

buffering：可选参数，用于指定对文件做读写操作时是否使用缓冲区（本任务后续会做详细介绍）。

encoding：手动设定打开文件时所使用的编码格式，不同平台的 encoding 参数值也不同，以 Windows 为例，其默认为 cp936（实际上就是 GBK 编码）。

open() 函数支持的文件打开模式如表 8-1 所示。

任务编号	8-1	任务名称	对文件进行读写操作

表 8-1　open() 函数支持的文件打开模式

<table>
<tr><th>模式</th><th>意义</th><th>注意事项</th></tr>
<tr><td>r</td><td>只读模式打开文件，读文件内容的指针会放在文件的开头</td><td rowspan="4">操作的文件必须存在</td></tr>
<tr><td>rb</td><td>以二进制格式、采用只读模式打开文件，读文件内容的指针位于文件的开头。一般用于非文本文件（如图片文件、音频文件等）</td></tr>
<tr><td>r+</td><td>打开文件后，既可以从头读取文件内容，也可以从头向文件中写入新的内容，写入的新内容会覆盖文件中等长度的原有内容</td></tr>
<tr><td>rb+</td><td>以二进制格式、采用读写模式打开文件，读写文件的指针会放在文件的开头，通常针对非文本文件（如音频文件）</td></tr>
<tr><td>w</td><td>以只写模式打开文件，若该文件存在，则打开时会清空文件中原有的内容</td><td rowspan="4">若文件存在，则会清空其原有内容（覆盖文件）；反之，则会创建新文件</td></tr>
<tr><td>wb</td><td>以二进制格式、只写模式打开文件，一般用于非文本文件（如音频文件）</td></tr>
<tr><td>w+</td><td>打开文件后，会对原有内容进行清空，并对该文件有读写权限</td></tr>
<tr><td>wb+</td><td>以二进制格式、读写模式打开文件，一般用于非文本文件</td></tr>
<tr><td>a</td><td>以追加模式打开一个文件，对文件只有写入权限。如果文件存在，则文件指针将放在文件的末尾（即新写入内容会位于已有内容之后）；反之，则会创建新文件</td><td></td></tr>
<tr><td>ab</td><td>以二进制格式打开文件，并采用追加模式，对文件只有写入权限。如果该文件存在，则文件指针位于文件末尾（新写入文件会位于已有内容之后）；反之，则创建新文件</td><td></td></tr>
<tr><td>a+</td><td>以读写模式打开文件。如果文件存在，则文件指针放在文件的末尾（新写入文件会位于已有内容之后）；反之，则创建新文件</td><td></td></tr>
<tr><td>ab+</td><td>以二进制模式打开文件，并采用追加模式，对文件具有读写权限。如果文件存在，则文件指针位于文件的末尾（新写入文件会位于已有内容之后）；反之，则创建新文件</td><td></td></tr>
</table>

文件打开模式，直接决定了后续可以对文件做哪些操作。例如，使用 r 模式打开的文件，后续编写的代码只能读取文件，而无法修改文件内容。

图 8-4 中对表 8-1 中容易混淆的几个文件打开模式的功能做了很好的对比。

默认打开 a.txt 文件，程序如下：

```
# 当前程序文件同目录下没有 a.txt 文件
file = open("a.txt")
print(file)
```

当以默认模式打开文件时，默认使用 r 权限，由于该权限要求打开的文件必须存在，因此运行此代码会报错。

现在，在程序文件的同目录下手动创建一个 a.txt 文件，并再次运行该程序，运行结果为：

```
<_io.TextIOWrapper name='a.txt' mode='r' encoding='cp936'>
```

任务编号	8-1	任务名称	对文件进行读写操作

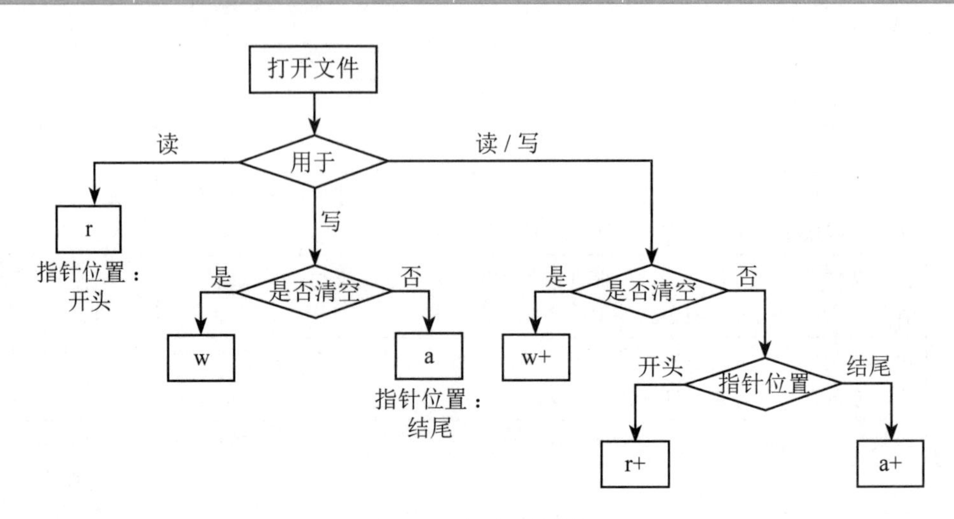

图 8-4　打开文件流程

可以看到，当前输出结果中输出了 file 文件对象的相关信息，包括打开文件的名称、打开模式、打开文件时所使用的编码格式。

使用 open() 打开文件时，默认采用 GBK 编码。但当要打开的文件不是 GBK 编码格式时，可以在使用 open() 函数时手动指定打开文件的编码格式，例如：

```
file = open("a.txt",encoding="utf-8")
```

注意，手动修改 encoding 参数的值仅限于文件以文本的形式打开，也就是说，以二进制格式打开时不能对 encoding 参数的值做任何修改，否则程序会抛出 ValueError 异常，如下：

```
ValueError: binary mode doesn't take an encoding argument
```

2. open() 函数：是否需要缓冲区

通常情况下建议大家在使用 open() 函数时打开缓冲区，即不需要修改 buffing 参数的值。

如果 buffing 参数的值为 0（或者 False），则表示在打开指定文件时不使用缓冲区；如果 buffing 参数的值为大于 1 的整数，则该整数用于指定缓冲区的大小（单位是字节）；如果 buffing 参数的值为负数，则代表使用默认的缓冲区大小。

出现上述情况的原因很简单，目前为止，计算机内存的 I/O 速度仍远远高于计算机外设（如键盘、鼠标、硬盘等）的 I/O 速度，如果不使用缓冲区，则程序在执行 I/O 操作时，内存和外设就必须进行同步读写操作。也就是说，内存必须等待外设输入（输出）一个字节之后才能再次输出（输入）一个字节。这意味着，内存中的程序大部分时间都处于等待状态。

而如果使用缓冲区，则程序在执行输出操作时会先将所有数据都输出到缓冲区中，然后继续执行其他操作，缓冲区中的数据会有外设自行读取处理。同样，当程序执行输入操作时，会先等外设将数据读入缓冲区中，无需同外设做同步读写操作。

任务编号	8-1	任务名称	对文件进行读写操作

3. open() 函数：文件对象常见的属性

成功打开文件之后，可以调用文件对象本身拥有的属性来获取当前文件的部分信息。文件对象常见的属性有以下 4 个：

（1）file.name：返回文件的名称。

（2）file.mode：返回打开文件时采用的文件打开模式。

（3）file.encoding：返回打开文件时使用的编码格式。

（4）file.closed：判断文件是否已经关闭。

示例程序如下：

```
# 以默认方式打开文件
f = open('test123.txt')
# 输出文件是否已经关闭
print(f.closed)
# 输出访问模式
print(f.mode)
# 输出编码格式
print(f.encoding)
# 输出文件名
print(f.name)
```

运行结果如图 8-5 所示。

```
D:\pythontest\venv\Scripts\python.exe D:/pythontest/main.py
False
r
cp936
test123.txt

Process finished with exit code 0
```

图 8-5　open() 函数文件对象属性的操作运行结果

需要注意的是，使用 open() 函数打开的文件对象必须手动进行关闭（后续项目会详细讲解），因为 Python 垃圾回收机制无法自动回收打开文件所占用的资源。

（二）read() 函数

read() 函数

对于借助 open() 函数并以可读模式（包括 r、r+、rb、rb+）打开的文件，可以调用 read() 函数逐个字节（或者逐个字符）读取文件中的内容。

如果文件是以文本模式（非二进制模式）打开的，则 read() 函数会逐个字符进行读取；反之，如果文件以二进制模式打开，则 read() 函数会逐个字节进行读取。

read() 函数的语法格式如下：

```
file.read([size])
```

其中，file 表示已打开的文件对象；size 作为一个可选参数，用于指定一次最多可读取的字符（字节）个数，如果省略，则默认一次性读取所有内容。

任务编号	8-1	任务名称	对文件进行读写操作

例如，首先创建一个名为 test123.txt 的文本文件，内容为“黑龙江职业学院 http://www.hljp.edu.cn/”，然后在与 test123.txt 相同的目录下创建一个 main.py 文件，程序如下：

```
# 以 utf-8 的编码格式打开指定文件
f = open("test123.txt",encoding = "utf-8")
# 输出读取到的数据
print(f.read())
# 关闭文件
f.close()
```

运行结果如图 8-6 所示。

```
D:\pythontest\venv\Scripts\python.exe D:/pythontest/main.py
黑龙江职业学院 http://www.hljp.edu.cn/

Process finished with exit code 0
```

图 8-6　open() 函数读取文件数据

注意：当操作文件结束后，必须调用 close() 函数手动将打开的文件关闭，这样可以避免程序发生错误。

除此之外，对于以二进制格式打开的文件，read() 函数会逐个字节读取文件中的内容。例如，以二进制形式打开指定文件，程序如下：

```
f = open("test123.txt",'rb+')
# 输出读取到的数据
print(f.read())
# 关闭文件
f.close()
```

运行结果如图 8-7 所示。

```
D:\pythontest\venv\Scripts\python.exe D:/pythontest/main.py
b'\xe9\xbb\x91\xe9\xbe\x99\xe6\xb1\x9f\xe8\x81\x8c\xe4\xb8\x9a\xe5\xad\xa6\xe9\x99\xa2 http://www.hljp.edu.cn/'

Process finished with exit code 0
```

图 8-7　read() 函数读取文件数据

从运行结果可以看到，输出的数据为 bytes 字节串。可以调用 decode() 函数，将其转换成我们认识的字符串。

另外需要注意的是，如果想使用 read() 函数成功读取文件内容，除了严格遵守 read() 函数的语法外，还要求 open() 函数必须以可读默认格式（包括 r、r+、rb、rb+）打开文件。例如，将上面程序中 open() 函数的打开模式修改为 w，程序会抛出 io.UnsupportedOperation 异常，提示文件没有读取权限。

任务编号	8-1	任务名称	对文件进行读写操作

（三）readline() 函数

readline() 函数用于读取文件中的一行，包含最后的换行符“\n”，语法格式如下：

```
file.readline([size])
```

其中，file 表示打开的文件对象；size 为可选参数，用于指定读取每一行时一次最多读取的字符（字节）数。

和 read() 函数一样，此函数成功读取文件数据的前提是，使用 open() 函数指定打开文件的模式必须为可读模式（包括 r、rb、r+、rb+）。

仍以前面创建的 test123.txt 文件为例，该文件中有如下两行数据：

```
黑龙江职业学院
http://www.hljp.edu.cn/
```

下面的程序演示了 readline() 函数的用法：

```
f = open("test123.txt")
# 读取一行数据
byt = f.readline()
print(byt)
```

由于 readline() 函数在读取文件中的一行内容时会读取最后的换行符“\n”，再加上 print() 函数输出内容时默认会换行，所以输出结果中会看到多出了一个空行。

不仅如此，在逐行读取时，readline() 函数还可以限制最多可以读取的字符（字节）数，程序如下：

```
# 以二进制形式打开指定文件
f = open("test123.txt",'rb')
byt = f.readline(6)
print(byt)
```

运行结果如图 8-8 所示。

```
D:\pythontest\venv\Scripts\python.exe D:/pythontest/main.py
b'\xe9\xbb\x91\xe9\xbe\x99'

Process finished with exit code 0
```

图 8-8　readline() 函数读取文件中的数据运行结果

和上一个例子的输出结果相比，由于这里没有完整读取一行的数据，因此不会读取到换行符。

（四）readlines() 函数

readlines() 函数用于读取文件中的所有行，它和调用不指定 size 参数的 read() 函数类似，只不过该函数返回的是一个字符串列表，其中每个元素为文件中的一行内容。

和 readline() 函数一样，readlines() 函数在读取每一行时会连同行尾的换行符一块

任务编号	8-1	任务名称	对文件进行读写操作

读取。

readlines() 函数的语法格式如下：

```
file.readlines()
```

其中，file 表示打开的文件对象。和 read()、readline() 函数一样，它要求打开文件的模式必须为可读模式（包括 r、rb、r+、rb+）。程序如下：

```
f = open("test123.txt",'rb')
byt = f.readlines()
print(byt)
```

运行结果如图 8-9 所示。

```
D:\pythontest\venv\Scripts\python.exe D:/pythontest/main.py
[b'\xe9\xbb\x91\xe9\xbe\x99\xe6\xb1\x9f\xe8\x81\x8c\xe4\xb8\x9a\xe5\xad\xa6\xe9\x99\xa2 http://www.hljp.edu.cn/']

Process finished with exit code 0
```

图 8-9 readlines() 函数读取文件数据运行结果

（五）write() 函数

write() 函数可以向文件中写入指定内容，语法格式如下：

```
file.write(string)
```

其中，file 表示已经打开的文件对象，string 表示要写入文件的字符串（或字节串，仅适用于写入二进制文件中）。

注意：在使用 write() 向文件中写入数据，需要保证使用 open() 函数是以 r+、w、w+、a 或 a+ 的模式打开文件，否则执行 write() 函数会抛出 io.UnsupportedOperation 错误。

例如，创建一个 aaa.txt 文件，该文件内容如下：

```
Python help
http://c.biancheng.net
```

然后，在和 aaa.txt 文件同级目录下创建一个 Python 文件，编写如下代码：

```
f = open("aaa.txt", 'w')
f.write(" 写入一行新数据 ")
f.close()
```

前面已经讲过，如果打开的文件模式中包含 w（写入），那么向文件中写入内容时会先清空原文件中的内容，然后再写入新的内容。因此运行上面的程序，再次打开 test123.txt 文件时只会看到新写入的内容，运行结果如图 8-10 所示。

```
aaa.txt - 记事本
文件(F)  编辑(E)  格式(O)  查看(V)  帮助(H)
写入一行新数据
```

图 8-10 write() 函数写入文件数据运行结果

任务编号	8-1	任务名称	对文件进行读写操作

如果打开的文件模式中包含 a（追加），则不会清空原有内容，而是将新写入的内容添加到原内容后面。例如，还原 test123.txt 文件中的内容并修改上面的代码，程序如下：

```
f = open("aaa.txt", 'a')
f.write("\n 写入一行新数据 ")
f.close()
```

再次打开 test123.txt 文件，可以看到如图 8-11 所示的内容。

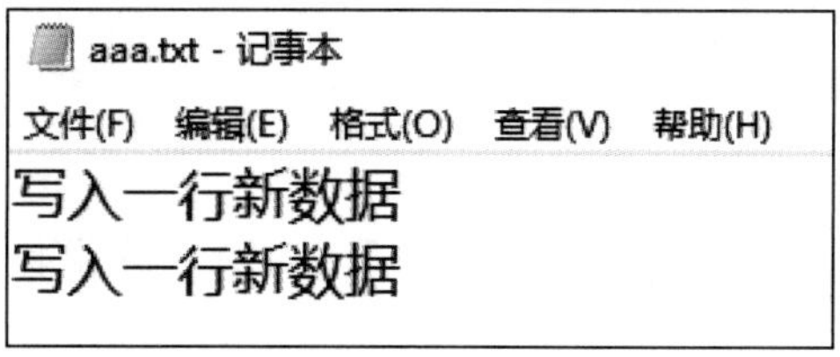

aaa.txt - 记事本
文件(F) 编辑(E) 格式(O) 查看(V) 帮助(H)
写入一行新数据
写入一行新数据

图 8-11　打开文件模式中包含 a（追加）运行结果

因此，采用不同的文件打开模式会直接影响 write() 函数向文件中写入数据的效果。

另外，在写入文件完成后，一定要调用 close() 函数将打开的文件关闭，否则写入的内容不会保存到文件中。

（六）writelines() 函数

Python 的文件对象中，不仅提供了 write() 函数，还提供了 writelines() 函数，可以实现将字符串列表写入文件中。

需要注意的是，写入函数只有 write() 函数和 writelines() 函数，而没有名为 writeline 的函数。

例如，还是以 test123.txt 文件为例，通过使用 writelines() 函数可以轻松实现将 test123.txt 文件中的数据复制到其他文件中，程序如下：

```
f = open('aaa.txt', 'r')
n = open('b.txt','w+')
n.writelines(f.readlines())
n.close()
f.close()
```

运行结果如图 8-12 所示。

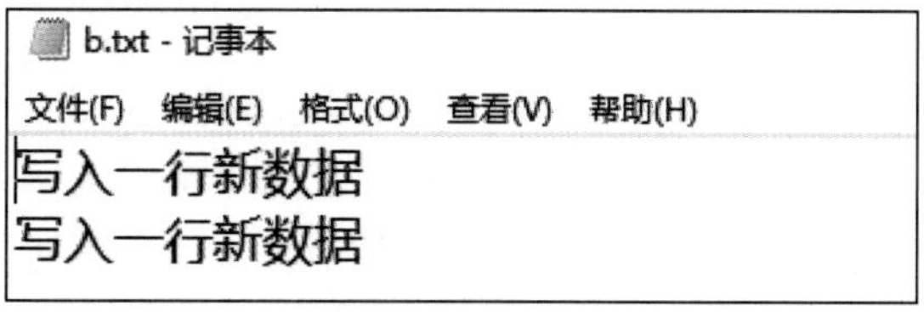

b.txt - 记事本
文件(F) 编辑(E) 格式(O) 查看(V) 帮助(H)
写入一行新数据
写入一行新数据

图 8-12　通过 writelines() 函数复制内容运行结果

任务编号	8-1	任务名称	对文件进行读写操作

执行此代码时，在 a.txt 文件同级目录下会生成一个 b.txt 文件，且该文件中包含的数据和 a.txt 完全一样。

需要注意的是，使用 writelines() 函数向文件中写入多行数据时不会自动给各行添加换行符。上面的例子中，之所以 b.txt 文件中会逐行显示数据，是因为 readlines() 函数在读取各行数据时读入了行尾的换行符。

（七）close() 函数

close() 函数是专门用来关闭已打开文件的，语法格式如下：

```
file.close()
```

其中，file 表示已打开的文件对象。

注意：程序中只要是使用 open() 函数打开的文件，在操作完成之后，一定要调用 close() 函数将其关闭。

（八）tell() 函数

tell() 函数的用法很简单，语法格式如下：

```
file.tell()
```

其中，file 表示文件对象。

例如，在同一目录下，编写程序对 test123.txt 文件进行读取操作，test123.txt 文件中的内容为 http://www.baidu.com，读取 a.txt 的程序如下：

```
f = open("test123.txt",'r')
print(f.tell())
print(f.read(3))
print(f.tell())
```

运行结果如图 8-13 所示。

```
D:\pythontest\venv\Scripts\python.exe D:/pythontest/main.py
0
htt
3

Process finished with exit code 0
```

图 8-13　tell() 函数运行结果

可以看到，当使用 open() 函数打开文件时，文件指针的起始位置为 0，表示位于文件的开头处；当使用 read() 函数从文件中读取 3 个字符之后，文件指针也向后移动了 3 个字符的位置。这就表明，当程序使用文件对象读写数据时文件指针会自动向后移动，即读写了多少个数据文件指针就自动向后移动多少位置。

任务编号	8-1	任务名称	对文件进行读写操作

（九）seek() 函数

seek() 函数用于移动文件指针到文件的指定位置，语法格式如下：

```
file.seek(offset[, whence])
```

各参数的含义如下：

file：文件对象。

whence：作为可选参数，用于指定文件指针要放置的位置，参数值有 3 个选择，0 代表文件头（默认值），1 代表当前位置，2 代表文件尾。

offset：表示相对于 whence 位置文件指针的偏移量，正数表示向后偏移，负数表示向前偏移。例如，当 whence == 0 &&offset == 3（即 seek(3,0)）时，表示文件指针移动至距离文件开头处 3 个字符的位置；当 whence == 1 &&offset == 5（即 seek(5,1)）时，表示文件指针向后移动至距离当前位置 5 个字符处。

注意：当 offset 的值为非 0 时，Python 要求文件必须要以二进制格式打开，否则会抛出 io.UnsupportedOperation 错误。

8.1.3 实施评量单

<table>
<tr><td>任务编号</td><td>8-1</td><td>任务名称</td><td colspan="2">对文件进行读写操作</td></tr>
<tr><td colspan="2">评量项目</td><td>自评</td><td>组长评价</td><td>教师评价</td></tr>
<tr><td rowspan="3">课堂表现</td><td>学习态度（15 分）</td><td></td><td></td><td></td></tr>
<tr><td>沟通合作（10 分）</td><td></td><td></td><td></td></tr>
<tr><td>回答问题（15 分）</td><td></td><td></td><td></td></tr>
<tr><td rowspan="2">技能操作</td><td>文件的写入操作（30 分）</td><td></td><td></td><td></td></tr>
<tr><td>文件的读取操作（30 分）</td><td></td><td></td><td></td></tr>
<tr><td>学生签字</td><td>年 月 日</td><td>教师签字</td><td colspan="2">年 月 日</td></tr>
</table>

<table>
<tr><td colspan="7">评量规准</td></tr>
<tr><td colspan="2">项目</td><td>A</td><td>B</td><td>C</td><td>D</td><td>E</td></tr>
<tr><td rowspan="3">课堂表现</td><td>学习态度</td><td>在积极主动、虚心求教、自主学习、细致严谨上表现优秀，令师生称赞。</td><td>在积极主动、虚心求教、自主学习、细致严谨上表现良好。</td><td>在积极主动、虚心求教、自主学习、细致严谨上表现较好。</td><td>在积极主动、虚心求教、自主学习、细致严谨上表现尚可。</td><td>在积极主动、虚心求教、自主学习、细致严谨上表现均有待加强。</td></tr>
<tr><td>沟通合作</td><td>在师生和同学之间具有很好的沟通能力，在小组学习中具有很强的团队合作能力。</td><td>在师生和同学之间具有良好的沟通能力，在小组学习中具有良好的团队合作能力。</td><td>在师生和同学之间具有较好的沟通能力，在小组学习中具有较好的团队合作能力。</td><td>在师生和同学之间能够正常沟通，在小组学习中能够参与团队合作。</td><td>在师生和同学之间不能够正常沟通，在小组学习中不能够参与团队合作。</td></tr>
<tr><td>回答问题</td><td>积极踊跃地回答问题，且全部正确。</td><td>比较积极踊跃地回答问题，且基本正确。</td><td>能够回答问题，且基本正确。</td><td>回答问题，但存在错误。</td><td>不能回答课堂提问。</td></tr>
<tr><td rowspan="2">技能操作</td><td>文件的写入操作</td><td>能独立、熟练地完成文件的写入操作。</td><td>能独自较为熟练地完成文件的写入操作。</td><td>能在他人提示下完成文件的写入操作。</td><td>能在他人多次提示、帮助下完成文件的写入操作。</td><td>未能完成文件的写入操作。</td></tr>
<tr><td>文件的读取操作</td><td>能独立、熟练地完成文件的读取操作。</td><td>能独自较为熟练地完成文件的读取操作。</td><td>能在他人提示下完成文件的读取操作。</td><td>能在他人多次提示、帮助下完成文件的读取操作。</td><td>未能完成文件的读取操作。</td></tr>
</table>

8.2　对指定目录的文件进行读写操作

8.2.1　实施任务单

任务编号	8-2	任务名称	对指定目录的文件进行读写操作
任务简介	对文件的高级操作需要调用一系列的模块，这些模块内容丰富、功能强大。本任务主要介绍 pickle 模块、pathlib 模块、OS 模块和 os.path 模块。		
设备环境	台式机或笔记本，建议 Windows 7 版本以上的 Windows 操作系统、Python 3.9.1 等。		
实施专业		实施班级	
实施地点		小组成员	
指导教师		联系方式	
任务难度	中级	实施日期	年　　月　　日
任务要求	编写一个程序，提示用户输入其名字；用户做出响应后，将其名字写入文件中，并读取此文件的绝对路径，完成以下内容： （1）定义一个变量 n，程序判断当不等于 n 的时候就执行。 （2）用 open() 函数来创建一个 txt 文件。 （3）用 files.write() 函数进行用户名字的写入。 （4）用 path.abspath() 函数读取此文件的绝对路径。 （5）其余的写入内容、读取内容可参考上个任务的内容；输入完名字之后，在工程目录下会新建一个 guest.txt 文档，里面存有刚写入的名字。 运行结果如图 8-14 所示（本结果仅供参考）。 D:\pythontest\venv\Scripts\python.exe D:/pythontest/main.py 请输入您的姓名:我爱学习python 我爱学习python D:\pythontest\guest.txt 请输入您的姓名: 图 8-14　任务 2 运行结果		

8.2.2 信息单

任务编号	8-2	任务名称	对指定目录的文件进行读写操作

在 Python 程序开发过程中，对文件的高级操作需要调用一系列的模块，本任务主要介绍 pickle 模块、pathlib 模块、OS 模块和 os.path 模块。

一、pickle 模块

pickle 模块

Python 中的序列化过程称为 pickle，它既能够实现任意对象与文本之间的相互转化，又能够实现任意对象与二进制之间的相互转化。也就是说，pickle 可以实现 Python 对象的存储及恢复。在程序编写过程中，使用 import 关键字将其导入程序即可直接使用。

pickle 模块提供了以下 4 个函数：

（1）pickle dumps()：将 Python 中的对象序列化为二进制对象并返回。

（2）pickle loads()：读取给定的二进制对象数据，并将其转换为 Python 对象。

（3）pickle dump()：将 Python 中的对象序列化为二进制对象并写入文件。

（4）pickle load()：读取指定的序列化数据文件并返回对象。

这 4 个函数可以分成两类，pickle dumps() 函数和 pickle loads() 函数实现基于内存的 Python 对象与二进制对象互转；pickle dump() 函数和 pickle load() 函数实现基于文件的 Python 对象与二进制对对象互转。

1. pickle.dumps() 函数

此函数用于将 Python 对象转为二进制对象，语法格式如下：

```
dumps(obj, protocol=None, *, fix_imports=True)
```

各参数的含义如下：

obj：要转换的 Python 对象。

protocol：pickle 模块的转码协议，取值为 0、1、2、3、4，其中 0、1、2 对应 Python 早期的版本，3 和 4 对应 Python 3.x 及之后的版本；未指定情况下，默认为 3。

其他参数：是为了兼容 Python 2.x 版本而保留的参数，Python 3.x 中可以忽略。

【例 8-1】使用 pickle.dumps() 函数将 tup1 转换成 q1。

```
import pickle
tup1 = ('I love you', {4,5,6}, None)
# 使用 dumps() 函数将 tup1 转换成 q1
q1 = pickle.dumps(tup1)
print(q1)
```

运行结果如图 8-15 所示。

任务编号	8-2	任务名称	对指定目录文件的进行读写操作

```
D:\pythontest\venv\Scripts\python.exe D:/pythontest/main.py
b'\x80\x04\x95\x1b\x00\x00\x00\x00\x00\x00\x00\x8c\nI love you\x94\x8f\x94(K\x04K\x05K\x06\x90N\x87\x94.'

Process finished with exit code 0
```

图 8-15　使用 pickle.dumps() 函数将 tup1 转换成 q1 运行结果

2. pickle.loads() 函数

此函数用于将二进制对象转换成 Python 对象，语法格式如下：

```
loads(da ta, *, fix_imports=True, encoding='ASCII', errors='strict')
```

其中，data 参数表示要转换的二进制对象，其他参数只是为了兼容 Python 2.x 版本而保留的，可以忽略。

【例 8-2】在例 8-1 的基础上将 q1 对象反序列化为 Python 对象。

```
import pickle
tup1 = ('I love you', {4,5,6}, None)
q1 = pickle.dumps(tup1)
# 使用 pickle.loads() 函数将 q1 转换成 Python 对象
t2 = pickle.loads(q1)
print(t2)
```

运行结果如图 8-16 所示。

```
D:\pythontest\venv\Scripts\python.exe D:/pythontest/main.py
('I love you', {4, 5, 6}, None)

Process finished with exit code 0
```

图 8-16　使用 pickle.loads() 函数将 q1 转换成 Python 对象运行结果

注意：在使用 pickle.loads() 函数将二进制对象反序列化为 Python 对象时会自动识别转码协议，所以不需要将转码协议当作参数传入，并且当待转换的二进制对象的字节数超过 pickle 的 Python 对象时多余的字节将被忽略。

3. pickle.dump() 函数

此函数用于将 Python 对象转换为二进制文件，语法格式如下：

```
dump (obj, file,protocol=None, *, fix mports=True)
```

各参数的含义如下：

obj：要转换的 Python 对象。

file：转换到指定的二进制文件中，要求该文件必须是以 wb 打开方式进行操作。

protocol：与 pickle.dumps() 函数中 protocol 参数的含义完全相同。

其他参数：是为了兼容 Python 2.x 版本而保留的参数，可以忽略。

【例 8-3】将 tup1 元组转换为二进制对象文件。

任务编号	8-2	任务名称	对指定目录文件的进行读写操作

```
import pickle
top1 = ('I love you', {4,5,6}, None) # 使用 pickle.dumps() 函数将 top1 转换成 p1
with open ("qq.txt", 'wb') as f:      # 打开文件
pickle.dump(top1, f)                  # 用 pickle.dump() 函数将 Python 对象转换成二进制文件
```

运行完此程序后会在该程序文件同级目录中生成 qq.txt 文件，但由于其内容为二进制数据，因此直接打开会看到乱码，运行结果如图 8-17 所示。

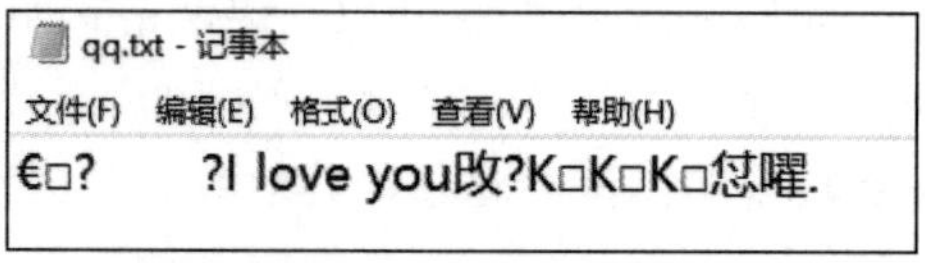

```
qq.txt - 记事本
文件(F)  编辑(E)  格式(O)  查看(V)  帮助(H)
€□?        ?I love you敃?K□K□K□忲曜.
```

图 8-17　使用 pickle.dumps() 函数将 top1 转换成 p1 运行结果

4. pickle.load() 函数

此函数和 pickle.dump() 函数相对应，用于将二进制对象文件转换为 Python 对象，语法格式如下：

```
load(file, *, fix_imports=True, encoding='ASCII', errors='strict')
```

其中，file 参数表示要转换的二进制对象文件（必须以 rb 打开方式操作文件），其他参数只是为了兼容 Python 2.x 版本而保留，可以忽略。

【例 8-4】将例 8-3 转换的 qq.txt 二进制对象文件转换为 Python 对象。

```
import pickle
top1 = ('I love you', {4,5,6}, None)
# 使用 pickle.dumps() 函数将 tup1 转换成 p1
with open ("qq.txt", 'wb') as f:    # 打开文件
  pickle.dump(top1, f) # 用 pickle.dump() 函数将 Python 对象转换为二进制对象文件
with open ("qq.txt", 'rb') as f:    # 打开文件
  f3 = pickle.load(f)    # 将二进制对象文件转换为 Python 对象
print(f3)
```

运行结果如图 8-18 所示。

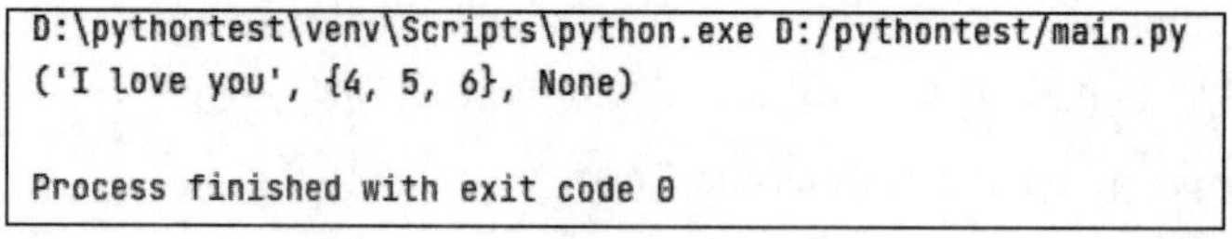

```
D:\pythontest\venv\Scripts\python.exe D:/pythontest/main.py
('I love you', {4, 5, 6}, None)

Process finished with exit code 0
```

图 8-18　使用 pickle.load() 函数将二进制对象文件转换为 Python 对象运行结果

pathlib 模块

二、pathlib 模块

pathlib 模块的操作对象是各种操作系统中使用的路径（如指定文件位置的路径，

任务编号	8-2	任务名称	对指定目录文件的进行读写操作

包括绝对路径和相对路径）。

pathlib 模块中包含的是一些类，包括 PurePath 类、PurePosixPath 类、PureWindowsPath 类、Path 类、PosixsPath 类、WindowPath 类。

PurePath 类会将路径看作一个普通的字符串，可以实现将多个指定的字符串拼接成适用于当前操作系统的路径格式，还可以判断任意两个路径是否相等。需要注意的是，使用 PurePath 类操作的路径并不会关心该路径是否真实有效。

PurePosixPath 类和 PureWindowsPath 类是 PurePath 类的子类，前者用于操作 UNIX（包括 MacOSX）风格的路径，后者用于操作 Windows 风格的路径。

Path 类和以上 3 个类不同，它操作的路径一定是真实有效的。Path 类提供了判断路径是否真实存在的方法。

PosixPath 类和 WindowsPath 类是 Path 类的子类，分别用于操作 UNIX（Mac OS X）风格的路径和 Windows 风格的路径。

下面主要介绍 PosixPath 类和 Path 类。

1. PurePath 类的用法

PurePath 类（包括 PurePosixPath 类和 PureWindowsPath 类）都提供了大量的构造方法、实例方法和类实例属性。

需要注意的是，在使用 PurePath 类时，考虑到操作系统的不同，如果在 UNIX 或 Mac OS X 系统上使用 PurePath 类创建对象，则该类的构造方法实际返回的是 PurePosixPath 对象；如果在 Windows 系统上使用 PurePath 类创建对象，则该类的构造方法实际返回的是 PureWindowsPath 对象。

当然，我们完全可以直接使用 PurePosixPath 类或 PureWindowsPath 类来创建指定操作系统使用的类对象。

例如，在 Windows 系统上执行如下程序：

```
from pathlib import *
# 创建 PurePath，实际上使用 PureWindowsPath
path = PurePath('my_file.txt')
print(type(path))
```

运行结果如图 8-19 所示。

```
D:\pythontest\venv\Scripts\python.exe D:/pythontest/main.py
<class 'pathlib.PureWindowsPath'>

Process finished with exit code 0
```

图 8-19 使用 PurePath 类创建对象运行结果

表 8-2 中列出了常用的 PurePath 类实例属性和实例方法名。

从本质上讲 PurePath 的操作对象是字符串，因此表 8-2 中的这些实例属性和实例方法也是对字符串进行操作。

任务编号	8-2	任务名称	对指定目录文件的进行读写操作

表 8-2　常用的 PurePath 类实例属性和实例方法名

实例属性和实例方法名	描述
PurePath.parts	返回路径字符串中所包含的各部分
PurePath.drive	返回路径字符串中的驱动器盘符
PurePath.root	返回路径字符串中的根路径
PurePath.anchor	返回路径字符串中的盘符和根路径
PurePath.parents	返回当前路径的全部父路径
PurPath.parent	返回当前路径的上一级路径，相当于 parents[0] 的返回值
PurePath.name	返回当前路径中的文件名
PurePath.suffixes	返回当前路径中的文件所有扩展名
PurePath.suffix	返回当前路径中的文件后缀名，相当于 suffixes 属性返回的列表最后一个元素

2. Path 类的功能和用法

和 PurPath 类相比，Path 类的最大不同就是支持对路径的真实性进行判断。Path 类是 PurePath 类的子类，因此 Path 类除了支持 PurePath 类提供的各种构造函数、实例属性和实例方法外，还提供甄别路径字符串有效性的方法，甚至还可以判断该路径对应的是文件还是文件夹，如果是文件，还支持对文件进行读写等操作。

和 PurePath 类一样，Path 类同样有两个子类：PosixPath 类（表示 UNIX 风格的路径）和 WindowsPath 类（表示 Windows 风格的路径）。

Path 类属性和方法众多，这里不再一一讲解，后续项目用到时再详细介绍。

三、OS 模块

OS 是 Python 的标准组件模块，其中包含一系列子函数。

（1）os.name：导入该模块的操作系统的名称。

```
import os  # 导入模块
print(os.name)   # 打印 OS 模块的操作系统
```

（2）os.getcwd()：获取当前工作目录，打印当前的绝对路径 os.path.abspath('.')。

```
import os
print(os.getcwd())
```

（3）os.listdir()：列出（当前）目录下的全部路径（及文件），函数返回值是一个列表，分别是各路径名和文件名。

（4）os.mkdir()：新建一个路径，只能在已有路径下新建一级路径，如果指定路径已存在，则报错。

（5）os.makedirs()：新建多级路径。

任务编号	8-2	任务名称	对指定目录文件的进行读写操作

（6）os.remove()：删除文件，如果指定路径是目录而不是文件，则会抛出错误。

（7）os.rmdir()：删除目录。

（8）os.removedirs()：删除多级目录。

（9）os.chdir()：切换当前工作路径为指定路径。

（10）os.rename()：重命名文件。

```
import os
fd = "a.txt"  # fd 目前为字符串
os.rename(fd,'New.txt')
os.rename(fd,'New.txt')
```

四、os.path 模块

相比 pathlib 模块，os.path 模块不仅提供了一些操作路径字符串的方法，还包含或者指定文件属性的一些方法，如表 8-3 所示。

表 8-3　os.path 模块常用的方法

方法	描述
os.path.abspath(path)	返回 path 的绝对路径
os.path.basename(path)	获取 path 路径的基本名称，即从 path 末尾到最后一个斜杠的位置之间的字符串
os.path.commonprefix(list)	返回 list（多个路径）中所有 path 共有的最长的路径
os.path.dirname(path)	返回 path 路径中的目录部分
os.path.exists(path)	判断 path 对应的文件是否存在，如果存在则返回 True，否则返回 False。和 lexists() 方法的区别在于，exists() 方法会自动判断失效的文件链接（类似于 Windows 系统中文件的快捷方式），而 lexists() 方法却不会
os.path.lexists(path)	判断路径是否存在，如果存在则返回 True，否则返回 False
os.path.expanduser(path)	把 path 中包含的“~”和“~user”转换成用户目录
os.path.expandvars(path)	根据环境变量的值替换 path 中包含的“$name”和“${name}”
os.path.getatime(path)	返回 path 所指文件的最近访问时间（浮点型秒数）
os.path.getmtime(path)	返回文件的最近修改时间（单位为秒）
os.path.getctime(path)	返回文件的创建时间（单位为秒），自 1970 年 1 月 1 日起又称 UNIX 时间
os.path.getsize(path)	返回文件大小，如果文件不存在，则返回错误
os.path.isabs(path)	判断路径是否为绝对路径
os.path.isfile(path)	判断路径是否为文件
os.path.isdir(path)	判断路径是否为目录

任务编号	8-2	任务名称	对指定目录文件的进行读写操作

方法	描述
os.path.islink(path)	判断路径是否为链接文件（类似于 Windows 系统中的快捷方式）
os.path.ismount(path)	判断路径是否为挂载点
os.path.join(path1[, path2[, ...]])	把目录和文件名合成一个路径
os.path.normcase(path)	转换 path 的大小写和斜杠
os.path.normpath(path)	规范 path 字符串形式
os.path.realpath(path)	返回 path 的真实路径
os.path.relpath(path[, start])	从 start 开始计算相对路径
os.path.samefile(path1, path2)	判断目录或文件是否相同
os.path.sameopenfile(fp1, fp2)	判断 fp1 和 fp2 是否指向同一个文件
os.path.samestat(stat1, stat2)	判断 stat1 和 stat2 是否指向同一个文件
os.path.split(path)	把路径分割成 dirname 和 basename，返回一个元组
os.path.splitdrive(path)	一般用在 Windows 系统下，返回驱动器名和路径组成的元组
os.path.splitext(path)	分割路径，返回路径名和文件扩展名组成的元组
os.path.splitunc(path)	把路径分割为加载点与文件

8.2.3 实施评量单

任务编号	8-3	任务名称	对文件进行读写操作	
评量项目		自评	组长评价	教师评价
课堂表现	学习态度（15 分）			
	沟通合作（10 分）			
	回答问题（15 分）			
技能操作	文件的定位（20 分）			
	文件的写入操作（20 分）			
	文件的读取操作（20 分）			
学生签字	年 月 日	教师签字	年 月 日	

评量规准

项目		A	B	C	D	E
课堂表现	学习态度	在积极主动、虚心求教、自主学习、细致严谨上表现优秀，令师生称赞。	在积极主动、虚心求教、自主学习、细致严谨上表现良好。	在积极主动、虚心求教、自主学习、细致严谨上表现较好。	在积极主动、虚心求教、自主学习、细致严谨上表现尚可。	在积极主动、虚心求教、自主学习、细致严谨上表现均有待加强。
	沟通合作	在师生和同学之间具有很好的沟通能力，在小组学习中具有很强的团队合作能力。	在师生和同学之间具有良好的沟通能力，在小组学习中具有良好的团队合作能力。	在师生和同学之间具有较好的沟通能力，在小组学习中具有较好的团队合作能力。	在师生和同学之间能够正常沟通，在小组学习中能够参与团队合作。	在师生和同学之间不能够正常沟通，在小组学习中不能够参与团队合作。
	回答问题	积极踊跃地回答问题，且全部正确。	比较积极踊跃地回答问题，且基本正确。	能够回答问题，且基本正确。	回答问题，但存在错误。	不能回答课堂提问。
技能操作	文件的定位	能独立、熟练地完成文件的定位。	能独自较为熟练地完成文件的定位。	能在他人提示下完成文件的定位。	能在他人多次提示、帮助下完成文件的定位。	未能完成文件的定位。
	文件的写入操作	能独立、熟练地完成文件的写入操作。	能独自较为熟练地完成文件的写入操作。	能在他人提示下完成文件的写入操作。	能在他人多次提示、帮助下完成文件的写入操作。	未能完成文件的写入操作。
	文件的读取操作	能独立、熟练地完成文件的读取操作。	能独自较为熟练地完成文件的读取操作。	能在他人提示下完成文件的读取操作。	能在他人多次提示、帮助下完成文件的读取操作。	未能完成完成文件的读取操作。

8.3 课后训练

一、填空题

1. 所有没有从根文件夹开始的文件名或路径都假定在 __________ 下。
2. 文件有两个关键属性：“文件名” 和 __________。
3. 完成对文件的读 / 写操作之后，需要关闭文件，可以使用 __________ 函数。
4. Python 文件操作模块有 pickle 模块、pathlib 模块、__________、__________。

二、判断题

1. 绝对路径指的是从最初的硬盘开始一直进入文件位置。（　　）
2. Python 提供的文件操作模块使我们可以获得大量实现文件操作的函数和方法。（　　）
3. 使用 open() 函数打开文件时默认采用 GBK 编码。（　　）
4. seek() 函数用于复制文件指针到文件的指定位置。（　　）

三、选择题

1. 写入、读取是文件最常用的操作，作用于文件的内容，属于（　　）操作。
   A．逻辑层面　B．内核级　C．代码级　D．应用级
2. pickle.dump() 函数用于将 Python 对象转换为（　　）。
   A．ASCII 码　B．二进制对象　C．数字　D．字符串
3. pickle 模块可以实现 Python 对象的存储及（　　）。
   A．移动　B．删除　C．恢复　D．复制
4. 关于 Python 文件操作，下列描述正确的是（　　）。
   A．readline() 函数用于读取文件中的一行，包含最后的换行符“\n”
   B．readlines() 函数用于读取文件中的所有行
   C．write() 函数可以向文件中写入指定内容
   D．以上都正确

四、简答题

1. 什么是绝对路径和相对路径？
2. Python 文件操作模块有哪些？

五、操作题

1. 生成一个大文件 ips.txt，要求 50 行，每行随机为 172.25.254.0/24 段的 IP。
2. 读取 ips.txt 文件，统计这个文件中出现次数排前十的 IP。

项目9 创建和使用字符串及正则表达式

思政目标

★ 养成热爱集体、吃苦耐劳的优良品质。

学习目标

★ 熟知转义字符、字符编码等基础知识。
★ 熟练使用字符串的常用方法并完成字符串操作。
★ 熟知正则表达式的各种语法知识和匹配模式。
★ 熟练使用 re 模块提供的函数操作正则表达式。

学习路径

★ 通过信息单掌握基本理论知识。
★ 通过任务单在实践中巩固和升华理论知识。
★ 通过评量单反馈学习中的不足和改进方向。
★ 通过课后训练再学习，再提高。

学习资源

★ 校内一体化教室。
★ 视频、PPT、习题答案等。
★ 网络资源。

学习任务

★ 初级任务：统计字符个数。
★ 高级任务：提取电话号码。

思维导图

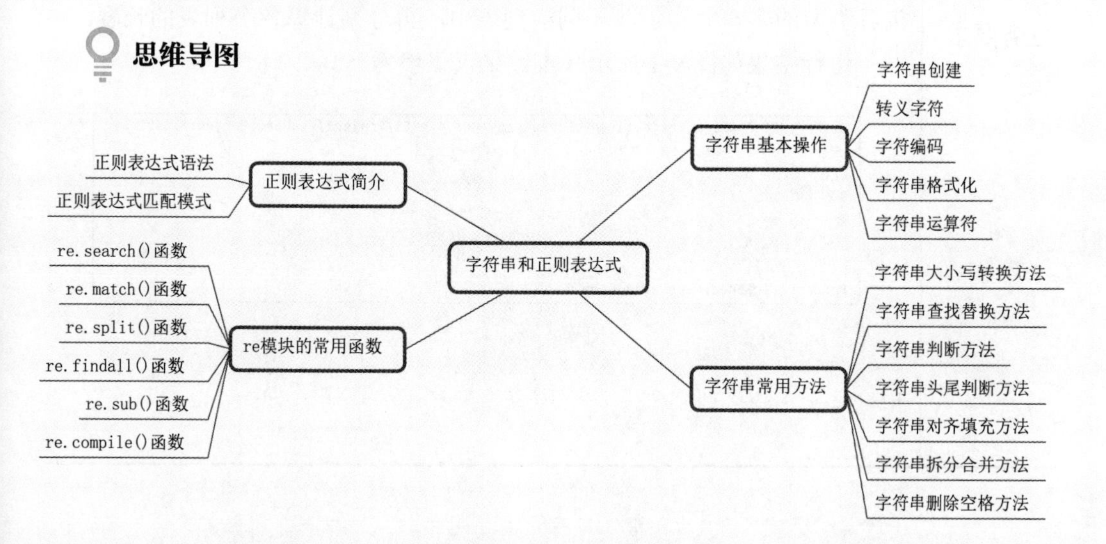

9.1　统计字符个数

9.1.1　实施任务单

<table>
<tr><td>任务编号</td><td>9-1</td><td>任务名称</td><td>统计字符个数</td></tr>
<tr><td>任务简介</td><td colspan="3">字符串是一种表示文本的数据类型，字符串的表示、解析和处理是 Python 的重要内容。本任务运用字符串函数识别出各个字符的类型，并统计出每种类型字符的个数。</td></tr>
<tr><td>设备环境</td><td colspan="3">台式机或笔记本，建议 Windows 7 版本以上的 Windows 操作系统。</td></tr>
<tr><td>实施专业</td><td></td><td>实施班级</td><td></td></tr>
<tr><td>实施地点</td><td></td><td>小组成员</td><td></td></tr>
<tr><td>指导教师</td><td></td><td>联系方式</td><td></td></tr>
<tr><td>任务难度</td><td>初级</td><td>实施日期</td><td>年　　月　　日</td></tr>
<tr><td>任务要求</td><td colspan="3">输入一行字符，分别统计出英文字母、空格、数字和其他字符的个数，完成以下内容：
（1）输入任意字符串，根据其中各字符的 ASCII 值判断它的字符类型。
（2）通过分析得出，数字 0 ～ 9 对应的 ASCII 码值为 48 ～ 57，大写字母 A ～ Z 对应的 ASCII 码值为 65 ～ 90，小写字母 a ～ z 对应的 ASCII 码值为 97 ～ 122。
（3）使用内置函数 ord() 将字符转换成相应的 ASCII 码值，分别找出各类型的字符并存放到不同的列表中，再分别计算各个列表的长度。
运行结果如图 9-1 所示（本结果仅供参考）。

E:\Project\Pycharm_Project\venv\Scripts\python.exe E:/Project/Pycharm_Project/Task1.py
请输入一行字符：Python 3程序设计！
英文字母个数：6
空格个数：1
数字个数：1
其他字符个数：5

Process finished with exit code 0

图 9-1　任务 1 运行结果</td></tr>
</table>

9.1.2 信息单

任务编号	9-1	任务名称	统计字符个数

一、字符串基本操作

（一）字符串创建

Python 中的字符串是不可变序列的一种，是由单引号“'”、双引号“"”、三单引号“'''”或三双引号“"""”等界定符括起来的字符序列。Python 中没有单独的字符类型，一个字符就是长度为 1 的字符串。

只要为变量分配一个用字符串界定符括起来的字符序列即可创建一个字符串。例如 var1 = 'Hello World!'，var2 = "Hello Python!"。

三双引号允许一个字符串跨多行，字符串中可以包含换行符、制表符和其他特殊字符，示例程序如下：

```
var3 = """
Hello
World
And
Python.
"""
```

需要注意的是，三双引号包围的多行字符串常常出现在函数声明的下一行，用来注释函数的功能。这个注释被认为是函数的一个默认属性，可以通过“函数名._doc_”的形式进行访问。

（二）转义字符

如果字符串中已经包含双引号，如 He said:"Hi!"，那么字符串外就要用单引号括起来。同理，字符串中如果包含了单引号，则字符串外要用双引号括起来。例如 var1 = 'He said "Hi!"',print(var1)，程序的运行结果为 He said "Hi!"。

如果一个字符串中既包含了单引号，又包含了双引号，则无论字符串外用双引号还是单引号括起来，代码都会报错。这时需要在字符串中的双引号和单引号前各插入一个转义字符“\”。需要注意的是，转义字符不计入字符串的内容。例如 str1 = 'He said \"She\'s beautiful.\"',print(str1)，程序的运行结果为 He said "She's beautiful."。

另外，如果代码中需要输入回车符、换行符等不可见字符，则也需要使用转义字符。转义字符由反斜杠“\”加上后面的字符组成，表示不同的含义。例如 \r 表示回车，\t 表示制表符，\n 表示换行等。常用的转义字符如表 9-1 所示。

任务编号	9-1	任务名称	统计字符个数

表 9-1　常用的转义字符

转义字符	描述	转义字符	描述
\（在行尾时）	续行符	\000	空格
\\	反斜杠符	\n	换行符
\’	单引号	\v	纵向制表符
\”	双引号	\t	横向制表符
\a	响铃	\r	回车符
\b	退格	\f	换页符

如果我们不需要转义字符生效，只是想按照字符串本来的意思显示，则可以使用 r 或者 R 来定义原始子字符串。例如 str1 = r'Python \n 程序 ',print(str1)，程序的运行结果为 Python \n 程序。

（三）字符编码

ASCII（American Standard Code for Information Interchange，美国标准信息交换码）是最早的字符编码，使用 1 个字节进行编码，编码范围包括 10 个数字、26 个大写字母、26 个小写字母和其他符号，共计 128 个字符。之后其他国家的语言加入进来，就有了其他的编码方式，如 UTF-8（8-bit Unicode Transformation Formal）、GB2312、GBK（Chinese Internal Code Specification，汉字内码扩展规范）、CP936（GBK 的 Code Page 为 936）等。而 Unicode 是不同编码格式之间相互转换的基础，是一种万国码。

UTF-8 以 1 个字节表示英语字符，以 3 个字节表示中文及其他语言，是 Python 3.0 的字符默认编码。可以通过程序代码来查看已安装 Python 的默认字符编码，例如 import sys, print(sys.getdefaultencoding())，程序的运行结果为 UTF-8。

Python 中内置的 ord() 函数可以返回一个字符所对应的整数，内置的 chr() 函数可以把整数编码转换为对应的字符。例如 print(ord("A"))，程序的运行结果为 65；print(chr(65))，程序的运行结果为 A。

（四）字符串格式化

当一段程序的运行结果以字符串的形式输出时，为了能得到我们想要的显示形式，需要控制字符串的输出格式，也就是对字符串进行格式化。Python 支持两种字符串的格式化方法，一种是用格式化操作符“%”进行字符串的格式化，另一种是使用专门的 format() 方法进行字符串的格式化。需要注意的是，Python 的后续版本中不再支持使用“%”操作符的格式化方法，所以我们要重点掌握 format() 方法实现字符串的格式化。

1. 用“%”操作符格式化字符串

Python 中提供了一个字符串模板用于字符串的格式化，模板中的格式符能够预

任务编号	9-1	任务名称	统计字符个数

留出真实值输出时的位置，并且让真实值按照指定的数据格式进行输出。在模板后用一个元组把需要输出的多个真实值传递给模板，每个真实值对应一个格式符。例如 print("%s is very %s." % ('Python','good'))，程序的运行结果为 Python is very good.。

在这个示例中，"%s is very %s." 就是用于字符串格式化的字符串模板，%s 是一个格式符，表示要求数据按照字符串格式进行输出，('Python','good') 是传递真实值的元组，两个元素分别依次对应两个格式符。模板与元组之间用“%”操作符进行连接，表示字符串格式化操作。

在上面的例子中，print() 函数中的 "%s is very %s." % ('Python','good') 实际上是一个字符串表达式，可以像其他字符串一样进行赋值等操作。例如：

```
str1 = "%s is very %s." % ('Python','good'),print(str1)
```

程序的运行结果为 Python is very good.。

除此之外，还可以对格式符进行命名，这时需要使用字典进行真实值的传递。例如：

```
print("My name is %(name)s.I am %(age)d years old."%{'name':'Tom','age':20})
```

程序的运行结果为 My name is Tom.I am 20 years old.。

在这个例子中，将两个格式符分别命名为 name 和 age，命名用小括号括起来，每一个命名都对应字典的一个键。这种命名方式可以防止格式符较多时传值出现错误。

使用“%”操作符进行字符串格式化的模板可以总结为如下格式：

```
'%[(name)][flags][width].[precision]type'%x
```

各个参数的解释如下：

- name：格式符命名，可选参数，即可以为空。
- flags：可选参数，可以是 +、-、' '、0。
- +：右对齐，正数前面加正号，负数前面加负号。
- -：左对齐，正数前面不显示符号，负数前面加负号。
- ' '：表示空格，在正数前面加一个空格，负数前面加负号，从而保证两者对齐。
- 0：右对齐，正数前面加正号，负数前面加负号，空白位用 0 填充。
- width：可选参数，显示宽度。
- precision：可选参数，小数点后的显示精度。
- type：必选参数，数据输出格式。
- x：需要输出的表达式。

常用的字符串格式化控制符如表 9-2 所示。

表 9-2 常用的字符串格式化控制符

格式符	描述
%s	字符串
%c	单个字符
%f	浮点数

任务编号	9-1	任务名称	统计字符个数

格式符	描述
%e	指数（以 e 为底）
%b	二进制整数
%d	十进制整数
%o	八进制整数
%x	十六进制整数

例如 print("%+10x" % 10)，程序的运行结果为 +a；print("%04d" % 5)，程序的运行结果为 0005。

2. 用 format() 方法格式化字符串

用 format() 方法格式化字符串

从 Python 2.6 开始增加了一种新的字符串格式化方法，即 format() 方法。在这种方法中，用“{}”代替字符串中需要被替换的字符串，而没有被“{}”代替的部分仍然正常输出。

（1）使用位置索引。在这种方式中，花括号内可以写明需要输出的字符串的位置索引，也可以不写。若是忽略位置索引，则按照 format() 括号内的字符串的先后顺序依次进行输出。例如：

```
print("Hi,{} and {}!".format("Tom","Jack"))
```

程序的运行结果为 Hi,Tom and Jack!。

（2）使用关键字索引。在这种方式中，给 format() 括号内的每一个待输出字符串一个对应的关键字，在花括号内写明关键字，则该关键字对应的字符串将被输出。这种方法不需要关心待替换字符串的位置，因此更易于代码维护。例如：

```
print('{1} {0} {1}'.format(' 言 ',' 文 '))
```

程序的运行结果为：文言文。

```
print('Hi,{girl} and {boy}!'.format(boy="Tom",girl="Mary"))
```

程序的运行结果为 Hi,Mary and Tom!。

如果字符串中本身已经包含花括号“{”，为了与代替需要被替换字符串的花括号相区分，需要将字符串中本身含有的花括号“{”改写成“{{”。例如：

```
print('{{Hi}},{girl} and {boy} ！ '.format(boy="Tom",girl="Mary"))
```

程序的运行结果为 {Hi},Mary and Tom ！。

（3）使用下标索引。如果 format() 括号中的参数是列表或者元组，则可以在前面占位的花括号中用列表或元组的索引表示对应的待输出字符串。例如：

```
children=["Tom",14]
school=("London","LNNU")
print("{1[0]} was born in {0[0]},He is {1[1]} years old.".format(school,children))
```

程序的运行结果为 Tom was born in London,He is 14 years old.。

任务编号	9-1	任务名称	统计字符个数

（4）str.format() 方法的一般格式。

```
[[fill]align][sign] [width] [, ] [. precision] [type]
```

各参数的解释如下：

- fill：可选参数，用来填充的字符，默认为空。
- align：可选参数，与 width 配合使用，用来控制对齐方式。取值为“<”表示左对齐，取值为“>”表示右对齐，取值为“^”表示居中对齐。
- sign：可选参数，用来表示数字的符号。取值为“+”表示在正数前面加正号，在负数前面加负号；取值为“-”表示正数前面不加符号，负数前面加负号；取值为空格表示在正数前面加空格，在负数前面加负号。
- width：可选参数，用来指定格式化后字符串的宽度。如果未指定宽度，则字符串的宽度由其实际宽度决定。
- 逗号“,”：可选参数，用于为数字添加千分位分隔符，即每隔 3 位添加一个逗号。
- precision：可选参数，用于指定浮点数的精度。
- type：可选参数，用于指定参数类型。
  - ➢ 整数常用类型

    b：先将十进制整数转化为二进制整数，再进行格式化。

    c：将十进制整数转化为它所对应的 Unicode 字符。

    d：十进制整数。

    o：先将十进制整数转化为八进制整数，再进行格式化。

    x/X：先将十进制整数转化为十六进制整数，再进行格式化。
  - ➢ 浮点数常用类型

    e/E：先将浮点数转化为科学记数法表示，再进行格式化。

    f/F：先转化为浮点型表示，小数点后默认保留 6 位，再进行格式化。

    %：以百分比形式输出浮点数。

（五）字符串操作符

Python 提供了一系列的字符串操作符来实现字符串的连接、重复输出等，如表 9-3 所示。

表 9-3　Python 常用的字符串操作符

操作符	描述
+	连接字符串
*	重复输出字符串
[]	字符串切片，在 [] 中写明字符索引，通过索引获取字符串中的字符
[:]	字符串切片，获取字符串中的一部分
in	成员运算符，如果字符串中包含给定的字符则返回 True

任务编号	9-1	任务名称	统计字符个数

操作符	描述
not in	成员运算符，如果字符串中不包含给定的字符则返回 True
r/R	原始字符串。在字符串的第一个引号前加上 r 或者 R，则字符串按照原始的字面意思输出，不再转义特殊字符或不能打印的字符
%	格式化字符串

字符串常用方法

二、字符串常用方法

（一）字符串大小写转换方法

1. str.lower()

该方法的作用是把字符串 str 中的大写字符全部转换为小写字符。示例程序如下：

```
str1 = 'HeLLo'
str2 = str1.lower()
print(str2)
```

程序运行结果：hello。

2. str.upper()

该方法的作用是把字符串 str 中的小写字符全部转换为大写字符。示例程序如下：

```
str1 = 'HeLLo'
str2 = str1.upper()
print(str2)
```

程序运行结果：HELLO。

3. str.swapcase()

该方法的作用是把字符串 str 中的大写字符转换为小写字符，小写字符转换为大写字符。示例程序如下：

```
str1 = 'HeLLo'
str2 = str1.swapcase()
print(str2)
```

程序运行结果：hEllO。

4. str.capitalize()

该方法的作用是把字符串的首字符转换为大写字符，其他字符转换为小写字符。示例程序如下：

```
str1 = 'HeLLo'
str2 = str1.capitalize()
print(str2)
```

程序运行结果：Hello。

任务编号	9-1	任务名称	统计字符个数

5. string.capwords(str[,sep])

该方法以 sep 为分隔符将字符串 string 分割成若干个字段，sep 为可选参数，若没有则默认以空格为分隔符。之后将每个字段的首字符转换为大写字符，其他字符转换为小写字符，再将各字段以 sep 连接起来组成一个新的字符串。使用该函数时需要先导入 string 模块。示例程序如下：

```
import string
print(string.capwords("hello world hello python"))
```

程序运行结果：Hello World Hello Python。

```
import string
print(string.capwords("hello world hello python",'ll'))
```

程序运行结果：HellO world hellO python。

（二）字符串查找替换方法

1. str.find(substr[,start[,end]])

该方法的作用是返回字符串 str 指定范围内第一次出现子串 substr 中第一个字符的位置下标，如果没有给 str 指定范围，则默认为整个字符串；如果字符串中没有出现子串 substr，则返回 -1。示例程序如下：

```
str1 = 'Hello world!Hello python!'，print(str1.find('orl'))
```

程序运行结果：7。

2. str.index(substr[,start[,end]])

该方法的作用与 find() 方法基本相同，也是在字符串的指定范围内寻找子串 substr 首次出现的位置下标。不同的是，若未找到子串 substr，则抛出异常。示例程序如下：

```
str1 = 'Hello world!Hello python!',print(str1.find('ll',4))
```

程序运行结果：14。

```
str1 = 'Hello world!Hello python!',print(str1.index('re'))
```

程序运行结果：ValueError: substring not found。

3. str.replace(oldstr,newstr[,count])

该方法的作用是在整个字符串 str 范围内用 newstr 代替 oldstr。如果指定了参数 count，则表示替换最多可进行 count 次；如果未指定参数 count，则表示不限制替换次数。示例程序如下：

```
str1 = 'She is a beautiful girl.She is a smart girl.',print(str1.replace('is','was'))
```

程序运行结果：She was a beautiful girl.She was a smart girl.。

```
str1 = 'She is a beautiful girl.She is a smart girl.',print(str1.replace('is','was',1))
```

程序运行结果：She was a beautiful girl.She is a smart girl.。

4. str.count(substr[,start,[end]])

该方法的作用是在字符串 str 的指定范围内统计子串 substr 出现的次数。若给出了

任务编号	9-1	任务名称	统计字符个数

统计的头（start）、尾（end），则在此范围内统计；若未指定范围，则默认统计整个字符串。示例程序如下：

```
str1 = 'She is a beautiful girl.She is a smart girl',print(str1.count('a'))
```

程序运行结果：4。

（三）字符串判断方法

（1）str.isalnum()：判断字符串 str 中的字符是否全部为数字或英文字符，如果是则返回 True，否则返回 False。

（2）str.isalpha()：判断字符串 str 中的字符是否全部为英文字符，如果是则返回 True，否则返回 False。

（3）str.islower()：判断字符串 str 中的字符是否全部为小写英文字符，如果是则返回 True，否则返回 False。

（4）str.isupper()：判断字符串 str 中的字符是否全部为大写英文字符，如果是则返回 True，否则返回 False。

（5）str.istitle()：判断字符串 str 中的单词是否首字符全部为大写英文字符，如果是则返回 True，否则返回 False。

（6）str.isspace()：判断字符串 str 中的字符是否全部为空字符，如果是则返回 True，否则返回 False。

（四）字符串头尾判断方法

1. str.startswith(substr[,start,[end]])

该方法的作用是判断在字符串 str 的指定范围内是否是由子串 substr 开始的。如果是，则返回 True；否则返回 False。若给出了检查的头（start）、尾（end），则在此范围内检查；若未指定范围，则默认检查整个字符串。示例程序如下：

```
str1 = 'She is a beautiful girl',print(str1.startswith('She'))
```

程序运行结果：True。

```
str1 = 'She is a beautiful girl',print(str1.startswith('She',1,8))
```

程序运行结果：False。

2. str.endswith(substr[,start,[end]])

该方法的作用是判断在字符串 str 的指定范围内是否是由子串 substr 结束的。如果是，则返回 True；否则返回 False。若给出了检查的头（start）、尾（end），则在此范围内检查；若未指定范围，则默认检查整个字符串。示例程序如下：

```
str1 = 'She is a beautiful girl',print(str1.endswith('girl'))
```

程序运行结果：True。

```
str1 = 'She is a beautiful girl',print(str1.endswith('girl',4,10))
```

程序运行结果：False。

任务编号	9-1	任务名称	统计字符个数

（五）字符串对齐填充方法

1. str.center(width[,fillchar])

该方法的作用是返回一个宽度为 width，居中显示的新字符串。如果给定的宽度小于字符串宽度，则按字符串宽度显示；如果给定的宽度大于字符串宽度，则用 fillchar 进行填充；未指定填充字符时默认使用空格填充。

2. str.ljust(width[,fillchar])

该方法的作用是返回一个宽度为 width，左对齐显示的新字符串。如果给定的宽度小于字符串宽度，则按字符串宽度显示；如果给定的宽度大于字符串宽度，则用 fillchar 进行填充；未指定填充字符时默认使用空格填充。

3. str.rjust(width[,fillchar])

该方法的作用是返回一个宽度为 width，右对齐显示的新字符串。如果给定的宽度小于字符串宽度，则按字符串宽度显示；如果给定的宽度大于字符串宽度，则用 fillchar 进行填充；未指定填充字符时默认使用空格填充。示例程序如下：

```
str1 = 'Hello Python',print(str1.center(20))
```

程序运行结果：   Hello Python   。

```
str1 = 'Hello Python',print(str1.center(20,'*'))
```

程序运行结果：****Hello Python****。

```
str1 = 'Hello Python',print(str1.ljust(20,'*'))
```

程序运行结果：Hello Python********。

```
str1 = 'Hello Python',print(str1.rjust(20,'*'))
```

程序运行结果：********Hello Python。

（六）字符串拆分合并方法

1. str.split(sep,num)[n]

该方法的作用是用给定的分隔符 sep 拆分字符串，将字符串拆分成由 (num+1) 个字符串组成的列表。若未给定分隔符 sep，则默认使用空格、换行符“\n”、制表符“\t”等所有空白符作为分隔符；若未指定 num，则能拆分成几个字符串就拆分成几个字符串；若指定 [n]，则表示选取拆分后列表中下标为 n 的字符串。n 表示拆分后列表中元素的下标，从 0 开始。当没有指定分隔符 sep 时，会默认使用空格作为分隔符，这时分隔后的空字符串会被忽略。如果字符串中没有给定的分隔符，则将原字符串作为列表中的一个元素返回。

2. str.join(sequence)

该方法的作用是通过指定的字符 str 来连接序列 sequence 中的元素，生成一个新的字符串并返回这个字符串。

任务编号	9-1	任务名称	统计字符个数

（七）字符串删除空格方法

1. str.strip([chars])

该方法中 chars 是可选参数，当未指定该参数时表示删除字符串开头和结尾的空白字符，其中空白字符包括空格、“\n”、“\t”、“\r” 等；当指定参数 chars 时表示删除字符串开头和结尾中指定的 chars 字符串。示例程序如下：

```
str1 = '\t\nP\tython3\n',print(str1.strip())
```

程序运行结果：P ython3。

2. str.lstrip([chars])

该方法中 chars 是可选参数，当未指定该参数时表示删除字符串开头的空白字符，其中空白字符包括空格、“\n”、“\t”、“\r” 等；当指定参数 chars 时表示删除字符串开头中指定的 chars 字符串。示例程序如下：

```
str1 = '16 Python3 16',print(str1.lstrip('16'))
```

程序运行结果：Python3 16。

3. str.rstrip([chars])

该方法中 chars 是可选参数，当未指定该参数时表示删除字符串结尾的空白字符，其中空白字符包括空格、“\n”、“\t”、“\r” 等；当指定参数 chars 时表示删除字符串结尾中指定的 chars 字符串。示例程序如下：

```
str1 = '16 Python3 16',print(str1.rstrip('16'))
```

程序运行结果：16 Python3 。

9.1.3 实施评量单

任务编号	9-1	任务名称	统计字符个数	
评量项目		自评	组长评价	教师评价
课堂表现	学习态度（15 分）			
	沟通合作（10 分）			
	回答问题（15 分）			
技能操作	字符类型转换（25 分）			
	列表长度统计（25 分）			
	运行及调试（10 分）			
学生签字	年 月 日	教师签字	年 月 日	

评量规准

项目		A	B	C	D	E
课堂表现	学习态度	在积极主动、虚心求教、自主学习、细致严谨上表现优秀，令师生称赞。	在积极主动、虚心求教、自主学习、细致严谨上表现良好。	在积极主动、虚心求教、自主学习、细致严谨上表现较好。	在积极主动、虚心求教、自主学习、细致严谨上表现尚可。	在积极主动、虚心求教、自主学习、细致严谨上表现均有待加强。
	沟通合作	在师生和同学之间具有很好的沟通能力，在小组学习中具有很强的团队合作能力。	在师生和同学之间具有良好的沟通能力，在小组学习中具有良好的团队合作能力。	在师生和同学之间具有较好的沟通能力，在小组学习中具有较好的团队合作能力。	在师生和同学之间能够正常沟通，在小组学习中能够参与团队合作。	在师生和同学之间不能够正常沟通，在小组学习中不能够参与团队合作。
	回答问题	积极踊跃地回答问题，且全部正确。	比较积极踊跃地回答问题，且基本正确。	能够回答问题，且基本正确。	回答问题，但存在错误。	不能回答课堂提问。
技能操作	字符类型转换	能独立、熟练地完成字符类型转换。	能独自较为熟练地完成字符类型转换。	能在他人提示下顺利完成字符类型转换。	能在他人多次提示、帮助下完成字符类型转换。	未能完成字符类型转换。
	列表长度统计	能独立、熟练地完成列表长度统计。	能独自较为熟练地完成列表长度统计。	能在他人提示下顺利完成列表长度统计。	能在他人多次提示、帮助下完成列表长度统计。	未能完成列表长度统计。
	运行及调试	能独立、熟练地完成运行及调试。	能独自较为熟练地完成运行及调试。	能在他人提示下顺利完成运行及调试。	能在他人多次提示、帮助下完成运行及调试。	未能完成运行及调试。

9.2 提取电话号码

9.2.1 实施任务单

<table>
<tr><td>任务编号</td><td>9-2</td><td>任务名称</td><td>提取电话号码</td></tr>
<tr><td>任务简介</td><td colspan="3">运用 Python 中的正则表达式，根据我国电话号码的指定规则，从字符串中提取电话号码，实现电话号码的自动识别和输出。</td></tr>
<tr><td>设备环境</td><td colspan="3">台式机或笔记本，建议 Windows 7 版本以上的 Windows 操作系统。</td></tr>
<tr><td>实施专业</td><td></td><td>实施班级</td><td></td></tr>
<tr><td>实施地点</td><td></td><td>小组成员</td><td></td></tr>
<tr><td>指导教师</td><td></td><td>联系方式</td><td></td></tr>
<tr><td>任务难度</td><td>高级</td><td>实施日期</td><td>年　　月　　日</td></tr>
<tr><td>任务要求</td><td colspan="3">使用正则表达式提取字符串中的电话号码，完成以下内容：
（1）给定一个字符串，包含姓名和电话号码等信息，电话号码为座机号码带区域号。
（2）我国座机号码的指定规则为 3 位区号 -8 位电话号或 4 位区号 -7 位电话号，根据规则生成正则表达式。
（3）利用正则表达式函数在循环体中查找电话号码并输出匹配结果。
运行结果如图 9-2 所示（本结果仅供参考）。

E:\Project\Pycharm_Project\venv\Scripts\python.exe E:/Project/Pycharm_Project/Task2.py
----
Search Result:
Search conten: 0451-8876503 Start form: 11 End at: 23 Its span is: (11, 23)
Search conten: 010-57338976 Start form: 35 End at: 47 Its span is: (35, 47)
Search conten: 0572-8655491 Start form: 59 End at: 71 Its span is: (59, 71)

Process finished with exit code 0

图 9-2　任务 2 运行结果</td></tr>
</table>

9.2.2 信息单

任务编号	9-2	任务名称	提取电话号码

正则表达式（Regular Expression，简称 regex）是由字符和特殊符号组成的字符串，能够按照一定的模式匹配字符串，从而检查一个字符串中是否含有给定的子串。正则表达式通过 Python 标准库 re 模块中的各种函数实现相应功能。

一、正则表达式简介

正则表达式的作用是描述一种规则，以检查计算机中的文本或字符串是否含有满足这种规则的字符串。正则表达式由普通字符、预定义字符和元字符组成。普通字符指英文字符（大小写）、数字等；预定义字符指由“\”开始的一些特定字符，表示特定的含义；元字符指“*”“$”等具有特殊含义的字符，它们共同组成了一种字符序列模式，即用于匹配的模板。

（一）正则表达式语法

正则表达式中常用的预定义字符和元字符如表 9-4 和表 9-5 所示。

表 9-4 正则表达式中常用的预定义字符

预定义字符	描述
\d	数字类字符，表示 [0-9] 的数字集合，用于匹配数字
\D	非数字类字符，与 [^0-9] 等价，用于匹配除数字外的其他字符
\w	单词类字符，表示 [a-zA-Z0-9_] 的集合，用于匹配单词字符
\W	非单词类字符，与 [^a-zA-Z0-9_] 等价，用于匹配除单词外的字符
\s	空白类字符，表示 [\f\n\r\t\v] 的集合，用于匹配空格、换行符、换页符等
\S	非空白类字符，与 [^\f\n\r\t\v] 等价，用于匹配非空白字符
\b	单词边界，用于匹配单词头或单词尾
\B	非单词边界
\f	用于匹配换页符
\n	用于匹配换行符
\r	用于匹配回车符
\t	用于匹配制表符

表 9-5 正则表达式中常用的元字符

元字符	描述	正则表达式示例	目标示例
\	将要匹配的下一个字符标记为原义字符或特殊字符	g\.h	g.h
.	匹配除换行符“\n”之外的任意字符	g.h	gch gdh

任务编号	9-2	任务名称	提取电话号码

元字符	描述	正则表达式示例	目标示例
^...	匹配以“^”后面的“...”字符串开头的行首	^gdh	gdh
...$	匹配以“$”后面的“...”字符串结束的行尾	gdh$	gdh
(...)	分组，将括号中的内容作为一个整体进行匹配	(gh){2}a	ghgha
*	匹配前面一个字符或子表达式 0 次或任意次	gdh*	gd gdhhhhh
+	匹配前面一个字符或子表达式 1 次或任意次	gdh+	gdh gdhhh
?	匹配前面一个字符或子表达式 0 次或 1 次	gdh?	gd gdh
{m}	匹配花括号前一个字符 m 次	gd{2}h	gddh
{m,n}	匹配花括号前一个字符 m ～ n 次，若省略 m 则表示匹配 0 ～ n 次；若省略 n 则表示匹配 m 至无限次	gd{1,2}h	gdhgddh
[...]	指定字符集，表示匹配 [] 中的任意一个字符	g[dh]e	gde ghe
[^...]	与 [...] 相反，表示匹配不在 [] 中的任意一个字符	g[^dh]e	gae gpe
|	或，匹配“|”之前或之后的一个字符	gdh|ke	gdhe gdke

1. 匹配数字和非数字

预定义字符 \d 和 \D 可分别用来实现匹配数字和非数字。\d 的作用是匹配任意一个数字，与字符集 [0-9] 的含义相同，表示匹配 0 ～ 9 这十个数字中的任意一个。\D 的作用是匹配非数字，与字符集 [^0-9] 的含义相同，表示匹配除 0 ～ 9 这十个数字以外的其他字符。具体用法示例如下：

a\df：可以匹配 a0f、a1f、a2f 等，与 a[0-9]f 的含义相同。

a\Df：可以匹配 asf、avf、agf 等，与 a[^0-9]f 的含义相同。

2. 匹配单词和非单词

预定义字符 \w 和 \W 可分别用来实现匹配单词和非单词。\w 的作用是匹配任意一个单词字符，与字符集 [a-zA-Z0-9_] 的含义相同，表示匹配小写字符、大写字符、数字及下划线中的任意一个。\W 的作用是匹配非单词字符，与字符集 [^a-zA-Z0-9_] 的含义相同，表示匹配空格、标点以及其他非英文字符、非数字字符。具体用法示例如下：

a\wf：可以匹配 aff、a3f、a_f 等，与 a[a-zA-Z0-9_]f 的含义相同。

a\Wf：可以匹配 a.f、a,f、a*f 等，与 a[^a-zA-Z0-9_]f 的含义相同。

a[gdh]f：可以匹配 agf、adf、ahf，[gdh] 表示匹配 g、d、h 中的任意一个。

3. 匹配空白字符和非空白字符

预定义字符 \s 和 \S 可分别用来实现匹配空白和非空白字符。\s 的作用是匹配空白字符，与字符集 [\f\n\r\t\v] 的含义相同，表示匹配换页符、换行符、回车符、制表符等中的任意一个。\S 的作用是匹配非空白字符，与字符集 [^\f\n\r\t\v] 的含义相同。具体用法示例如下：

任务编号	9-2	任务名称	提取电话号码

a\sf：可以匹配 a f、a\rf、a\tf 等，与 a[\f\n\r\t\v]f 的含义相同。

a\Sf：可以匹配 a2f、abf、aAf 等，与 a[^\f\n\r\t\v]f 的含义相同。

4. 匹配任意字符

元字符“.”可以用来匹配除换行符 \n 之外的任意一个字符。要匹配多个任意字符，则用相应数量的“.”或“.{m}”来表示，m 表示字符的个数。具体用法示例如下：

a.f：可以匹配 abf、a2f、a*f 等，a 与 f 之间可以是任意一个字符。

a{2}f：可以匹配 aaf。

a{1,2}f：可以匹配 af、aaf。

afg*：可以匹配 af、afg、afgggg 等，匹配“*”前面的字符 g 零次或任意次。

afg+：可以匹配 afg、afggg、afgggg 等，匹配“+”前面的字符 g 一次或任意次。

afg?：可以匹配 af、afg，匹配“?”前面的字符 g 零次或一次。

如果想要匹配“.”本身，就需要在其前面加上“\”，用“\.”查找，来取消掉其元字符的特殊含义。同理，如果要匹配“\”本身，需要使用“\\”来查找。

（二）正则表达式匹配模式

正则表达式匹配模式

1. 边界匹配

边界匹配是指可以对一段字符串或一个单词的开头、结尾进行匹配。^ 用于匹配字符串的开头，$ 用于匹配字符串的结尾。具体用法示例如下：

^www：表示匹配所有以 www 为开始的字符串。

com$：表示匹配所有以 com 为结束的字符串。

匹配一个单词的头或尾用 \b，例如 \bshe\b 用来匹配单词 she，当它是一个独立的单词时会被匹配；但是当它是其他单词的一部分时，不会被匹配。\B 的含义与 \b 相反，用来匹配一个单词的非边界部分，即单词中间部分的字母或数字。

2. 分组匹配

正则表达式的分组是指用一对圆括号“()”包含起来的子表达式，匹配出的内容是正则表达式的一个分组。在圆括号后可添加 *、+、{m,n} 等，* 表示匹配圆括号内的字符串 0 次或多次；+ 表示匹配圆括号内的字符串 1 次或多次；{m,n} 表示匹配圆括号内的字符串 m ～ n 次。从正则表达式的最左侧开始，第一个左圆括号“(”是它的第一个分组，即第几个左圆括号就是它的第几个分组。

圆括号外加上“?”，表示该圆括号内的字符串是可选的。例如，(http://)?(www\.)?baidu\.com 可以匹配 http://www.baidu.com、www.baidu.com、http://baidu.com、baidu.com 四种。

3. 选择匹配

圆括号除了可以表示分组之外，还可以表示选择匹配，这时需要与元字符 | 一起使用，“|”是“或”的意思，表示二选一或者多选一。具体用法示例如下：

任务编号	9-2	任务名称	提取电话号码

P(ython|earl)：表示匹配 Python 或 Pearl。

g(123|456)h：表示匹配 g123h 或 g456h。

例如要查找一段文本中的“博士”这个词，其可能的写法包括 Doctor、doctor、Dr. 或者 Dr，那么要匹配这些所有的表示方法可以使用以下两种方式：

(Doctor| doctor| Dr\.|Dr)

(Doctor| doctor| Dr\.?)

这里的“?”表示前面的“.”是可选的。

需要注意的是，Doctor 与 doctor 的区别主要是大小写的问题，借助不区分大小写选项可以使表达更简单。不区分大小写选项为 (?i)，即 (Doctor| doctor) 可以写为 (?i) doctor。

4. 贪婪匹配与懒惰匹配

当一个正则表达式中含有重复个限定字符串时，通常情况下正则表达式会匹配尽可能多的字符，这种匹配叫作贪婪匹配。例如，用 a+ 匹配字符串 aaaaa，它会匹配整个字符串而不只匹配单个 a；用 a.*b 匹配字符串 aagbab，它也会匹配整个字符串，而不只匹配 ab。

但在有些情况下，我们需要的匹配是“非贪心的”，也就是匹配尽可能少的字符，这种匹配叫作懒惰匹配，只需要在前面给出的各种限定符后面加上“?”即可。例如，用 a+? 匹配字符串 aaaaa，它只匹配单个 a。常用的懒惰匹配限定符如表 9-6 所示。

表 9-6 常用的懒惰匹配限定符

懒惰匹配限定符	描述
* ?	重复 0 次或任意次，但尽量少重复
+ ?	重复 1 次或任意次，但尽量少重复
? ?	重复 0 次或 1 次，但尽量少重复
{m,n}?	重复 m ～ n 次，但尽量少重复
{m,}?	重复 m 次以上，但尽量少重复

re 模块的常用函数

二、re 模块的常用函数

正则表达式通过 Python 标准库中的 re 模块来进行各种操作，实现相应功能。re 模块的常用函数如表 9-7 所示。

表 9-7 re 模块的常用函数

函数	描述
re.compile(patten[,flags])	将正则表达式 patten 创建成正则表达式对象，返回正则表达式。之后即可调用正则表达式对象的相应方法

任务编号	9-2	任务名称	提取电话号码

函数	描述
re.findall(patten,string[,flags])	在字符串 string 中查找与 patten 匹配的所有字符串，并返回由这些字符串组成的列表
re.split(patten,string[,maxsplit=0,flags])	用能与 patten 匹配的字符子串来分割字符串 string，返回字符串列表，分割最多进行 max 次
re.sub(patten,repl,string[,count=0,flags])	在字符串 string 中找到能与 patten 匹配的字符串，然后用 repl 替换它们，返回替换后的字符串。最多能替换 count 次，默认 count=0 表示替换全部
re.subn(patten,repl,string)	与 re.subn() 函数功能相同，但是返回值不是字符串，是替换的次数
re.match(patten,string[,flags])	从字符串 string 的开始部位来匹配 patten，如果能够匹配则返回 Match 对象，不能匹配则返回 None
re.search(patten,string[,flags])	在字符串 string 内查找能匹配 patten 的字符串，如果能够匹配则返回 Match 对象，不能匹配则返回 None。注意，如果字符串 string 内存在多个能够匹配 patten 的字符串，则只返回第一个
re.finditer(patten,string[,flags])	与 re.findall() 函数功能相同，但是返回值不是列表，而是一个匹配对象迭代器
re.escape(string)	将字符串中包含的所有特殊字符进行转义

表 9-7 中除了已经解释的各种参数如 string、patten 外，还有一个重要的参数 flags。参数 flags 的常用取值如表 9-8 所示。

表 9-8　参数 flags 的常用取值

参数值	功能
re.I	忽略大小写
re.L	支持本地字符集中的字符
re.M	支持多行匹配
re.S	元字符“.”能够匹配包含 \n 在内的任意字符
re.X	忽略模式中的空格

我们注意到，前面介绍的函数 re.match()、re.search() 和 re.finditer() 的返回值都是 Match 对象，匹配对象的常用方法如表 9-9 所示。

表 9-9　匹配对象的常用方法

方法	描述
group()	返回匹配的字符串，如果定义了分组，则可以在圆括号内指定分组号
group(m,n)	返回组号为 m、n 所匹配的字符串组成的元组

任务编号	9-2	任务名称	提取电话号码

方法	描述
groups()	返回所有分组匹配到的字符串所组成的元组
start()	返回匹配的起始位置
end()	返回匹配的结束位置
span()	返回由匹配的起始位置和结束位置所组成的元组

（一）re.search()

re.search(patten,string[,flags]) 函数的作用是使用正则表达 patten 在字符串 string 内的任意位置进行匹配，一旦匹配成功，则返回第一次匹配的对象；如果匹配不成功，则返回 None。

（二）re.match()

re.match(patten,string[,flags]) 函数的作用与 re.search() 函数类似，区别是 re.match() 函数从字符串起始位置进行匹配，若起始位置匹配成功，则返回匹配对象；若起始位置匹配不成功，则返回 None。

re.match() 函数只匹配字符串的开始位置，也就是字符串头，如果字符串头没有匹配上，则匹配失败。re.search() 函数在整个字符串内进行匹配，只要字符串中有能匹配上的子串，则匹配成功，返回第一个成功的匹配。

（三）re.split()

re.split(patten,string[,maxsplit=0,flags]) 函数的作用是用能够匹配 patten 的字符串对 string 进行切片，并返回分割后的字符串列表。示例程序如下：

```
import re
#\W 的含义与字符集 [^a-zA-Z0-9_ ] 相同，作用是匹配非单词字符
print(re.split('\W+','Hello,,,hello.hello?hello'))
```

程序运行结果：['Hello', 'hello', 'hello', 'hello']。

```
# 如果 patten 使用圆括号，则被 patten 匹配的字符串也将被写入返回的字符串列表中
print(re.split('(\W+)','Hello,,,hello.hello?hello'))
```

程序运行结果：['Hello', ',,,', 'hello', '.', 'hello', '?', 'hello']。

（四）re.findall()

re.findall(patten,string[,flags]) 函数的作用是在字符串 string 中查找所有能够匹配 patten 的字符子串，并返回由所有可匹配子串组成的列表。如果整个字符串 string 都没有能够匹配 patten 的字符子串，则返回空列表。re.findall() 函数与 re.search() 函数和 re.match() 函数的区别是，re.search() 函数和 re.match() 函数只匹配一次，而 re.findall()

任务编号	9-2	任务名称	提取电话号码

函数匹配所有。示例程序如下：

```
import re
str = 'Hello world hello Python.'
print(re.findall('(\w)orl(\w)',str))
```

程序运行结果：[('w', 'd')]。

```
str = 'Bob is a clever boy.'
print(re.findall('\\b(?i)B\w*\\b',str))
```

程序运行结果：['Bob', 'boy']。

（五）re.sub()

re.sub(patten,repl,string[,count=0,flags]) 函数的作用是在字符串 string 中查找能够匹配 patten 的字符子串，之后用 repl 去替换它们，返回替换后的字符串。最多能替换 count 次，默认 count=0 表示替换全部。示例程序如下：

```
import re
str1 = 'Hello Python.I like Python.'
str2 = re.sub('Python','JAVA',str1)
print(str2)
```

程序运行结果：Hello JAVA.I like JAVA.。

（六）re.compile()

re.compile(patten[,flags]) 函数的作用是将正则表达式 patten 编译成正则表达式对象，这样它就可以方便地调用正则表达式对象的各种方法。编译之后不仅使字符串处理的效率更高，而且能够提供其他额外的功能。注意，p = re.compile(patten) 和 result = p.match(string) 这两行代码表达的意思与 result=re.match(patten,string) 的意思相同。示例程序如下：

```
import re
str1 = 'Hello Python. I like Python.'
str1Obj = re.compile('\w+\s+\w+')
print(str1Obj.match(str1))
```

程序运行结果：<re.Match object; span=(0, 12), match='Hello Python'>。

```
print(str1Obj.findall(str1))
```

程序运行结果：['Hello Python', 'I like']。

9.2.3 实施评量单

任务编号	9-2	任务名称	提取电话号码	
评量项目		自评	组长评价	教师评价
课堂表现	学习态度（15 分）			
	沟通合作（10 分）			
	回答问题（15 分）			
技能操作	创建正则表达式（25 分）			
	正则表达式匹配（25 分）			
	结果输出（10 分）			
学生签字	年　月　日	教师签字	年　月　日	

评量规准						
项目		A	B	C	D	E
课堂表现	学习态度	在积极主动、虚心求教、自主学习、细致严谨上表现优秀，令师生称赞。	在积极主动、虚心求教、自主学习、细致严谨上表现良好。	在积极主动、虚心求教、自主学习、细致严谨上表现较好。	在积极主动、虚心求教、自主学习、细致严谨上表现尚可。	在积极主动、虚心求教、自主学习、细致严谨上表现均有待加强。
	沟通合作	在师生和同学之间具有很好的沟通能力，在小组学习中具有很强的团队合作能力。	在师生和同学之间具有良好的沟通能力，在小组学习中具有良好的团队合作能力。	在师生和同学之间具有较好的沟通能力，在小组学习中具有较好的团队合作能力。	在师生和同学之间能够正常沟通，在小组学习中能够参与团队合作。	在师生和同学之间不能够正常沟通，在小组学习中不能够参与团队合作。
	回答问题	积极踊跃地回答问题，且全部正确。	比较积极踊跃地回答问题，且基本正确。	能够回答问题，且基本正确。	回答问题，但存在错误。	不能回答课堂提问。
技能操作	创建正则表达式	能独立、熟练地完成正则表达式的创建。	能独自较为熟练地完成正则表达式的创建。	能在他人提示下顺利完成正则表达式的创建。	能在他人多次提示、帮助下完成正则表达式的创建。	未能完成正则表达式的创建。
	正则表达式匹配	能独立、熟练地完成正则表达式的匹配。	能独自较为熟练地完成正则表达式的匹配。	能在他人提示下顺利完成正则表达式的匹配。	能在他人多次提示帮助下完成正则表达式的匹配。	未能完成正则表达式的匹配。
	结果输出	能独立、熟练、正确地完成结果输出。	能独自较为熟练地完成结果输出。	能在他人提示下顺利完成结果输出。	能在他人多次提示、帮助下完成结果输出。	未能完成结果输出。

9.3 课后训练

一、填空题

1. 以下语句的运行结果为 ＿＿＿＿＿＿。

```
Python=' ' Python' '
print(' 'study' '+Python)
```

2. 表达式 'abcab'.replace('a', 'yy') 的值为 ＿＿＿＿＿＿。
3. re.search() 方法返回 ＿＿＿＿＿＿。
4. 匹配所有数字和小写字母的字符的分类语法是 ＿＿＿＿＿＿。

二、判断题

1. 元字符“.”表示匹配除了换行符“\n”以外的任意字符。（　　）
2. 字符串是 Python 的有序序列。（　　）
3. 在正则表达式中，“|”字符表示匹配两组中的任何一个。（　　）
4. 在正则表达式中需要匹配“()”和“.”等具有特殊含义的字符时，可以直接匹配。（　　）

三、选择题

1. 下列关于字符串的表述中不合法的是（　　）。
   A. ' ' 'hello ' ' '　　B. [hello]　　C. 'he ' 'llo '　　D. ' 'he ' llo ' '
2. 下列代码的输出结果是（　　）。
   print(' ' 数量 {1}, 价格 {0} ' '.format(15.6,18.2))
   A. 数量 18.2，价格 15.6　　B. 数量 15.6，价格 18.2
   C. 数量 18，价格 15　　D. 数量 15，价格 18
3. 在正则表达式中，关于 '*' 的说法正确的是（　　）。
   A. 匹配 1 次或多次　　B. 匹配 0 次或 1 次
   C. 匹配 0 次或多次　　D. 匹配多次
4. 在正则表达式中，“\W”的意思是（　　）。
   A. 匹配数字字符　　B. 匹配非数字字符
   C. 匹配单词字符　　D. 匹配非单词字符

四、简答题

1. 简述 format() 方法的参数。
2. 简述 search() 函数和 match() 函数的区别。

五、操作题

1. 输入一段字符，统计其中单词的个数，单词之间用空格分隔。
2. 键入 5 个英文单词，输出其中以元音字母开头的单词。

项目 10

进行面向对象程序设计

思政目标

★ 树立正确的价值观，培养高度的社会责任感。

学习目标

★ 熟知类与对象的定义，掌握类与对象的创建方法。
★ 熟练掌握并区分类属性、对象属性、类方法、静态方法等的使用。
★ 熟知继承与多态的含义，利用继承和多态实现程序功能。

学习路径

★ 通过信息单掌握基本理论知识。
★ 通过任务单在实践中巩固和升华理论知识。
★ 通过评量单反馈学习中的不足和改进方向。
★ 通过课后训练再学习，再提高。

学习资源

★ 校内一体化教室。
★ 视频、PPT、习题答案等。
★ 网络资源。

学习任务

★ 初级任务：创建 Ship 类和实例对象 s1。
★ 中级任务：创建 Dog 类并释放对象占用的资源。
★ 进阶任务：求解序列所有元素的和与积。
★ 高级任务：统计学校成员名称及人数。

思维导图

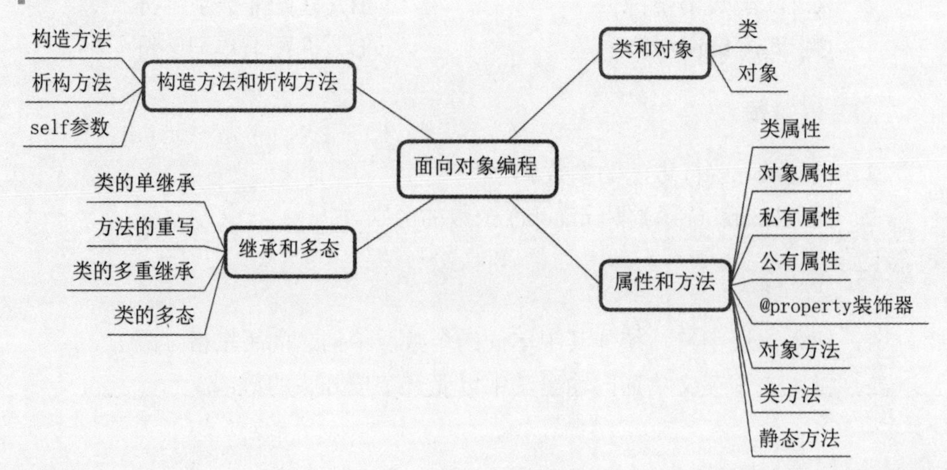

10.1 创建 Ship 类和实例对象 s1

10.1.1 实施任务单

任务编号	10-1	任务名称	创建 Ship 类和实例对象 s1
任务简介	运用 Python 面向对象的编程思想，创建类与对象，完成类中简单的方法与属性的编写，并通过实例化对象调用方法与属性。		
设备环境	台式机或笔记本，建议 Windows 7 版本以上的 Windows 操作系统。		
实施专业		实施班级	
实施地点		小组成员	
指导教师		联系方式	
任务难度	初级	实施日期	年 月 日
任务要求	自定义一个 Ship 类，并实例化 s1 对象，完成以下内容： （1）Ship 类包含构造方法和 join() 方法。 （2）Ship 类包含船名 name 和船员人数 crew 两个数据属性。 （3）构造方法中对船名进行赋值，并将船员人数赋值为 0。 （4）join() 方法中，人数 crew 加上相应新加入的船员的数量 number。 （5）实例化对象“郑和”，船员数量为 200。 （6）输出对象 s1 的 name 并调用 s1 的 join() 方法。 运行结果如图 10-1 所示（本结果仅供参考）。 E:\Project\Pycharm_Project\venv\Scripts\python.exe "E:/Project/Pycharm_Project/Task 10-1.py" 郑和 200 Process finished with exit code 0 图 10-1 任务 1 运行结果		

10.1.2 信息单

任务编号	10-1	任务名称	创建 Ship 类和实例对象 s1

面向对象程序设计（Object Oriented Programming，OOP）是目前主流的程序设计方法，其本质是以建立模型体现出来的抽象思维过程和面向对象的方法。模型是用来反映现实世界中事物特征的。任何一个模型都不可能反映客观事物的一切具体特征，只是对事物特征和变化规律的一种抽象，且在它所涉及的范围内更普遍、更集中、更深刻地描述客体的特征。通过建立模型而达到的抽象是人们对客体认识的深化。

OOP 的一条基本原则是计算机程序由单个能够起到子程序作用的单元或对象组合而成。OOP 达到了软件工程的 3 个主要目标：重用性、灵活性和扩展性。OOP= 对象 + 类 + 继承 + 多态 + 消息，其中核心概念是类和对象。

面向对象程序设计方法是尽可能模拟人类的思维方式，使软件的开发方法与过程尽可能接近人类认识世界、解决现实问题的方法和过程，亦即使描述问题的问题空间与问题的解决方案空间在结构上尽可能一致，把客观世界中的实体抽象为问题域中的对象。

面向对象程序设计以对象为核心，该方法认为程序由一系列对象组成。类是对现实世界的抽象，包括表示静态属性的数据和对数据的操作，对象是类的实例化。对象间通过消息传递相互通信来模拟现实世界中不同实体间的联系。在面向对象的程序设计中，对象是组成程序的基本模块。

由此可见，类与对象的关系是，类是对象的抽象，对象是类的实例；类是抽象的，它并不占用内存空间；对象是具体的，它需要占用内存空间。类是一种模板，可以用来快速地创建对象，定义对象的属性和方法。

创建类和实例对象

一、创建类

面向对象程序设计的核心是对象，创建对象之前要先创建类，类是一组对象的特征和行为的抽象。对象的特征称为属性，对象的行为称为方法。例如，可以将长方形看作一个类，而具体的某一个长方形就是一个对象；长方形的长和宽等特征称为属性，求长方形的周长和面积等行为称为方法。

在 Python 中，通过关键字 class 来定义类，语法格式如下：

```
class 类名 :
类体
```

在定义类时需要注意以下事项：

（1）定义类的代码必须以关键字 class 开头，表示定义类。

（2）关键字 class 与类名之间用空格分隔，至少有一个空格。类名由用户自行创建，一般采用驼峰式命名，即由多个单词组成，除每个单词的首字母大写外，其余字母小写。

（3）类名后要有冒号，之后在下一行写类体，类体的语句块需要向内缩进。类体中定义的元素都是类的成员，即属性和方法。方法的命名规则一般也采用驼峰式，但

任务编号	10-1	任务名称	创建 Ship 类和实例对象 s1

是方法的首字母要小写。

（4）类中一般有一个比较特殊的方法：__init__。这个方法叫作初始化方法，又称为构造方法，它在创建和初始化一个新的实例对象时被调用，我们将在下个任务中对它进行详细介绍。

下面通过示例代码来学习如何创建类和对象。

【例 10-1】创建类。

```
class Cat:
    num = 0                                 # 类变量，或者称为类属性
    def __init__(self,id=0,color="yellow"):  # 构造方法
        self.id = id                        # 成员变量，或者称为实例属性、对象属性
        self.color = color
    def enjoy(self):                        # 成员方法
        print("miao~")
```

在这个例子中，我们创建了名为 Cat 的类，其中有类属性、对象属性和对象方法。需要注意的是，Python 中的函数和方法虽然格式相同，但两者还是存在区别的。方法大多数情况下是指与某一特定对象绑定的函数，在调用方法时要将该对象本身作为参数传递过去，即 self 参数，它是参数传递中的第一个参数，而函数一般不作此限制。

二、创建实例对象

类是一组对象的特征和行为的抽象，要想实现程序的功能，仅仅创建了类还不够，还需要创建对象。对象是类的具体表现，是对类的实例化。创建对象的语法格式如下：

```
对象名 = 类名(参数)
```

示例中已经创建了 Cat 类，如果现在要创建该类的一个对象 cat，则程序如下：

```
cat = Cat()
```

创建了 cat 对象后，可以使用成员运算符“.”来调用类的属性和方法。在用类创建对象时会完成两个步骤，首先开辟空间，在内存中创建该类的对象；其次调用类的构造方法完成对象的初始化。

创建对象后，如果要为该对象添加属性，可以按照如下格式设置：

```
对象名 . 属性名 = 值
```

例如，为刚刚创建的 cat 对象添加一个 name 属性，程序如下：

```
cat.name = "Mimi "
```

下面通过一个完整的例子来演示创建对象、添加属性、调用方法的过程。

【例 10-2】创建对象。

```
class Cat:
    num = 0
    def __init__(self,id=0,color="yellow"):
        self.id = id
        self.color = color
```

任务编号	10-1	任务名称	创建 Ship 类和实例对象 s1

```
    def enjoy(self):
        print("miao~")
    def show(self,name):
        print(" 名字 {}".format(name))
        print(" 颜色 {}".format(self.color))
cat = Cat()
cat.name = "Mimi"
cat.show(cat.name)
cat.enjoy()
```

在这个例子中，首先定义了 Cat 类，类中有 enjoy() 和 show() 两个方法；之后创建了一个对象 cat，为这个对象添加了一个属性 name 并赋值，然后依次调用了 show() 和 enjoy() 两个方法。

运行结果如图 10-2 所示。

```
E:\Project\Pycharm_Project\venv\Scripts\python.exe "E:/Project/Pycharm_Project/Example 10-2.py"
名字Mimi
颜色yellow
miao~

Process finished with exit code 0
```

图 10-2　创建对象运行结果

在 Cat 类的构造方法中有默认的 id 和 color，接下来我们创建另一个 color 为 black 的对象 cat1，程序如下：

```
cat1 = Cat(color="black")
cat1.name = "Qiuqiu"
cat1.show(cat1.name)
```

创建类的代码不变，创建对象的代码如上所示。

程序的运行结果：名字 Qiuqiu

颜色 black

10.1.3 实施评量单

任务编号	10-1	任务名称	创建 Ship 类和实例对象 s1	
评量项目		自评	组长评价	教师评价
课堂表现	学习态度（15 分）			
	沟通合作（10 分）			
	回答问题（15 分）			
技能操作	创建类（30 分）			
	创建对象（20 分）			
	输出结果（10 分）			
学生签字	年 月 日	教师签字	年 月 日	

评量规准						
项目		A	B	C	D	E
课堂表现	学习态度	在积极主动、虚心求教、自主学习、细致严谨上表现优秀，令师生称赞。	在积极主动、虚心求教、自主学习、细致严谨上表现良好。	在积极主动、虚心求教、自主学习、细致严谨上表现较好。	在积极主动、虚心求教、自主学习、细致严谨上表现尚可。	在积极主动、虚心求教、自主学习、细致严谨上表现均有待加强。
	沟通合作	在师生和同学之间具有很好的沟通能力，在小组学习中具有很强的团队合作能力。	在师生和同学之间具有良好的沟通能力，在小组学习中具有良好的团队合作能力。	在师生和同学之间具有较好的沟通能力，在小组学习中具有较好的团队合作能力。	在师生和同学之间能够正常沟通，在小组学习中能够参与团队合作。	在师生和同学之间不能够正常沟通，在小组学习中不能够参与团队合作。
	回答问题	积极踊跃地回答问题，且全部正确。	比较积极踊跃地回答问题，且基本正确。	能够回答问题，且基本正确。	回答问题，但存在错误。	不能回答课堂提问。
技能操作	创建类	能独立、熟练地完成类的创建。	能独自较为熟练地完成类的创建。	能在他人提示下顺利完成类的创建。	能在他人多次提示、帮助下完成类的创建。	未能完成类的创建。
	创建对象	能独立、熟练地完成对象的创建。	能独自较为熟练地完成对象的创建。	能在他人提示下顺利完成对象的创建。	能在他人多次提示、帮助下完成对象的创建。	未能完成对象的创建。
	输出结果	能独立、熟练地完成结果的输出。	能独自较为熟练地完成结果的输出。	能在他人提示下顺利完成结果的输出。	能在他人多次提示、帮助下完成结果的输出。	未能完成结果的输出。

10.2　创建 Dog 类并释放对象占用的资源

10.2.1　实施任务单

<table>
<tr><td>任务编号</td><td>10-2</td><td>任务名称</td><td>创建 Dog 类并释放对象占用的资源</td></tr>
<tr><td>任务简介</td><td colspan="3">运用 Python 类中的 __init__() 构造方法和 __del__() 析构方法完成初始化对象的属性和释放对象所占用的资源。</td></tr>
<tr><td>设备环境</td><td colspan="3">台式机或笔记本，建议 Win7 版本以上的 Windows 操作系统。</td></tr>
<tr><td>实施专业</td><td></td><td>实施班级</td><td></td></tr>
<tr><td>实施地点</td><td></td><td>小组成员</td><td></td></tr>
<tr><td>指导教师</td><td></td><td>联系方式</td><td></td></tr>
<tr><td>任务难度</td><td>中级</td><td>实施日期</td><td>年　　月　　日</td></tr>
<tr><td>任务要求</td><td colspan="3">创建 Dog 类并实例化 dog1 对象，完成以下内容：
（1）Dog 类中包含构造方法、show 方法和析构方法。
（2）Dog 类中包含颜色 color 和 id 两个数据属性。
（3）构造方法中为 color 和 id 赋初值。
（4）show 方法中输出 color 和 id 的值。
（5）析构方法释放对象占用的资源并输出提示。
（6）实例化对象 dog1 并调用 dog1 的 show 方法。
运行结果如图 10-3 所示（本结果仅供参考）。

E:\Project\Pycharm_Project\venv\Scripts\python.exe "E:/Project/Pycharm_Project/Task 10-2.py"
id值：0 颜色：yellow
对象被清除

Process finished with exit code 0

图 10-3　任务 2 运行结果</td></tr>
</table>

10.2.2 信息单

任务编号	10-2	任务名称	创建 Dog 类并释放对象占用的资源

Python 的类中有两个比较特殊的方法：__init__() 方法和 __del__() 方法。__init__() 方法叫作构造方法，用来初始化对象的属性；__del__() 方法叫作析构方法，用来释放对象所占用的资源。

构造方法、析构方法和 self 参数

一、构造方法

构造方法以两个下划线“_”开头，以两个下划线“_”加圆括号结尾，又称为初始化方法。一个类中如果定义了构造方法，那么当用该类创建对象时会默认为新生成的对象调用该方法。构造方法的作用一般是为对象的成员属性设初值，或者一些其他的初始化操作。

【例 10-3】构造方法（无参数）。

```
class Cat:
  def __init__(self):
    self.color = "yellow"
  def show(self):
    print(" 颜色 {}".format(self.color))
cat = Cat()
cat.show()
```

程序运行到 cat = Cat() 代码时，会自动调用类中的 __init__() 方法，对对象进行初始化，之后在执行 cat.show() 代码时，会显示构造函数中已经赋好的值 yellow。运行结果如图 10-4 所示。

```
E:\Project\Pycharm_Project\venv\Scripts\python.exe "E:/Project/Pycharm_Project/Example 10-3.py"
颜色yellow

Process finished with exit code 0
```

图 10-4　构造方法（无参数）运行结果

在这个例子中，构造方法只传递了参数 self，没有其他参数。在实际应用中，可以为构造函数增加参数，在对象初始化时将参数值传递给对象属性，程序会更加灵活。

【例 10-4】构造方法（有参数）。

```
class Cat:
  def __init__(self,id = 0,color="yellow"):
    self.id = id
    self.color = color
  def show(self):
    print("id 值 :{} 颜色 :{}".format(self.id,self.color))
```

任务编号	10-2	任务名称	创建 Dog 类并释放对象占用的资源

```
cat1 = Cat()
cat1.show()
cat2 = Cat(101,"black")
cat2.show()
```

运行结果如图 10-5 所示。

```
E:\Project\Pycharm_Project\venv\Scripts\python.exe "E:/Project/Pycharm_Project/Example 10-4.py"
id值:0   颜色:yellow
id值:101   颜色:black

Process finished with exit code 0
```

图 10-5　构造方法（有参数）运行结果

二、析构方法

析构方法也是由两个下划线“_”开始，以两个下划线“_”加圆括号结尾，它的作用与构造方法相反，用来释放对象所占用的空间和资源。当一个对象已经调用完毕，不需要再使用时，会自动执行析构方法。如果用户没有定义析构方法，那么 Python 将会自动调用默认的析构方法以完成必要的收尾工作。

【例 10-5】析构方法。

```
class Cat:
  def __init__(self,id = 0,color="yellow"):
    self.id = id
    self.color = color

  def show(self):
    print("id 值 :{} 颜色 :{}".format(self.id,self.color))

  def __del__(self):
    print(" 对象被清除 ")

cat1 = Cat()
cat1.id = 1
cat1.show()
print(id(cat1))
del cat1
print(id(cat1))
```

运行结果如图 10-6 所示。

任务编号	10-2	任务名称	创建 Dog 类并释放对象占用的资源

```
E:\Project\Pycharm_Project\venv\Scripts\python.exe "E:/Project/Pycharm_Project/Example 10-5.py"
id值:1  颜色:yellow
1943461635968
对象被清除
Traceback (most recent call last):
  File "E:/Project/Pycharm_Project/Example 10-5.py", line 17, in <module>
    print(id(cat1))
NameError: name 'cat1' is not defined

Process finished with exit code 1
```

图 10-6　析构方法运行结果

在这个例子中，使用 id(cat1) 函数来查看对象 cat1 的内存地址，之后执行 del 语句删除对象 cat1，再来查看对象 cat1 的内存地址，程序报错。可见，在执行 del 语句时系统自动执行了析构函数，打印了提示信息并清除了对象 cat1。

三、self 参数

在前面例子的各种成员方法中都用到了一个参数 self。self 参数表示“自己”，也就是这个对象本身。self 参数一般写在参数列表的第一个，当某一个对象调用成员方法时，Python 解释器默认就会把当前对象作为第一个参数传递给 self，这个过程是自动的，无需用户干预，因此用户只需要传递除 self 以外的其他参数即可。

下面通过示例来体会 self 参数的使用。

【例 10-6】self 参数。

```
class Animal:
    '''
    类中未定义构造方法，使用默认的构造方法
    def __init__(self):
        self.color = color
    '''
    num = 0
    def enjoy():
        print("wang!")

    def show(self,args):
        print(" 重量 {} 公斤 ".format(args))

ani = Animal()
ani.weight = 52
Animal.enjoy()
ani.show(ani.weight)
```

在这个示例中没有定义构造方法，三引号中的内容为多行注释。当程序运行到 ani = Animal() 代码时，调用默认的构造方法，ani.weight = 52 代码为对象添加了新的属性

任务编号	10-2	任务名称	创建 Dog 类并释放对象占用的资源

并赋值。注意，enjoy() 方法没有任何参数，不是类方法也不是静态方法，而是作为一个普通的函数通过类名调用。

运行结果如图 10-7 所示。

```
E:\Project\Pycharm_Project\venv\Scripts\python.exe "E:/Project/Pycharm_Project/Example 10-6.py"
wang!
重量52公斤

Process finished with exit code 0
```

图 10-7　self 参数运行结果

10.2.3 实施评量单

任务编号	10-2	任务名称	创建 Dog 类并释放对象占用的资源	
评量项目		自评	组长评价	教师评价
课堂表现	学习态度（15 分）			
	沟通合作（10 分）			
	回答问题（15 分）			
技能操作	创建类（30 分）			
	创建对象（20 分）			
	输出结果（10 分）			
学生签字	年 月 日	教师签字	年 月 日	

评量规准						
项目		A	B	C	D	E
课堂表现	学习态度	在积极主动、虚心求教、自主学习、细致严谨上表现优秀，令师生称赞。	在积极主动、虚心求教、自主学习、细致严谨上表现良好。	在积极主动、虚心求教、自主学习、细致严谨上表现较好。	在积极主动、虚心求教、自主学习、细致严谨上表现尚可。	在积极主动、虚心求教、自主学习、细致严谨上表现均有待加强。
	沟通合作	在师生和同学之间具有很好的沟通能力，在小组学习中具有很强的团队合作能力。	在师生和同学之间具有良好的沟通能力，在小组学习中具有良好的团队合作能力。	在师生和同学之间具有较好的沟通能力，在小组学习中具有较好的团队合作能力。	在师生和同学之间能够正常沟通，在小组学习中能够参与团队合作。	在师生和同学之间不能够正常沟通，在小组学习中不能够参与团队合作。
	回答问题	积极踊跃地回答问题，且全部正确。	比较积极踊跃地回答问题，且基本正确。	能够回答问题，且基本正确。	回答问题，但存在错误。	不能回答课堂提问。
技能操作	创建类	能独立、熟练地完成类的创建。	能独自较为熟练地完成类的创建。	能在他人提示下顺利完成类的创建。	能在他人多次提示、帮助下完成类的创建。	未能完成类的创建。
	创建对象	能独立、熟练地完成对象的创建。	能独自较为熟练地完成对象的创建。	能在他人提示下顺利完成对象的创建。	能在他人多次提示、帮助下完成对象的创建。	未能完成对象的创建。
	输出结果	能独立、熟练地完成结果的输出。	能独自较为熟练地完成结果的输出。	能在他人提示下顺利完成结果的输出。	能在他人多次提示、帮助下完成结果的输出。	未能完成结果的输出。

10.3　求解序列所有元素的和与积

10.3.1　实施任务单

<table>
<tr><td>任务编号</td><td>10-3</td><td>任务名称</td><td>求解序列所有元素的和与积</td></tr>
<tr><td>任务简介</td><td colspan="3">运用 Python 类中的各种属性与方法，通过方法调用实现求解一个已知序列中所有元素的和与所有元素的积。</td></tr>
<tr><td>设备环境</td><td colspan="3">台式机或笔记本，建议 Win7 版本以上的 Windows 操作系统。</td></tr>
<tr><td>实施专业</td><td></td><td>实施班级</td><td></td></tr>
<tr><td>实施地点</td><td></td><td>小组成员</td><td></td></tr>
<tr><td>指导教师</td><td></td><td>联系方式</td><td></td></tr>
<tr><td>任务难度</td><td>高级</td><td>实施日期</td><td>年　　月　　日</td></tr>
<tr><td>任务要求</td><td colspan="3">已知序列 a，求解所有元素的和与所有元素的积，完成以下内容：
（1）创建 ListArr 类，包含构造方法、求和函数 add() 和求积函数 product()。
（2）ListArr 类包含和 sum、积 pro 两个数据属性。
（3）实例化 ListArr 对象 L，由构造方法初始化 sum 属性和 pro 属性。
（4）调用 L 的 add() 方法对序列求和。
（5）调用 L 的 product() 方法对序列求积。
（6）输出序列的和与积。
运行结果如图 10-8 所示（本结果仅供参考）。

E:\Project\Pycharm_Project\venv\Scripts\python.exe "E:/Project/Pycharm_Project/Task 10-3.py"
161
1306368

Process finished with exit code 0

图 10-8　任务 3 运行结果</td></tr>
</table>

10.3.2 信息单

任务编号	10-3	任务名称	求解序列所有元素的和与积

类中描述特征的数据成员称为变量或者属性，描述动作特征的成员称为方法，方法也就是与类有关的函数。本节内容我们将详细讨论类的属性与方法。

一、对象属性和类属性

类属性和对象属性

类中的属性包括两种，一种是类属性（类变量），一种是对象属性（成员变量、实例属性）。类属性是在类中的方法外面定义的属性，而对象属性是在类的构造方法中定义、以 self 参数为第一个参数传递的属性。在类的外部访问这两种属性时，对象属性只能通过对象名访问，而类对象既可以通过对象名访问，也可以通过类名访问。

（一）对象属性

对象属性在类中通过“self. 变量名”来定义。对象属性属于某一特定对象，在类外部通过对象名加成员运算符“.”访问，在类内部通过 self 参数加成员运算符“.”访问。下面通过示例代码来观察对象属性的用法。

【例 10-7】对象属性。

```
class Person1:
  def __init__(self,age_):
    self.age = age_              #age 为对象属性，通过 age_ 进行初始化

  def getAge(self):
    print(self.age)

p1 = Person1(19)
p1.getAge()                      # 在类外，通过“对象名 . 属性名”的方式来调用对象属性
```

运行结果如图 10-9 所示。

```
E:\Project\Pycharm_Project\venv\Scripts\python.exe "E:/Project/Pycharm_Project/Example 10-7.py"
19

Process finished with exit code 0
```

图 10-9　对象属性运行结果

如果想为对象 p1 添加属性，则代码为 p1.name = 'Tom'，作用是为对象 p1 添加属性 name 并赋值为 'Tom'，这个属性只属于对象 p1。

Python 内置了以下一些函数，可以访问对象属性：

getattr(obj, 'name')：获取对象 obj 中属性名为 name 的对象属性的值。

hasattr(obj, 'name')：检查对象 obj 中是否存在名为 name 的对象属性。

任务编号	10-3	任务名称	求解序列所有元素的和与积

setattr(obj, 'name',value)：将对象 obj 中属性 name 的值设置为 value，如果这个属性不存在，则创建该属性。

delattr(obj, 'name')：删除对象 obj 中属性名为 name 的对象属性。

【例 10-8】内置函数访问对象属性。

```
class Person1:
    def __init__(self,age_):
        self.age = age_
    def getAge(self):
        print(self.age)

p1 = Person1(19)
p1.name = 'Tom'
print(getattr(p1,'age'))              # 访问对象 p1 中属性名为 age 的对象属性
print(getattr(p1,'name'))             # 访问对象 p1 中属性名为 name 的对象属性
print(hasattr(p1,'age'))              # 检查对象 p1 中是否有名为 age 的属性
setattr(p1,'sex',' 男 ')              # 将对象 p1 中名为 sex 的属性的值设置为“男”
print(getattr(p1,'sex'))
```

运行结果如图 10-10 所示。

```
E:\Project\Pycharm_Project\venv\Scripts\python.exe "E:/Project/Pycharm_Project/Example 10-8.py"
19
Tom
True
男

Process finished with exit code 0
```

图 10-10　内置函数访问对象属性运行结果

Python 中内置了以下对象的一些特殊属性，查看这些属性可以了解对象的一些相关信息。

__class__：获取对象所属类的名称。

__module__：获取对象所属模块的名称。

__dict__：获取对象数据成员的信息，结果以字典的形式返回。

（二）类属性

类属性是属于类本身的属性，又叫作类变量、静态属性。类属性是类在方法之外定义的变量，所有实例共享一个副本。在类内部，可以通过“类名 . 属性名”或者“self. 属性名”的方式访问。在类外部，如果这个类属性是公有属性，那么既可以通过“类名 . 属性名”的方式访问，也可以通过“对象名 . 属性名”的方式访问；如果这个类属性是私有属性，则用这两种方式均不能访问。通过对象名访问类属性示例程序如下：

任务编号	10-3	任务名称	求解序列所有元素的和与积

```
class People:
    name = 'Tom'          # 定义公有类属性
    __age = 19            # 定义私有类属性（以两个下划线开始，不以两个下划线结束）
p = People()
print(" 通过对象名访问类属性 name：",p.name)
```

运行结果：通过对象名访问类属性 name：Tom

```
print(" 通过类名访问类属性 name：",People.name)
```

运行结果：通过类名访问类属性 name：Tom

当为类添加属性时，这个属性将为类和它的所有对象所共有。示例程序如下：

```
class People:
    name = 'Tom'
    __age = 19

p1 = People()
People.sex = ' 男 '
p2 = People()
print(p2.sex)
```

运行结果：男

下面通过一个例子来整体看一下对象属性和类属性。

【例 10-9】对象属性和类属性。

```
class Animal:
    num = 0                                  # 定义类属性
    def __init__(self,aname,acolor):         # 定义构造方法
        self.name = aname                    # 定义对象属性
        self.color = acolor
    def show(self):                          # 对象属性用 self 参数访问，类属性用类名访问
        print(" 名字：{}，颜色：{}，数量：{}".format(self.name,self.color,Animal.num))
ani1 = Animal("fish","white")
ani2 = Animal("bird","green")
ani1.show()
ani2.show()
Animal.num = 2                               # 修改类属性
ani1.show()                                  # 类属性为所有对象共有
ani2.show()
```

运行结果如图 10-11 所示。

```
E:\Project\Pycharm_Project\venv\Scripts\python.exe "E:/Project/Pycharm_Project/Example 10-9.py"
名字：fish，颜色：white，数量：0
名字：bird，颜色：green，数量：0
名字：fish，颜色：white，数量：2
名字：bird，颜色：green，数量：2

Process finished with exit code 0
```

图 10-11　对象属性和类属性运行结果

在类外部，虽然用对象名和类名都可以访问类属性，但是用对象名访问类属性容易与对象属性相混淆，因此建议用类名访问类属性。

与对象一样，类也内置了以下一些特殊属性，通过这个属性可以访问类的相关信息。

__dict__：查看类的属性和方法，结果以字典的形式返回。

__doc__：查看类的文档注释。

__name__：查看类名。

__module__：查看类所在的模块。

__bases__：查看类的父类，结果以元组的形式返回。

类属性的公有属性和私有属性

二、私有属性和公有属性

类中定义的属性，无论是类属性还是对象属性，都分为私有属性和公有属性两种。私有属性是指定义时以两个下划线“_”开始但是不以两个下划线结尾，如 __color。公有属性的调用方式与前面介绍的方式一致。私有属性在类外部不能直接调用，可以通过调用对象的公有方法来访问。私有属性在类内部可以访问，访问方式有两种：“类名 . 私有属性名称”和“self. 私有属性名称”。但是需要注意的是，这两种访问方式返回的结果不相同，下面我们通过示例程序来体会两者的区别。

【例 10-10】类属性的私有属性和公有属性。

```
class Value:
    __secretValue = 0          # 私有类属性
    publicValue = 0            # 公有类属性
    def show(self):
        self.__secretValue += 1
        self.publicValue += 1
        print("self.__secretValue 的值：",self.__secretValue)
        print("Value.__secretValue 的值：",Value.__secretValue)
        print("self.publicValue 的值：",self.publicValue)
        print("Value.publicValue 的值：",Value.publicValue)

value1 = Value()
value1.show()
```

程序运行结果如图 10-12 所示。

```
E:\Project\Pycharm_Project\venv\Scripts\python.exe "E:/Project/Pycharm_Project/Example 10-10.py"
self.__secretValue的值： 1
Value.__secretValue的值： 0
self.publicValue的值： 1
Value.publicValue的值： 0

Process finished with exit code 0
```

图 10-12　类属性的私有属性和公有属性运行结果

任务编号	10-3	任务名称	求解序列所有元素的和与积

可见，使用“对象名 . 私有属性名”这种访问方式，返回的是类中该属性的原始值；使用“self. 私有属性名”的方式访问，返回的是运行后变化的值。在上述程序的基础上继续运行以下程序：

```
value1.show()
```

运行结果：

self.__secretValue 的值：2

Value.__secretValue 的值：0

self.publicValue 的值：2

Value.publicValue 的值：0

```
print(value1.publicValue)
```

运行结果：2

在 Python 中，对象不能直接访问类的私有属性，而是要按照以下格式进行访问：

```
对象名._类名类私有属性名
```

例如，在上个例子中，对象 value1 要访问私有属性 __secretValue，访问方式为 value1._Value__ secretValue，程序如下：

```
print(value1._Value__secretValue)
```

运行结果：2

通过上面的例子我们了解了私有类属性的用法，下面再来看一下私有对象属性的用法。

【例 10-11】对象属性的私有属性和公有属性。

```
class Rectangle:
  def __init__(self,width=0,height=0):
    self.width = width
    self.__height = height        # 定义私有对象属性
  def setrectangle(self,width,heigth):
    self.width = width
    self.__height = heigth
  def show(self):
    print("width 的值：",self.width)
    print("__height 的值：",self.__height)
rectangle1 = Rectangle(2,3)
print(rectangle1.width)
print(rectangle1._Rectangle__height)      # 在外部访问私有对象属性
rectangle1.show()
```

程序运行结果如图 10-13 所示。

任务编号	10-3	任务名称	求解序列所有元素的和与积

```
E:\Project\Pycharm_Project\venv\Scripts\python.exe "E:/Project/Pycharm_Project/Example 10-11.py"
2
3
width的值为： 2
__height的值为： 3

Process finished with exit code 0
```

图 10-13　对象属性的私有属性和公有属性运行结果

三、@property 装饰器

在介绍 @property 装饰器之前，我们先来学习使用 @property 装饰器的原因。我们定义一个“学生”类，属性包括学生的姓名和成绩。程序如下：

```
class Student:
    def __init__(self,name,score):
        self.name = name
        self.score = score
```

当给这个类创建一个学生实例并给它赋值时，可以输入以下代码：

```
student1 = Student('Tom',92)
```

这样就创建了一个姓名为 Tom，成绩为 92 的学生对象。当要修改该学生的成绩时，可以输入以下代码：

```
student1.score = 1000
```

这时就把 Tom 的成绩修改为了 1000。但是存在一个问题，成绩为 1000 显然不符合常理，而通过属性直接赋值无法检查赋值的合理性。为了避免出现这种问题，面向对象的编程语言经常通过 get() 方法和 set() 方法来封装对一个属性的访问操作。例如在本例中，通过 setScore() 方法来设置成绩，在该方法中检查成绩的有效性，再通过 getScore() 方法来获取成绩。这样就有效地解决了前面所说的问题。

【例 10-12】get() 方法和 set() 方法。

```
class Student2:
    def __init__(self,name,score):
        self.name = name
        self.__score = score
    def getScore(self):
        return self.__score
    def setScore(self,score):
        if not isinstance(score,int):
            print("score must be an integer.")
        elif score < 0 or score > 100:
            print("score must between 0~100.")
        else:
```

任务编号	10-3	任务名称	求解序列所有元素的和与积

```
        self.__score = score
student2 = Student2("Mary",88)
student2.setScore(888)
```

运行结果如图 10-14 所示。

```
E:\Project\Pycharm_Project\venv\Scripts\python.exe "E:/Project/Pycharm_Project/Example 10-12.py"
score must between 0~100.

Process finished with exit code 0
```

图 10-14　get() 方法和 set() 方法运行结果

在上述程序的基础上继续运行以下代码：

```
print(student2.getScore())
```

程序运行结果：88

```
student2.setScore(92)
print(student2.getScore())
```

程序运行结果：92

从上面的例子中可以看出，getScore() 方法和 setScore() 方法很好地解决了属性赋值的有效性问题，但是使用起来更加烦琐，没有直接对属性赋值那么方便。那么，有没有一种方法既能做到 getScore() 方法和 setScore() 方法的严谨，又有直接对属性赋值的方便呢？这时就要用到 @property 装饰器了。@property 装饰器的作用是把 getScore() 方法装饰成属性来使用，而 @setter 装饰器则是把 setScore() 方法装饰成属性使用。下面就来具体描述上例使用 @property 装饰器和 @setter 装饰器之后的结果。

【例 10-13】@property 装饰器和 @setter 装饰器。

```
class Student3:
    def __init__(self,name,score):
        self.name = name
        self.__score = score            # 定义私有对象属性
    @property                           # 装饰器，提供读属性
    def score(self):
        return self.__score
    @score.setter                       # 装饰器，提供修改属性
    def score(self,score):
        if not isinstance(score,int):
            print("score must be an integer.")
        elif score < 0 or score > 100:
            print("score must between 0~100.")
        else:
            self.__score = score
```

任务编号	10-3	任务名称	求解序列所有元素的和与积

这个例子中的 Student3 类与之前的 Student2 类实现的功能是一样的，使用 @property 装饰器之后，score(self) 对应 getScore(self) 方法。@score.setter 装饰器是使用 @property 装饰器之后的副产品，它装饰的 score(self,score) 与 setScore(self,score) 方法对应。用了装饰器之后，就可以像访问属性一样使用方法了。在上述程序的基础上，我们通过以下程序来验证装饰器的作用：

```
student3 = Student3("Mary",88)
print(student3.score)
```

运行结果如图 10-15 所示。

```
E:\Project\Pycharm_Project\venv\Scripts\python.exe "E:/Project/Pycharm_Project/Example 10-13.py"
88

Process finished with exit code 0
```

图 10-15　@property 装饰器和 @setter 装饰器运行结果（1）

```
student3.score = 92
print(student3.score)
```

运行结果如图 10-16 所示。

```
E:\Project\Pycharm_Project\venv\Scripts\python.exe "E:/Project/Pycharm_Project/Example 10-13.py"
92

Process finished with exit code 0
```

图 10-16　@property 装饰器和 @setter 装饰器运行结果（2）

```
student3.score = 1000
```

运行结果如图 10-17 所示。

```
E:\Project\Pycharm_Project\venv\Scripts\python.exe "E:/Project/Pycharm_Project/Example 10-13.py"
score must between 0~100.

Process finished with exit code 0
```

图 10-17　@property 装饰器和 @setter 装饰器运行结果（3）

```
print(student3.score)
```

运行结果如图 10-18 所示。

```
E:\Project\Pycharm_Project\venv\Scripts\python.exe "E:/Project/Pycharm_Project/Example 10-13.py"
92

Process finished with exit code 0
```

图 10-18　@property 装饰器和 @setter 装饰器运行结果（4）

任务编号	10-3	任务名称	求解序列所有元素的和与积

```
del student3.score
```

运行结果如图 10-19 所示。

```
E:\Project\Pycharm_Project\venv\Scripts\python.exe "E:/Project/Pycharm_Project/Example 10-13.py"
Traceback (most recent call last):
  File "E:/Project/Pycharm_Project/Example 10-13.py", line 22, in <module>
    del student3.score
AttributeError: can't delete attribute

Process finished with exit code 1
```

图 10-19 @property 装饰器和 @setter 装饰器运行结果（5）

需要注意的是，最后要删除 student3.score 时系统报错。这是因为 @property 装饰器在默认情况下只提供读属性，不提供其他属性。如果要修改属性，则需要和 @setter 装饰器一起使用；如果要删除属性，则要和 @deleter 装饰器一起使用。下列是修改例 10-13 中的代码，即添加 @deleter 装饰器。

【例 10-14】@property 装饰器、@setter 装饰器和 @deleter 装饰器。

```
class Student4:
  def __init__(self,name,score):
    self.name = name
    self.__score = score          # 定义私有对象属性
  @property                       #@property 装饰器，提供读属性
  def score(self):
    return self.__score
  @score.setter                   #@setter 装饰器，提供修改属性
  def score(self,score):
    if not isinstance(score,int):
      print("score must be an integer.")
    elif score < 0 or score > 100:
      print("score must between 0~100.")
    else:
      self.__score = score
  @score.deleter                  #@deleter 装饰器，提供删除属性
  def score(self):
    del self.__score

student4 = Student4("Mary",88)
del student4.score                # 删除属性
print(student4.score)             # 上一条语句删除成功，这里显示不存在
```

运行结果如图 10-20 所示。

任务编号	10-3	任务名称	求解序列所有元素的和与积

```
E:\Project\Pycharm_Project\venv\Scripts\python.exe "E:/Project/Pycharm_Project/Example 10-14.py"
Traceback (most recent call last):
  File "E:/Project/Pycharm_Project/Example 10-14.py", line 22, in <module>
    print(student4.score)                    #上一条语句删除成功，这里显示不存在
  File "E:/Project/Pycharm_Project/Example 10-14.py", line 7, in score
    return self.__score
AttributeError: 'Student4' object has no attribute '_Student4__score'

Process finished with exit code 1
```

图 10-20　@property 装饰器、@setter 装饰器和 @deleter 装饰器运行结果

类方法和静态方法

四、类方法和静态方法

类中的方法是指与类有关的函数。类中的方法可以分为 3 类：对象方法、类方法和静态方法。对象方法是由对象调用，参数列表中至少有一个 self 参数，在调用对象方法时系统会自动将调用这个方法的对象传递给 self 参数。注意这个传递过程是自动的，用户无需手动传递 self 参数。前面例子中涉及的方法基本都是对象方法。类方法由 @classmethod 装饰器定义，由类调用，参数列表中至少有一个 cls 参数，在调用类方法时系统会自动将调用这个方法的类传递给 cls 参数。静态方法由 @staticmethod 装饰器定义，由类调用，没有默认参数。

（一）对象方法

对于对象方法我们已经非常熟悉，前面的例子中涉及的方法基本都是对象方法。因此对于对象方法我们简要总结一下。

声明对象方法的语法格式如下：

```
Def 方法名 (self,{ 形参列表 })
方法体
```

调用对象方法的语法格式如下：

```
对象名 . 方法名 ({ 实参列表 })
```

需要注意的是，与属性一样，对象方法也分为私有和公有，即私有对象方法和公有对象方法。私有对象方法名以两个下划线开始但不以两个下划线结束，除此以外均为公有对象方法。公有对象方法可以按照前面介绍的调用方式来访问，但是私有对象方法不能通过对象名直接调用。在类内部，私有对象方法可以通过“self. 私有对象方法名”的形式访问；在类外部，可以通过“对象名 ._ 类名 私有对象方法名”的方式调用。

【例 10-15】私有对象方法。

```
class Value:
    def __init__(self,value1,value2):
        self.value1 = value1
        self.value2 = value2
```

任务编号	10-3	任务名称	求解序列所有元素的和与积

```
    def __add(self, valuea,valueb):         # 定义私有对象方法
        self.value1 = valuea
        self.value2 = valueb
        print("%d + %d = "%(self.value1,self.value2),self.value1+self.value2)

value1 = Value(0,0)
value1._Value__add(5,10)            # 通过“对象名 ._ 类名私有对象方法名”的格式访问
```

程序运行结果如图 10-21 所示。

```
E:\Project\Pycharm_Project\venv\Scripts\python.exe "E:/Project/Pycharm_Project/Example 10-15.py"
5 + 10 =  15

Process finished with exit code 0
```

图 10-21　私有对象方法运行结果（1）

在上述程序的基础上继续运行以下程序：

```
value1.__add(5,10)   # 通过对象名直接访问私有对象方法，报错
```

运行结果如图 10-22 所示。

```
E:\Project\Pycharm_Project\venv\Scripts\python.exe "E:/Project/Pycharm_Project/Example 10-15.py"
Traceback (most recent call last):
  File "E:/Project/Pycharm_Project/Example 10-15.py", line 12, in <module>
    value1.__add(5,10)
AttributeError: 'Value' object has no attribute '__add'

Process finished with exit code 1
```

图 10-22　私有对象方法运行结果（2）

（二）类方法

类方法用 @classmethod 装饰器进行定义，语法格式如下：

```
class 类名:
 @classmethod
 def 类方法名 (cls):
方法体
```

类方法中的第一个参数 cls 是 class 的缩写，表示定义该类方法的类，调用时系统自动将定义该类方法的类作为参数传递给 cls。调用类方法时，既可以通过类名直接调用，也可以通过对象名直接调用，两种调用方式基本没有区别。

【例 10-16】类方法。

```
class DemoClass:
    def instancemethod(self):
        print("instance method")
    @classmethod
    def classmethod1(cls):
```

任务编号	10-3	任务名称	求解序列所有元素的和与积

```
        print("class method")
    obj = DemoClass()
    obj.instancemethod()
    obj.classmethod1()
    DemoClass.classmethod1()
```

运行结果如图 10-23 所示。

```
E:\Project\Pycharm_Project\venv\Scripts\python.exe "E:/Project/Pycharm_Project/Example 10-16.py"
instance method
class method
class method

Process finished with exit code 0
```

图 10-23　类方法运行结果

（三）静态方法

静态方法通过装饰器 @staticmethod 来定义，语法格式如下：

```
class 类名
@staticmethod
def 静态方法名 ({ 形参列表 }):
方法体
```

在静态方法的形参列表中没有默认的必需参数。也就是说，它既没有 self 参数，也没有 cls 参数。因此，它既不能访问对象属性，也不能访问类属性。静态方法的定义与类和对象都没有直接的关系，只是起到类似于普通函数的作用。

静态方法可以通过类名调用，调用格式为“类名 . 静态方法名”。也可以通过对象名调用，调用格式为“对象名 . 静态方法名”。这两种调用方式基本没有区别。下面通过示例程序来体会静态方法的使用。

【例 10-17】静态方法。

```
class ShowCase:
    __number = 0                            # 定义类属性
    def __init__(self,val):
        self.value = val                    # 定义对象属性
        ShowCase.__number += 1
    def show(self):                         # 对象方法
        print(" 对象方法输出类属性 __number：",ShowCase.__number)
    @staticmethod                           # 装饰器，定义静态方法
    def staticShowNumber():
        print(" 静态方法输出类属性 __number:",ShowCase.__number)
    @staticmethod
    def staticShowValue():                  # 装饰器，定义静态方法
        print(" 静态方法输出对象属性 value：",self.value)
```

任务编号	10-3	任务名称	求解序列所有元素的和与积

```
ShowCase.staticShowNumber()          # 通过类名调用静态方法
obj1 = ShowCase(6)
obj1.show()
obj1.staticShowNumber()              # 通过对象名调用静态方法
obj1.staticShowValue()               # 通过静态方法访问对象属性，报错
```

运行结果如图 10-24 所示。

```
E:\Project\Pycharm_Project\venv\Scripts\python.exe "E:/Project/Pycharm_Project/Example 10-17.py"
静态方法输出类属性__number: 0
对象方法输出类属性__number:  1
静态方法输出类属性__number: 1
Traceback (most recent call last):
  File "E:/Project/Pycharm_Project/Example 10-17.py", line 18, in <module>
    obj1.staticShowValue()       #通过静态方法访问对象属性，报错
  File "E:/Project/Pycharm_Project/Example 10-17.py", line 13, in staticShowValue
    print("静态方法输出对象属性value: ",self.value)
NameError: name 'self' is not defined

Process finished with exit code 1
```

图 10-24　静态方法运行结果

对象可以访问对象方法、类方法和静态方法，而类可以访问类方法和静态方法。我们了解了对象方法、类方法和静态方法的不同用法，那么它们分别适用于哪种场景呢？如果要修改对象属性，建议使用对象方法；如果要修改类属性，建议使用类方法；如果是一些辅助性的功能，如打印等，建议使用静态方法，即使不创建对象也可以使用。

10.3.3 实施评量单

任务编号	10-3		任务名称	求解序列所有元素的和与积	
评量项目			自评	组长评价	教师评价
课堂表现	学习态度（15 分）				
	沟通合作（10 分）				
	回答问题（15 分）				
技能操作	求解序列和（25 分）				
	求解序列积（25 分）				
	运行与调试（10 分）				
学生签字	年　月　日		教师签字	年　月　日	

评量规准						
项目		A	B	C	D	E
课堂表现	学习态度	在积极主动、虚心求教、自主学习、细致严谨上表现优秀，令师生称赞。	在积极主动、虚心求教、自主学习、细致严谨上表现良好。	在积极主动、虚心求教、自主学习、细致严谨上表现较好。	在积极主动、虚心求教、自主学习、细致严谨上表现尚可。	在积极主动、虚心求教、自主学习、细致严谨上表现均有待加强。
	沟通合作	在师生和同学之间具有很好的沟通能力，在小组学习中具有很强的团队合作能力。	在师生和同学之间具有良好的沟通能力，在小组学习中具有良好的团队合作能力。	在师生和同学之间具有较好的沟通能力，在小组学习中具有较好的团队合作能力。	在师生和同学之间能够正常沟通，在小组学习中能够参与团队合作。	在师生和同学之间不能够正常沟通，在小组学习中不能够参与团队合作。
	回答问题	积极踊跃地回答问题，且全部正确。	比较积极踊跃地回答问题，且基本正确。	能够回答问题，且基本正确。	回答问题，但存在错误。	不能回答课堂提问。
技能操作	求解序列和	能独立、熟练地完成序列和求解。	能独自较为熟练地完成序列和求解。	能在他人提示下顺利完成序列和求解。	能在他人多次提示、帮助下完成序列和求解。	未能完成序列和求解。
	求解序列积	能独立、熟练地完成序列积求解。	能独自较为熟练地完成序列积求解。	能在他人提示下顺利完成序列积求解。	能在他人多次提示、帮助下完成序列积求解。	未能完成序列积求解。
	运行与调试	能独立、熟练地完成运行及调试。	能独自较为熟练地完成运行及调试。	能在他人提示下顺利完成运行及调试。	能在他人多次提示、帮助下完成运行及调试。	未能完成运行及调试。

10.4 统计学校成员名称及人数

10.4.1 实施任务单

任务编号	10-3	任务名称	统计学校成员名称及人数
任务简介	运用 Python 中的继承和多态，通过创建子类教师类和学生类以及父类学校成员类实现学校内全体成员的名称统计及总体数量统计。		
设备环境	台式机或笔记本，建议 Windows 7 版本以上的 Windows 操作系统。		
实施专业		实施班级	
实施地点		小组成员	
指导教师		联系方式	
任务难度	高级	实施日期	年　　月　　日
任务要求	创建一个学校成员类，登记成员名称并统计总人数，完成以下内容： （1）创建学校成员类 SchoolMember，为父类，包含构造方法、say_hello() 方法与析构方法。 （2）SchoolMember 类包含成员个数 member 和名称 name 两个属性。 （3）创建教师类 Teacher 与学生类 Student，分别继承学校成员类 SchoolMember。 （4）登记教师所带班级与学生成绩，Teacher 类定义子属性 grade，Student 类定义子属性 mark。 （5）每创建一个对象学校总人数加 1，删除一个对象则减 1。 运行结果如图 10-25 所示（本结果仅供参考）。 E:\Project\Pycharm_Project\venv\Scripts\python.exe "E:/Project/Pycharm_Project/Task 10-4.py" 学校新加入一个成员：Andrea 学校共有1人 大家好，我叫Andrea 我是老师，我带的班级是1502班 学校新加入一个成员：Cindy 学校共有2人 大家好，我叫Cindy 我是学生，我的成绩是77 Andrea离开了，学校还有1人 Cindy离开了，学校还有0人 Process finished with exit code 0 图 10-25　任务 4 运行结果		

10.4.2 信息单

任务编号	10-4	任务名称	统计学校成员名称及人数

继承是 Python 的特性之一，继承性让面向对象的程序设计语言轻松地实现了代码复用。那么什么是继承呢？例如，在自然界中，狮子、老鼠、大象都是动物，在 Python 中我们可以说，狮子、老鼠和大象都继承于动物类。又比如，学生具有姓名、学号等属性，具有学习、考试等动作，它们均属于学生类，而班级干部也属于学生，但是班级干部除了具有普通学生的动作，还有组织、管理等其他功能，属于班级干部类，因此，班级干部类和学生类之间就存在继承关系。所以，类的继承就是在一个已有类的基础上构建一个新类，这个新类继承了已有类中所有可以继承的属性和方法，同时还可以添加已有类中没有的属性和方法。这个新类就是子类，或者叫作派生类。这个已有类就是父类，或者叫作基类。

一、类的单继承

类的单继承是指子类只有一个父类。创建子类的语法格式如下 :

```
class 子类名 ( 父类名 ):
类的属性
类的方法
```

需要注意的是，子类只能继承父类的公有属性，不能继承它的私有属性。在子类中调用父类的方法有两种，即通过内置函数 super() 和父类名调用，格式为“super(). 方法名 ()”和“父类名 . 方法名”。下面通过示例程序来体会继承的用法。

【例 10-18】通过继承方式建立类 Student。

```
class Person:
  def __init__(self,name,age,sex):
    self.name = name
    self.age = age
    self.sex = sex
  def setName(self,name):
    self.name = name
  def getName(self):
    return self.name
  def setAge(self,age):
    self.age = age
  def getAge(self):
    return self.age
  def setSex(self,sex):
    self.sex = sex
  def getSex(self):
    return self.sex
  def show(self):
    return 'name:{0},age:{1},sex：{2}'.format(self.name,self.age,self.sex)
```

任务编号	10-4	任务名称	统计学校成员名称及人数

```
class Student(Person):
  def __init__(self,name,age,sex,course,score):
    Person.__init__(self,name,age,sex)      # 调用父类的构造方法初始化父类的数据成员
    self.course = course                    # 初始化子类的数据成员
    self.score = score
  def setCourse(self,course):               # 在子类中定义它自己的方法
    self.course = course
  def getCourse(self):
    return self.course
  def setScore(self,score):
    self.score = score
  def getScore(self):
    return self.score
  def show(self):
    return(Person.show(self)+(',course:{0},score:{1}'.format(self.course,self.score)))
```

上面的例子中，首先定义了一个 Person 类，这个类具有姓名 name、年龄 age、性别 sex 三个属性，所有的 Person 类都适用。在这个类的基础上，我们创建了一个 Student 类，这个类中除了具有 Person 类中的属性，可能还有学习的课程 course 和获得的分数 score 这两个额外属性，还可能有上课 setCouese、打分数 setScore 等行为，也就是类中的方法。因此，我们在 Person 类的基础上，通过继承的方式创建了子类 Student。

在子类 Student 的 __init__() 方法中调用了父类的 __init__() 方法，使用的调用格式为“父类名 . 方法名 ()”，调用的语句为“Person.__init__(self,name,age,sex)”。也可以通过 super() 函数调用，调用的语句为“super().__init__(name,age,sex)”，super() 指向父类。需要注意的是，使用 super() 函数调用时不需要 self 参数。

二、方法的重写

方法的重写

利用继承创建子类之后，子类自动拥有了父类中已有的方法。但是，如果父类中的某个方法不能完全满足子类的需求，需要做某些方面的改动，子类可以按照自己的要求去重新改写这些继承到的方法，这就是方法的重写。重写后的子类方法与父类中被重写的方法拥有一样的方法名和参数列表。方法重写后，在子类中就覆盖了父类中的原方法。下面通过示例程序来体会方法重写的用法。

【例 10-19】方法重写。

```
class Animal:
  def __init__(self,isAnimal):
    self.isAnimal = isAnimal
  def run(self):
    print(" 父类 Animal 通用的 run() 方法 ")
  def show(self):
```

任务编号	10-4	任务名称	统计学校成员名称及人数

```
        print(" 父类 Animal 的 show() 方法 ")

class Cat(Animal):
    def __init__(self):
        print(" 子类的构造方法 ")
    def run(self):
        print(" 子类 Cat 重写的 run() 方法 ")

ani = Animal(False)
ani.show()
cat = Cat()            # 子类的构造方法
cat.run()
cat.show()             # 父类方法
```

运行结果如图 10-26 所示。

```
E:\Project\Pycharm_Project\venv\Scripts\python.exe "E:/Project/Pycharm_Project/Example 10-19.py"
父类Animal的show()方法
子类的构造方法
子类Cat重写的run()方法
父类Animal的show()方法

Process finished with exit code 0
```

图 10-26　方法重写运行结果

子类在继承父类时，子类的构造方法有两种情况，要么子类重写父类的构造方法，要么子类不重写父类的构造方法。如果子类不重写父类的构造方法，则当子类实例化对象时就会自动调用父类的构造方法；如果子类重写父类的构造方法，则当子类实例化对象时就会调用子类重写的构造方法，而不会再调用父类的构造方法。

【例 10-20】子类不重写父类的构造方法。

```
class Father:
    def __init__(self,name):
        self.name = name
        print("This is Father init!")
    def getName(self):
        return 'Father:' + self.name

class Son(Father):
    def getName(self):          # 重写 getName() 方法
        return 'Son:' + self.name

son = Son('xiaoming')          # 子类实例化
print(son.getName())           # 调用子类的对象方法
```

运行结果如图 10-27 所示。

任务编号	10-4	任务名称	统计学校成员名称及人数

```
E:\Project\Pycharm_Project\venv\Scripts\python.exe "E:/Project/Pycharm_Project/Example 10-20.py"
This is Father init!
Son:xiaoming

Process finished with exit code 0
```

图 10-27　子类不重写父类的构造方法运行结果

从运行结果可以看到，由于子类没有重写构造方法，所以在实例化子类的对象 son 时调用的是父类 Father 的构造方法。

【例 10-21】子类重写父类的构造方法。

```
class Father:
    def __init__(self,name):
        self.name = name
        print("This is Father init!")
    def getName(self):
        return 'Father:' + self.name

class Son(Father):
    def __init__(self,name):          # 子类重写构造方法
        self.name = name
        print("This is Son init!")
    def getName(self):
        return 'Son:' + self.name

son = Son('xiaoming')
print(son.getName())
```

运行结果如图 10-28 所示。

```
E:\Project\Pycharm_Project\venv\Scripts\python.exe "E:/Project/Pycharm_Project/Example 10-21.py"
This is Son init!
Son:xiaoming

Process finished with exit code 0
```

图 10-28　子类重写父类的构造方法运行结果

从运行结果可以看到，因为子类重写了构造方法，所以在子类实例化对象时调用的是子类重写过的构造方法，而不是父类的构造方法。

如果子类重写了构造方法，但是由于一些原因，仍然需要继承父类的构造方法，则可以按照“super().__init__(参数列表)”或者“父类名.__init__(参数列表)”的方式来调用。需要注意的是，使用super()函数的参数列表里没有self参数，而第二种调用方法

任务编号	10-4	任务名称	统计学校成员名称及人数

的参数列表里有 self 参数。

【例 10-22】子类使用 super() 函数调用父类的构造方法。

```
class Father:
    def __init__(self,name):
        self.name = name
        print("This is Father init!")
    def getName(self):
        return 'Father:' + self.name

class Son(Father):
    def __init__(self,name):
        super().__init__(name)
        print("This is Son init!")
    def getName(self):
        return 'Son:' + self.name

son = Son('xiaoming')
print(son.getName())
```

运行结果如图 10-29 所示。

```
E:\Project\Pycharm_Project\venv\Scripts\python.exe "E:/Project/Pycharm_Project/Example 10-22.py"
This is Father init!
This is Son init!
Son:xiaoming

Process finished with exit code 0
```

图 10-29　子类使用 super() 函数调用父类的构造方法运行结果

三、类的多重继承

Python 不仅支持类的单继承，也支持类的多重继承。类的多重继承是指一个子类可以继承多个父类，即子类可以继承多个父类的属性和方法。多重继承的现象在现实生活中也是随处可见的。例如，我们现在使用的智能手机，它既拥有原始电话的功能，也拥有现在的计算机的功能，因此我们可以说，智能手机类继承于电话类和计算机类。多重继承的语法格式如下：

```
class 子类名 ( 父类 1, 父类 2,..., 父类 n):
属性描述
方法描述
```

子类名称后的圆括号里要写明子类所有要继承的父类，父类名之间用逗号隔开。需要注意父类名的顺序，当子类的对象调用一个方法时，若在子类中没有找到该方法，则会按照圆括号中父类的顺序从左到右依次查找这些父类中是否有这个方法。下面通

任务编号	10-4	任务名称	统计学校成员名称及人数

过示例程序来体会类的多重继承的用法。

【例 10-23】类的多重继承。

```
class Phone:
    def receive(self):          # 定义电话类
        print(" 接电话 ")
    def send(self):
        print(" 打电话 ")

class Computer:                 # 定义计算机类
    def search(self):
        print(" 上网 ")
    def download(self):
        print(" 下载 ")

class Mobile(Phone,Computer):   # 定义手机类
    pass                 #pass 是空语句，不做任何操作

mobile = Mobile()
mobile.receive()
mobile.send()
mobile.search()
mobile.download()
```

运行结果如图 10-30 所示。

```
E:\Project\Pycharm_Project\venv\Scripts\python.exe "E:/Project/Pycharm_Project/Example 10-23.py"
接电话
打电话
上网
下载

Process finished with exit code 0
```

图 10-30　类的多重继承运行结果

这个例子中，Mobile 类继承于 Phone 类和 Computer 类，Mobile 类本身没有添加任何方法，所有的方法都来自父类。创建子类的对象 mobile 后，分别调用了两个父类的方法。但是需要注意的是，子类实际上并不是父类的一个子集或者多个父类的并集。子类可以根据自己的需求创建新的属性和方法，或者重写父类的方法，所以子类通常拥有比父类更多的属性和方法。

在类的继承中，如果子类 B 继承于父类 C，而 B 同时又是子类 A 的父类，则形成了一种层次关系。当层次关系比较复杂时，我们可以通过代码来查看。用法是通过类的 mro() 方法或者类的 __mro__ 属性来查看。

任务编号	10-4	任务名称	统计学校成员名称及人数

【例 10-24】查看类的继承关系。

```
class A:
    pass
class B(A):
    pass
class C(B):
    pass
class D(C):
    pass
class E(A):
    pass
class H(B,E):
    pass
print(A.mro())
print(B.mro())
print(D.mro())
print(H.mro())
```

运行结果如图 10-31 所示。

```
E:\Project\Pycharm_Project\venv\Scripts\python.exe "E:/Project/Pycharm_Project/Example 10-24.py"
[<class '__main__.A'>, <class 'object'>]
[<class '__main__.B'>, <class '__main__.A'>, <class 'object'>]
[<class '__main__.D'>, <class '__main__.C'>, <class '__main__.B'>, <class '__main__.A'>, <class 'object'>]
[<class '__main__.H'>, <class '__main__.B'>, <class '__main__.E'>, <class '__main__.A'>, <class 'object'>]

Process finished with exit code 0
```

图 10-31　查看类的继承关系运行结果

从运行结果可以看到，这里的 object 是所有对象的基类。也就是说，当定义类的圆括号中为空，没有指定这个类的父类时，则默认它的父类为 object。

四、类的多态

在设计类中的方法时，我们希望它具有更好的通用性。也就是说，当应用在不同的场合时，我们希望它可以不用改变程序本身，而只需要更改传入的参数，就能够得到不同的结果。例如，设计一个通用的模拟动物叫声的方法，它能够根据传入的动物的不同，模拟出不同的动物叫声，而不需要更改方法本身。这种在同一个方法内，因为传入不同的参数导致程序运行效果各异的现象就称为多态。

【例 10-25】多态。

```
class Animal:
    def __init__(self,aname):
        self.name = aname
    def enjoy(self):
```

任务编号	10-4	任务名称	统计学校成员名称及人数

```
        print("jiaosheng")
class Cat(Animal):
    def enjoy(self):
        print(self.name," miaomiao")
class Dog(Animal):
    def enjoy(self):
        print(self.name," wangwang")
class Person:
    def __init__(self,id,name):
        self.name = name
        self.id = id
    def driver(self,ani):
        ani.enjoy()
cat = Cat("Xiaomi")
dog = Dog("Dahuang")
person = Person("wanghui",16)
person.driver(cat)
person.driver(dog)
```

运行结果如图 10-32 所示。

```
E:\Project\Pycharm_Project\venv\Scripts\python.exe "E:/Project/Pycharm_Project/Example 10-25.py"
Xiaomi  miaomiao
Dahuang  wangwang

Process finished with exit code 0
```

图 10-32 多态运行结果

在这个例子中，首先定义了父类 Animal，父类中包含构造函数和一个通用的模拟叫声的方法（enjoy()）；之后定义了两个子类 Cat 和 Dog，并且根据两种动物的不同特征分别重写了叫声的方法；然后定义了 Person 类，该类中有一个 driver() 方法；当这个方法传入不同的参数时会执行不同的 enjoy() 方法，相应地也会得出不同的运行结果。

多态可以使程序的适应性和可扩展性更强。例如在上面的例子中，如果要加入其他动物，则只需要再编写一个继承于 Animal 的子类，在这个子类中重写 enjoy() 方法，之后在 Person 类中通过 driver() 方法调用这个子类即可。既方便扩展，又不需要改写已有的程序。

但是，实际上 Python 的多态并不一定要求有继承。只是继承能够约束多态的存在，增加了程序的健壮性。

10.4.3 实施评量单

任务编号	10-4	任务名称	统计学校成员名称及人数	
评量项目		自评	组长评价	教师评价
课堂表现	学习态度（15 分）			
	沟通合作（10 分）			
	回答问题（15 分）			
技能操作	创建父类（20 分）			
	创建子类（30 分）			
	按要求输出信息（10 分）			
学生签字	年　月　日	教师签字	年　月　日	

评量规准						
项目		A	B	C	D	E
课堂表现	学习态度	在积极主动、虚心求教、自主学习、细致严谨上表现优秀，令师生称赞。	在积极主动、虚心求教、自主学习、细致严谨上表现良好。	在积极主动、虚心求教、自主学习、细致严谨上表现较好。	在积极主动、虚心求教、自主学习、细致严谨上表现尚可。	在积极主动、虚心求教、自主学习、细致严谨上表现均有待加强。
	沟通合作	在师生和同学之间具有很好的沟通能力，在小组学习中具有很强的团队合作能力。	在师生和同学之间具有良好的沟通能力，在小组学习中具有良好的团队合作能力。	在师生和同学之间具有较好的沟通能力，在小组学习中具有较好的团队合作能力。	在师生和同学之间能够正常沟通，在小组学习中能够参与团队合作。	在师生和同学之间不能够正常沟通，在小组学习中不能够参与团队合作。
	回答问题	积极踊跃地回答问题，且全部正确。	比较积极踊跃地回答问题，且基本正确。	能够回答问题，且基本正确。	回答问题，但存在错误。	不能回答课堂提问。
技能操作	创建父类	能独立、熟练地完成父类创建。	能独自较为熟练地完成父类创建。	能在他人提示下顺利完成父类创建。	能在他人多次提示、帮助下完成父类创建。	未能完成父类创建。
	创建子类	能独立、熟练地完成子类创建。	能独自较为熟练地完成子类创建。	能在他人提示下顺利完成子类创建。	能在他人多次提示、帮助下完成子类创建。	未能完成子类创建。
	按要求输出信息	能独立、熟练地按要求输出信息。	能独立、规范、较为熟练地按要求输出信息。	能在他人提示下按要求输出信息。	能在他人多次提示、帮助下按要求输出信息。	未能按要求输出信息。

10.5 课后训练

一、填空题

1. 在 Python 中创建对象后，可以使用 __________ 运算符来调用其成员。

2. Python 类中，__________ 方法即析构函数，用于实现销毁类的实例所需的操作，如释放对象占用的非托管资源。

3. 面向对象程序设计的特性是 __________、__________ 和 __________。

4. 构造方法的作用是 __________。

二、判断题

1. 类就好比一个模型，可以预先定义一些统一的属性或方法，然后通过这个模型创建出具体的对象。（ ）

2. 类是抽象的，而对象是具体的、实实在在的一个事物。（ ）

3. 一个类只能创建出一个对象。（ ）

4. __init__ 方法在创建对象时可以完成一些初始化的操作，同时完成一些默认的设定。（ ）

三、选择题

1. 在每个 Python 类中都包含一个特殊的变量（ ），它表示当前类自身，可以使用它来引用类中的成员变量和成员函数。

A. this　　B. me　　C. self　　D. 与类同名

2. Python 定义私有变量的方法为（ ）。

A. 使用 __private 关键字　　B. 使用 public 关键字

C. 使用 __xxx__ 定义变量名　　D. 使用 __xxx 定义变量名

3. 在以下 C 类继承于 A 类和 B 类的格式中，正确的是（ ）。

A. class C extends A,B:　　B. class C(A:B):

C. class C(A,B):　　D. class C implements A,B:

4. 下列选项中，用来标识为静态方法的是（ ）。

A. @classmethod　　B. @staticmethod

C. @instancemethod　　D. privatemethod

四、简答题

1. 简述 Python 面向对象的三大特性，以及它们的用处。

2. 简述类属性和对象属性的区别。

五、操作题

编写一个学生类，要求有一个计数器的属性，统计总共实例化了多少个学生。

参考文献

[1] 唐永华，刘德山，李玲．Python 3 程序设计 [M]．北京：人民邮电出版社，2019.

[2] 吴卿，骆诚，韩建平．Python 编程从入门到精通 [M]．北京：人民邮电出版社，2020.

[3] 周元哲．Python 3.x 程序设计基础 [M]．北京：清华大学出版社，2019.

[4] PUNCH W F，ENBODY R．Python 入门经典 [M]．北京：机械工业出版社，2012.

[5] 焉德军．Python 语言程序设计入门 [M]．北京：清华大学出版社，2021.

[6] 董付国．Python 程序设计实例教程 [M]．北京：机械工业出版社，2019.

[7] 阎令海．分析 Python 语言的中文文本处理 [J]．青岛：中国新通信，2019.

[8] Eric Mattes．Python 编程从入门到实践 [M]．北京：人民邮电出版社，2016.

[9] 利 • 海特兰德．Python 基础教程 [M]．3 版．北京：人民邮电出版社，2018.

[10] 约翰 • 策勒．Python 程序设计 [M]．3 版．北京：中国工信出版社，2018.

[11] 陈波，刘慧君．Python 教程基础与应用 [M]．北京：高等教育出版社，2020.

[12] Wes McKinny．利用 Python 进行数据分析 [M]．北京：机械工业出版社，2018.

[13] Mark Lutz．Python 学习手册 [M]．北京：机械工业出版社，2018.

[14] 任小强，王雪梅，唐晓华，等．基于 Python 的编译原理教学演示模块设计与实践 [D]．工业控制计算机，2021：72-73.

[15] 任廷艳．以 OBE 为导向的信管专业 Python 课程实践教学改革 [D]．计算机时代，2021：98-100.

[16] 陈剑雪．Python 程序设计课程思政教学研究 [C]．华南教育信息化研究经验交流会 2021，2021：93-95.